長河人生

ANGHE RENSHENG

徐福岭 著

黄河水利出版社

图书在版编目（CIP）数据

长河人生/徐福龄著. —郑州：黄河水利出版社，2010.1

ISBN 978-7-80734-777-4

Ⅰ. ①长… Ⅱ. ①徐… Ⅲ.①徐福龄-传记 ②黄河-河道整治-研究 Ⅳ.①K826.16 ②TV882.1

中国版本图书馆 CIP数据核字(2010) 第 001806 号

出 版 社:黄河水利出版社

地址:河南省郑州市顺河路黄委会综合楼 14 层　邮政编码:450003

发行单位:黄河水利出版社

发行部电话:0371-66026940　传真:0371-66022620

E-mail:hhslcbs@126.com

承印单位:河南省瑞光印务股份有限公司

开本:890 mm ×1 240 mm 1/32

印张:11.125　插页:24

字数:240 千字　印数:1—2 000

版次:2010 年1 月第 1 版　印次:2010 年 1 月第 1 次印刷

定价: 39.00 元

作者简介

徐福龄，字松辰，男，汉族，1913年5月17日生，浙江吴兴县（今湖州市）人，1935年7月参加治黄工作。1936～1937年在河南河务局任测量员，1937～1947年在河南修防处先后担任技术员、副工程师、防泛新堤第三段段长，1947年2～3月在黄河堵口复堤工程局任工程师，1947～1948年在黄河水利工程局（后改为黄河水利工程总局）任南一总段段长，1949年在冀鲁豫黄河水利委员会开封办事处任技正，1949～1958年在黄河水利委员会工务处任工程师，1959～1983年在黄河水利委员会工务处先后任主任工程师、高级工程师，1983年在黄河志总编室任总编室主任，1985年离休。离休后又返聘7年。

2008年春节，与黄河水利委员会主任李国英合影

1949年6月15日，华北、华东、中原三大解放区联合性的治黄机构——黄河水利委员会成立大会在济南召开，作者与部分代表合影。前排左一是黄河水利委员会副主任赵明甫、左三是华北人民政府水利委员会主任委员邢肇棠、左四是山东省政府副主席郭子化、左五是河南省水利厅厅长彭笑千、左七是黄河水利委员会主任王化云，第二排右一是山东河务局副局长钱正英、右二是黄河水利委员会副主任江衍坤，后排右一是作者、右二是华北区委员张方、右三是山东河务局史尚儒

1983年10月21～26日，中国水利学会水利史研究会在郑州召开黄河流域水利史学术讨论会，会议期间作者与原黄河水利委员会副主任李赋都（左），著名水利专家、华东水利学院教授郑肇经（右）合影

1993年，与原水利部副部长、著名水利专家张含英合影

1983年5月，与河南省委书记刘杰（左一）、河南省省长何竹康（右一）、水利电力部副部长李伯宁（左二）、黄河水利委员会主任袁隆（右二）参加黄河防汛查勘

1993年，与原水利部工管司司长、著名水利专家刘德润合影

2005年，与原黄河水利委员会主任袁隆察看黄河标准化堤防时留影

1997年10月28日，与原黄河水利委员会主任龚时旸（中）、总工程师吴致尧（右）一起应邀参加黄河小浪底水利枢纽工程截流仪式

1994年10月，与原黄河水利委员会副主任刘连铭察看黄河

1997年10月28日，参加黄河小浪底水利枢纽工程截流仪式时合影。左起：邓盛明、陈效国、袁隆、作者、鄂竟平（时任黄河水利委员会主任，现任水利部党组副书记、副部长）、胡一三、李善润

20世纪80年代，水利电力部部长钱正英等视察黄河时合影。前排左起：仝允皋、汪雨亭、吴以敩、龚时旸、钱正英、袁隆、徐乾清（时任水利电力部总工程师）、刘金，后排左起：郝步荣、作者、李玉峰、王锐夫、龙毓骞、沈衍基、陈赞庭、李延安、王长路

1991年6月，与黄河水利委员会副主任黄自强（左二）、黄河工会主席岳崇诚（左一）、老红军王云亭（右一）合影

2009年，与黄河水利委员会副主任廖义伟讨论黄河防凌事宜

2002年5月17日，作者90岁生日时，与黄河水利委员会副主任苏茂林（左二）、党组成员郭国顺（右一）、离退休职工管理局局长孙山城（左一）合影

1977年，与在河南省立水利工程专科学校读书时的老师陶述曾（曾任湖北省副省长、省人大常委会副主任）合影

1997年10月，在小浪底水利枢纽工程截流现场与在河南省立水利工程专科学校读书时的老师崔宗培（曾任水利部规划设计管理局总工程师）合影

1982年4月，中国水利史研究会成立时与部分与会水利史专家在都江堰合影。左起：周魁一、王质彬、作者、姚汉源、刘浪

1996年，与黄河水利委员会工务处同事合影。前排左四是陈玉峰、左五是作者、左六是田浮萍处长、左七是汪雨亭副处长

2006年，与高克昌（左一）、袁隆（左二）、仝琳琅（左四）、王新法（左五）合影

2006年，与冯国斌（右）、余鉴（左）合影

1982年，与程致道（右）、牛曾奇（中）在编写《中国大百科全书·水利卷》等书期间于北京天安门广场合影

2009年10月9日，作者前往医院祝贺挚友吴以敩百岁寿辰

2003年9月13日，参加张含英先生骨灰撒入黄河送别仪式。左起：杜殿勖、吴以敩、赵保合、温善章、袁隆、陈先德、张含英家属(3人)、龚时旸、作者、沙涤平

2001年4月，与老朋友陈桥驿（右二，浙江大学终身教授）、张学信（左一）、陈桥驿夫人（右一）相会时合影

与老朋友罗庆君合影。两人在黄河水利委员会工务处及参加编写《中国农业百科全书·水利卷》、《中国大百科全书·水利卷》等工作中，互相配合、密切合作

2005年5月，与朱兰琴合影。两人在多年写作活动中相互合作，建立了深厚友谊

与郭涛（右二，时任中国长江三峡工程开发总公司副总经理）、谭徐明（右一，时任中国水科院水利史研究室主任）、张汝翼合影

2006年，三位93岁的治黄老人相聚在重阳节。左为谭春华、右为王尊轩

2008年，一群80岁以上的老人合影（左三为作者）

1994年，与老河工在来童寨黄河大堤合影。握手者为赵春和队长

20世纪70年代，与老朋友赵之蔺在山西永乐宫合影。当时赵之蔺已调到水利部工作，仍积极为《黄河志》撰稿

与老朋友温俊一起锻炼身体

2009年6月，与老朋友周魁一（著名水利史专家）相见，格外开心

2009年，与老朋友张荷（右一）、郑连第（左二）合影

95岁生日时，与孙山城（右）、陈维达（左）合影

96岁生日时，与黄委办公室的侯全亮，黄河工会的白洋，离退休职工管理局的孙山城、冯宜成、袁征、张海科、娄继国、鲁洪任等合影

1984年，《河南黄河志》试写稿研讨会全体人员合影。其中前排右三是作者、右四是李献堂、右六是邵文杰（时任河南省地方史志编纂委员会主任）、右七是戚用法、右八是吴书琛

1990年7月，《黄河规划志》评审会全体人员合影。其中前排右四是作者、右六是沙涤平、右七是郝步荣、右八是王锐夫，左三是温存德、左四是成健

1986年5月，黄河志总编室全体同仁合影留念。前排左起：王质彬、作者、袁仲翔、徐思敬；后排左起：卢旭、栗志、张汝翼、李亚力、陈晓梅

2008年5月，与水利史志及出版界同仁合影。前排左起：河南省水利厅夏邦杰、袁仲翔、作者、河南人民出版社张素秋、林观海；后排左起：徐海亮、王梅枝

1999年，与老同事、老朋友杨国顺合影

1985年，与修志同仁在开封龙亭合影。左起：王延昌、作者、刘于礼、王法星

2008年，与卢旭在黄河花园口合影

2009年10月，与栗志合影

2009年，与帮作者执笔整理完成本书书稿的侯起秀合影

2010年1月11日，与黄河志总编室工作人员合影。前排左起：胡志扬、作者、王梅枝，后排左起：张晓莲、于自力、王继和、陈晓梅、铁艳

2006年，与全国人大常委会副委员长、九三学社中央主席韩启德等合影。左一为王留荣，右二为潘贤娣，右一为彭无忌

2009年5月，与河南省政协副主席、九三学社河南省委主任委员张亚忠等合影。左一为蔡铁山，左二为马跃生，右一为张俊华

结婚照

银婚纪念照

金婚纪念照

钻石婚纪念照

22岁

36岁

42岁

60岁时在北京颐和园

76岁时在青海日月山

77岁时在青岛

80岁时在济南大明湖

81岁

81岁

90岁

97岁

徐福龄同志治黄58年暨80华诞座谈会会场。主席台左起：龚时旸、郑连第（时任水利部办公厅副主任）、作者、庄景林

1993年5月17日，与参加“徐福龄同志治黄58年暨80华诞座谈会”的部分同志合影。前排左起：杨庆安、郑连第、包锡成、作者、庄景林、吴书琛、袁仲翔

2003年，黄委直属党委统战部、九三学社黄委基层委员会为徐福龄举办庆祝90华诞座谈会。左起：李天锡、王留荣、九三学社河南省委副主委孙心一、作者、栗志、沈启麒

1999年，老伴牛云英80岁生日时部分家庭成员留影

90华诞

与老伴、儿子合影

祖孙乐

母亲（左四）与晚辈的合影。左一是二姐，左二是侄女寿芝，左三是大女儿，右为夫人和二女儿

20世纪60年代全家合影

20世纪70年代全家合影

与老伴、儿子、儿媳和孙子合影

2009年八月十五合影

2010年全家乐，正是老伴90寿辰

序

在我办公室書架的显要位置，摆放着徐老写的两本書，一本是一九九三年一月河南人民出版社出版的《河防笔谈》，另一本是二〇〇三年五月黄河水利出版社出版的《续河防笔谈》。这两本書，我已经读了若干遍，不仅从中学到了黄河治理的歷史，也从中学到了徐老对现代治河的认识与见地，更从中学到了徐老为人处事的高尚品格、追求事业的不舍信念，以及严谨的治学态度和执着的工作精神。每当我读这两本书，总有这样的感觉浮现在脑际：徐福龄已不再是一个名字，而是一部书。

二〇〇九年一月廿三日（农历腊月廿八），我到徐老家给先生拜年，见到已是九十七岁高龄的徐老，依然精神矍铄，身体康健，便问"仁者寿"之道。当问之生活起居，徐老淡而笑容地告诉我，为了保持思维敏捷，也为了保持手脚灵便，每日坚持写十幅书法作品，并把案头写好的一些作品逐一展示给我。我再一次被徐老的这种精神所感动，不禁把多日萦绕在脑海中的想法脱口而出："你应该把一生好好回忆、总结一下，写成回忆录，供我们学习。"你老答应了我的要求，但让我没想到的是他老人家这么快地就完成了书稿。后来，我才知道，你老为了写好这本书，曾因劳累过度，害了一场大病。当我拿到厚厚的书稿时，心中充满了敬仰、感动和内疚。

徐老是一位從舊社會到新中國治黄事業發展變化的親歷者和見證者。這種經歷，極大地豐富了他的人生，是治黄工作的寶貴財富。抗日戰爭時期，他經歷了抗戰初期顛沛流離的逃難生活，冒着生命危險到敵後調查沁河決口情況，後來他擔任防汛新堤第三段段長，在抗戰的烽火硝烟里築领职工与洪水斗争，与饥饿斗争，直書修守的堤防始终没有发生重大决口。抗战胜利后，他担任南一总段段长。面对国民党当局要求撤离黄河防汛一线的严令，他义无反顾地做出留在黄河、坚守防洪岗位的重大抉择，带领全段员工投身了革命工作，为初创时期的人民治理黄河队伍补充了一批宝贵的技术人才。

從參加西柏坡會議討論建立統一的治河機構，到大樊堵口、一九四九年抗洪斗爭，從下游防洪、防凌抢险，到建设蓄滞洪区、开展河道整治工程，几十年间，下游两岸每一段河防都留下了他现场踏勘、勤奋勞作、刻苦研究的治河足跡。

徐老是一位德高望重的治河专家，

也是一位著名黄河水利史志專家。他參與发起成立中國水利史研究會，并担任該會第一屆、第二屆副會長；組織建立黄河志總編輯室，并担任該室第一任主任。從《黄河埽工》到《黄河水利史述要》，从《中國農業百科全书·水利卷》到《中國大百科全書·水利卷》，从《河南黄河志》到《黄河誌》，他不懈探索、古為今用、服務治黄，做出积极贡献。
徐老的《长河人生》是一部难得的好教材，从中，我更多地读到了徐老踏实肯干的工作精神，求真务实的治学精神，不畏挫折的奋斗精神。九十年来，不论社会风云如何变化，他从不计较个人得失，兢兢业业，始终如一，做好本职工作；他不仅善于学习和研究古代治河典籍和现代治河理論，對悠久的治河歷史和丰富的治河經驗了然于心，而且善於結合本职工作从实践中進行學習和研究，因此，他的治河論述往往能够旁征博引，追究源流，提出真知灼见；他的一生歷經坎坷，劫难丛生，但是他無論是逆境还是顺境，无論是磨难还是欢樂，他都能够保持一種对人、對事的平常之心，始終堅定為治黃事業而奮斗的決心和信念。徐老身上的這种精神，值得我們永遠學習和發揚。

黃河的事業任重而道遠。這項偉大的事業需要繼往開來，薪火傳承。黃委黨組織高度重視離退休老同志的服務和管理，將繼承和發揚老一輩黃河人的優良傳統列入重要議事日程，倡導和支持老專家、老领导、老同志撰写回憶录，為黄河事业留下更多的寶貴財富。同时，希望有更多的记录治理黄河歷程的著作問世。

祝愿徐福齡先生和所有的黄河老同志健康長壽！

是為序。

李國英

二〇〇九年十月廿六日

自 序

2009年春节前，农历腊月二十八，黄委主任李国英走访慰问离退休老同志，来到我家。我非常高兴，将专门书写的“黄河健康生命长，堤防首获鲁班奖；调水调沙效果著，永庆安澜保四方”送给李主任。他临走时对我说：“我给你一个任务，你应该把你的一生好好回忆、总结一下，写成回忆录。”并且要求：“要写20万字，明年春节我要检查。”

送走李主任，对他的关怀我心里非常感动，但是如何完成他交给的任务，成了我的一块心病。其实，以前也有不少同志劝我写部回忆录，以便对今后治黄工作有所助益，都被我婉言谢绝了。这次李主任提起这件事，我只能倾力照办。春节期间，一有空，我就坐在书桌前，翻阅我以前出版的两本书《河防笔谈》和《续河防笔谈》，整理以前的资料，回忆以往的工作和生活。尘封的一件件往事，就像一缕缕烟云飘过我的眼前。在伟大的中国共产党领导下，黄河人不屈不挠、艰苦奋斗、不断求索、创造辉煌的历史画面又重新展现在我的眼前。

我努力地回想着自己的过去，往事变得逐渐清晰。但我毕竟是90多岁的老人，有种力不从心的感觉。春节过后，侯起秀同志来看我。他看我桌上堆满资料，一脸疲惫，就问我原因。我把李国英主任交代的任务告诉他，并说出我的困难。

他马上表示："我帮助你写。"他一走上工作岗位，就与我在黄河志总编辑室一起工作，20多年来，勤奋好学，努力钻研，与我是忘年之交。

第二天，侯起秀就来找我。我们一起商定了工作计划，我回忆了童年的事情，他认真做了笔记。以后，我们根据计划，每周六上午碰面，他把利用工余时间写好的稿子让我审阅，我把回忆的下一部分内容讲给他听。由于我年事已高，对一些往事只能记得大概，侯起秀就根据我回忆的线索查阅有关资料，使我已经模糊的记忆又变得清晰。就这样，我们的工作进展很顺利。

不料，由于我每天早上五六点钟就起来看稿、改稿，还要回想以前的事情，有时候一个人名好多天才能回忆起来，在5月份我即将过97岁生日的时候，我的心脏再不能支持如此剧烈的工作，一场大病袭来，住进了医院。黄委诸位主任、部门领导及有关同志来看我，使我万分感动。在黄河医院刘桂芳副主任医师等的精心诊治下，病情得到控制，并逐渐康复。侯起秀到医院看我，说："我们到此为止，写到哪算哪。"当时，医生不让我多说话，我就连连向他摆手，悄声说："你知道我的习惯，要做一件事情，从头到尾我必须把它做完，不能半途而废。"我用手指做出60的字样，他明白了我向新中国成立60周年献礼的意思。我出院的当天下午，就让我的二女儿给侯起秀打电话，让他来我家，继续我们的工作。

在侯起秀的帮助下，8月份我完成了这部书的初稿。之后，我请黄委办公室的侯全亮同志审阅了书稿。王留荣同志来看我，得知我正在写这部书时，非常热情，帮助补充了部分内容。在此，向他们表示衷心感谢！

这部书记述的是我一位治黄老兵的所见所闻、所思所想，反映的是从旧社会到新中国治黄事业发展变化的一段艰苦过程。我想不应该是我个人的回忆录，因为我的生命已与伟大的治黄事业融为一体，从我的侧面可以折射出广大治黄工作者为把黄河的事情办好不懈努力的奋斗历程，因此，取名为《长河人生》。

2009年10月1日是我们伟大祖国60岁的生日，谨以此书献给我们伟大的祖国！

徐福龄

2009年9月23日

目 录

序 …………………………………………………… 李国英
自序
第一章 童年往事 …………………………………… 1
一、父亲与母亲 …………………………………… 1
二、启蒙老师 ……………………………………… 3
三、两位性格不同的先生 ………………………… 4
第二章 少年岁月 …………………………………… 9
一、画错地图 ……………………………………… 9
二、“孙中山先生千古” ………………………… 10
三、“沙陀国” …………………………………… 13
四、父亲重病 ……………………………………… 14
五、考入水专 ……………………………………… 16
第三章 投身治黄 …………………………………… 19
一、初涉治河史 …………………………………… 19
二、恩师陶述曾 …………………………………… 20
三、毕业论文 ……………………………………… 24
四、董庄决口 ……………………………………… 25
五、沁河测量 ……………………………………… 26
第四章 抗战烽火 …………………………………… 30
一、慰问战士 ……………………………………… 30

二、逃出开封 …… 31
三、巧遇张志彬 …… 33
四、重返修防处 …… 35
五、房子被炸 …… 37
六、夜闯“鬼门关” …… 38
七、躲敌机 …… 40
八、续修新堤 …… 42
九、水寨相亲 …… 45
十、调查沁河口门 …… 47
十一、担任段长 …… 50
十二、阻敌西侵 …… 51
十三、“屋漏偏遭连阴雨” …… 55
十四、整修堤防 …… 57
十五、宋双阁堵口 …… 58
十六、抗战胜利 …… 60
第五章　花园口堵口 …… 63
一、塔德堵口失败 …… 63
二、调整方案 …… 65
三、花园口合龙 …… 67
四、开封还债 …… 71
第六章　参加革命 …… 73
一、离开水寨 …… 73
二、驻守杨桥 …… 74
三、坚守岗位 …… 77
四、参加革命 …… 79

五、见到王化云 …… 80
六、西柏坡会议 …… 81
第七章 大樊堵口 …… 85
一、到开封工作 …… 85
二、第一次堵口失利 …… 86
三、王化云找我谈话 …… 87
四、二次堵口准备 …… 88
五、堵口合龙 …… 92
六、经验体会 …… 94
七、黄委会成立大会 …… 96
第八章 战胜1949年大水 …… 97
一、跟踪洪峰 …… 97
二、东平湖查勘 …… 99
三、北金堤查勘 …… 101
四、向新中国献上的第一份礼物 …… 103
第九章 50年代修防工作 …… 105
一、提出大功分洪方案 …… 105
二、在实践中学习 …… 107
三、保合寨抢险 …… 108
四、汛前检查 …… 110
五、刘庄抢险 …… 114
六、1933年洪水到底多大 …… 116
七、五庄堵口 …… 120
八、“百家争鸣” …… 122
九、研究防凌 …… 128

第十章　成了“右派” …………………………………… 136
一、反右扩大化 ……………………………………………… 136
二、人间冷暖 ………………………………………………… 138
三、调查护滩经验 …………………………………………… 139
四、调查“树、泥、草” ……………………………………… 145
五、患难见真情 ……………………………………………… 146
六、三年困难时期 …………………………………………… 148
第十一章　探索治黄规律 ………………………………… 151
一、研究河势演变的规律 …………………………………… 151
二、河道整治的方向 ………………………………………… 154
三、参加黄委会规划组下游查勘 …………………………… 156
第十二章　在动乱的日子里 ……………………………… 160
一、残酷揪斗 ………………………………………………… 160
二、“斗、批、改” …………………………………………… 162
三、下放农村 ………………………………………………… 164
第十三章　参加规划工作 ………………………………… 166
一、新的治黄规划 …………………………………………… 166
二、“杨庄局部改道”方案 ………………………………… 168
三、“杨庄局部改道”方案的思路 ………………………… 170
四、对“三堤两河”方案的不同意见 ……………………… 173
五、明清故道查勘 …………………………………………… 178
六、荆江大堤查勘 …………………………………………… 181
七、荆江大堤与黄河大堤 …………………………………… 186
八、黄河下游不需要人工改道 ……………………………… 189

第十四章　黄河水利史研究 ······ 207
一、《黄河水利史述要》出版 ······ 207
二、结识姚汉源 ······ 210
三、参加两部百科全书编撰 ······ 212
四、黄河下游河道的历史演变 ······ 212
五、历代治河方策演变 ······ 217
六、关于河南确保堤段防洪问题 ······ 231
七、潘季驯治河方策的研究 ······ 238
八、研究黄河水利史的体会 ······ 253
第十五章　80年代的修防实践与研究 ······ 261
一、黑岗口抢险 ······ 261
二、要高度重视横河出险 ······ 264
三、提出黄河下游滩区治理的意见 ······ 266
四、关于黄河下游游荡性河道整治的思考 ······ 276
五、黄河下游防洪是长期而艰巨的任务 ······ 280
第十六章　盛世修志 ······ 284
一、从事修志工作 ······ 284
二、《河南黄河志》出版 ······ 286
三、恢复九三学社黄委会组织 ······ 287
四、考察西汉河道 ······ 289
五、黄河下游河道不致“隆之于天” ······ 293
六、加入中国共产党 ······ 299
七、《黄河志》出版 ······ 300
第十七章　夕阳无限好 ······ 303
一、奋蹄耕耘永不息 ······ 303

二、花园口至孙口河段查勘 …………………………… 305
三、“96·8”洪水调查 …………………………………… 307
四、黄河断流问题 ………………………………………… 309
五、关于黄河水污染问题 ………………………………… 314
六、“堤防不决口” ……………………………………… 316
七、挖河要慎重 …………………………………………… 325
八、缅怀王化云 …………………………………………… 327
九、与病魔斗争 …………………………………………… 329
十、黄河的明天将会更加美好 …………………………… 331
人生如长河 长河伴人生
——读徐福龄先生《长河人生》…………… 侯全亮 335

第一章 童年往事

一、父亲与母亲

我的父亲徐家璘，字沛棠，浙江吴兴县人，清末自费留学日本。他性情豪爽，胆大心细，待人诚信，品学兼优。回国后，他先从事教育，辛亥革命后入仕途，首任南召县知事。那时，南召县自然条件很恶劣，土匪如毛，杀人绑票，屡见不鲜。他到任后，深入调查研究，审查案件，平反了不少冤案，招安了许多土匪，不到一年时间，在南召有口皆碑，政绩卓著。后调任唐县（今唐河）县长。1913年5月17日，父亲赴唐县途中，经过南阳，我即出生在南阳。父亲给我取名福龄，字松辰。我满月后，全家搬到唐县。我共有兄弟6人、3个姐姐，我最小，但5个哥哥去世都很早。

父亲在唐县干得不错，甚得民心。卸任之前，有的老百姓给他送来“我唐二百年来未有之贤父母”的匾额，以资鼓励。

以后父亲还在泌阳、商水、永城（两任）、商丘（两任）、许昌、中牟、项城等地当过县长，大都是父亲走到哪里，家就安在哪里。虽然迁徙不定，生活动荡，但是一家人在一起，和睦无间，相互照顾，其乐融融。

在那个兵荒马乱的年代，父亲一心想为老百姓真正做点事情，到哪里都是忙个不停。我们一家老少跟着他没少吃苦。那时，有的地方开始有了新式学校，可是河南各地土匪横行，尤其在偏远小县，更是如此，因此到新式学校就读的人并不多，私塾仍然是教育的主要形式。我们家的孩子都是受的时断时续的家庭私塾教育。几个孩子在家里，大的领着小的，唧唧喳喳，像一群小燕子。我们几个孩子没有回过浙江老家，只是从父亲的嘴里知道我们的家乡在遥远的南方，是一座风景如画的江南古城。祖父叫徐立言，前清时期在官府做文案工作，共有4子3女，父亲与大伯是双胞胎。在老家，我们徐家人口众多，只有我们这一支随父亲工作迁到了河南。

1984年，我在江苏吴江开会，离老家很近，借此机会，回过一趟老家。回到家乡，我一路走，一路看着青山绿水，那蜿蜒在青山脚下清澈的小河令我这个看惯了北方河流的黄河老人感慨万千。我见到堂房侄子徐寿庚，他知书识礼，听说我来，急忙跑来，开门迎客。我还见到了堂房哥徐福成，我们彼此从未见过面，但他十分热情。寿庚告诉我，他有1子1女，已是儿孙满堂，并把侄孙等叫过来与我相认。一家人与我这个回到故乡的远方游子有说不完的话。我在老家只待了半天，但亲自领略了“血浓于水”的含义。从此，我与老家人常有书信往来。

我的母亲朱氏出生于书香门第，知书达理，敬谨持家。她从不抱怨父亲让全家过着担惊受怕的日子，忙着一家人的吃喝穿用，不让父亲为家庭分心。空闲了，母亲就教我们读书认字，成为我们的第一位老师。虽然母亲也是粗通文墨，一直用那本《三字经》做教材，但她讲课十分有趣。她把书里的每个字都写在裁成小方块的纸片上，然后读完一个字就讲一段小故事，让我们互相讲述。孟母三迁、孔融让梨、大禹治水等故事，我们兄弟姐妹都是从母亲口里听来的。母亲还注重与实践相结合，例如，她讲到“稻粱菽，麦黍稷。此六谷，人所食。马牛羊，鸡犬豕。此六畜，人所饲”时，就带着我们到农田或者家禽家畜的圈舍去认识。她指着马，对照着“马”字说：你们看，这是马的腿，那是马的尾巴；她指着鸡说：这是鸡的头，你们看，鸡是不是像只会飞的鸟啊？鸡想再飞到天上去，只是由于不爱劳动，它的翅膀退化了，就再也飞不上天了。人要懒惰，不爱劳动，也和小鸡一样，就会退化。母亲还教育孩子们要珍惜粮食，她指着农田里汗流浃背的农民说：你们吃的粮食就是这样种出来的。一粒粮食，要经过播种、锄草、浇灌、收割、打场、扬晒等才能到了碗里，因此，古人说“锄禾日当午，汗滴禾下土。谁知盘中餐，粒粒皆辛苦。”

虽说跟着父亲过着颠沛流离的生活，但在母亲的精心教育下，我们几个孩子都从小养成了良好的习惯。

二、启蒙老师

全家搬到永城后不久的一天下午，父亲带回来一位70多岁的老头。老人是河南夏邑人，是个秀才。

母亲问：他是谁？

父亲说：这是给孩子们请的先生。

母亲说：老人家老眼昏花，怎么教孩子？

父亲说：就让他教吧。你给他打扫一间房子，让他住下。

老秀才叫刘镜波，人善良，脾气好。他教我们背《百家姓》，由于地方口音重，一说话，我们就笑，可刘镜波一点不生气，就让每个孩子单独背，孩子背不准的地方，他就纠正。

刘镜波教得认真、细致，不仅让我们背《百家姓》，还教我们写字。他用柳体把《百家姓》写成一张张的字帖，让孩子们照着临摹，写得好的，就给画个圈；不好的，就让重写，从不打骂孩子。等熟悉之后，刘镜波有空就给我们讲故事，什么智取生辰纲了，什么草船借箭了，什么孙悟空大闹天宫了，他的故事好像永远讲不完。

三、两位性格不同的先生

到商丘后，父亲请了一位叫杨瘦鹤的先生。杨先生出生于本地一个书香世家，自幼勤学，擅长绘画，精于做诗，只是清朝灭亡，新学兴起，他的那些本事多少缺少了用武之地。因此，他经常感到怀才不遇，又不善经营，生活日益困顿。父亲请他当先生，他自然高兴。

听说新先生来家，我们就趴在门外偷看。只见杨先生并不瘦，反而长得身材魁梧，也不和气，说话粗门大嗓，像吵架一样。母亲可能觉得以前刘镜波老先生脾气太好，镇不住孩子，对这位杨先生十分满意。

母亲问：你有戒尺吗？

杨先生答：有啊。说着走到随身带的箱子旁边，从里头拿出一根木制戒尺递给母亲。

母亲在手里掂了几下，说：这个太轻。你还是用这个。她拿起放在桌子上的一把竹戒尺，递到杨先生手里。接着说：这是我们徐家祖传之物，我们从湖州老家千里迢迢一直带在身边，一方面自警，作为一个人，心中时刻要有一把戒尺——不能没有“戒”，不能没有“尺”；另一方面，就是用它教育后代。玉不琢不成器，你要用它好好管教孩子，该罚就罚，该打就打。

这根竹戒尺宽约寸半，厚不足七分，长尺半有余，棱边圆滑。通体用大漆油过，深红色的漆层下字迹清晰可辨。以前，我们把戒尺当做了玩具，有时还拿着它打打闹闹，此时见到母亲把它亲手交给杨先生，才知道这是教书先生体罚学生的工具。

杨先生上的第一堂课是礼节。

他先背了几句《弟子规》，“圣人训：首孝悌，次谨信。泛爱众，而亲仁。有余力，则学文”。然后解释道：什么叫规矩？规就是圆规，矩就是直尺。说着他举起手中的戒尺，补充道：看到了吧，这就是矩。所以古人说，没有圆规画不成圆，没有直尺画不好直线。今天我们就是要立下规矩。见了先生，要两手垂下、脱帽、鞠躬。说完，他就让每个孩子依次照做一遍，不符合要求的，就让再做。几个动作折腾了大半天，闹得几个孩子心里忐忑不安的。

就座以后，杨先生接着讲。他说：一个人最重要的是品德，其次才是学问。人要有学问，但缺少道德，他的学问就变成了作恶的工具。好像是一只老虎，本来就够凶猛的了，再添上两只翅膀，就成了会飞的老虎，是不是更加凶猛了？

所以好的品德远比丰富的学问更重要，这也是我为什么第一堂课要讲礼节、讲道德的原因。

杨先生的专长是作诗和绘画，因此，“对对子”成了杨先生教学的主要内容。他从对一字联入手，然后是对两字联、三字联，逐步展开，逐渐上升到对七字联。

杨先生很有才气，能够把对子的内容随手绘出。例如：“山对地，雨对风，山花对海树，赤日对苍穹”等，他边说着话就边把这些景物绘在了纸上，既增加了感性认识，又提高了学习兴趣。然后，杨先生把画每一种景物的要点讲给孩子们，让大家课后练习。

学完一字联后，杨先生告诉我们：“对对子”没有标准答案，因此，你们要开动脑筋，发挥想象，多找答案。这一说，孩子们更加兴趣盎然。

开始学习五字联的时候，杨先生首先拿出一幅画，问：这幅画表达什么意思？

我们不约而同地说：白日依山尽，黄河入海流。

杨先生说：好。现在你们利用“白日依山尽”做上联，对出下联，但不能用“黄河入海流”，然后用图画把对联的意思表示出来。我沉思半天，答不出来。

杨先生大怒，拿起他的木戒尺，厉声问我：怎么答不出来？

我绷着脸，不说话。杨先生更怒，抓起我的小手“叭、叭”就是两下，喝道：听见没有？

没想到我还是一句不吭。杨先生情急之下，拿起竹戒尺就要打。我再也忍不住了，“哇”一声，大哭起来，跑了出去。

杨先生学问深厚，管理严格，我们几个孩子受益匪浅。

1922年4月，直系和奉系军阀之间的战争爆发。河南督军赵倜是袁世凯的亲信。袁世凯死后，赵倜与直系的矛盾逐渐加深。直系军阀吴佩孚任直鲁豫巡阅副使，以洛阳为大本营训练军队，而且在信阳和郑州等地驻有重兵，降低了赵倜在河南的地位，遭到赵的怨恨。因此，赵倜与奉系暗通款曲，积极参加反直战争。在直奉战争中，全国盛传吴佩孚在前线中弹身亡，赵倜闻讯认为时机已到，立即猛攻直系布防薄弱的后方交通枢纽郑州。此时，冯玉祥为直系后方总司令，坐镇洛阳。冯玉祥亲临前线指挥，很快击败了赵倜的军队，被直系控制的北京政府任命为河南督军。

这时，父亲在商丘当县长，冯玉祥的老部下李鸣钟在商丘任镇守使，与父亲相处很好。冯玉祥到商丘视察，李鸣钟和父亲等都一路步行陪同。冯玉祥了解到父亲为官正直，很能吃苦，授予父亲“模范县长”的称号。

1922年，河南政局混乱，战事频仍，民不聊生。为避乱我们全家迁往山东省会济南，投奔我五姨。只有父亲一人留在许昌做县长。

在济南，家里为了使我们能够适应将来学校的生活和学习，请了位叫李文然的先生。李先生身材瘦高，鼻梁上戴副宽边近视眼镜，看上去文质彬彬。他是北京一所大学的学生，休学在家，英语很好。

李先生的性格与杨先生截然不同，好像从来不会生气，也没有烦恼，脸上总带着笑容。上课用的教材是他从北京带回来的当时流行的英语课本，里边有很多有趣的插图。他还带来一块小黑板，自己用粉笔写字，还让我们用铅笔写字。这一切都让我感到很新鲜。

李先生的教育方法也很新颖。有时唱英文歌曲，有时做游戏，有时讲一些关于外国名人的有趣故事。只是他没有教学经验，不布置作业，也不考试，因此我们的学习处于一种放任自流的状态。

李先生喜欢让孩子们在课堂上做游戏，比如表演对话、快速抢答等等，其中做的最多的是“开火车”，就是让孩子们一个接一个地读单词，谁读得好，就给谁发一块糖等小礼品；谁读音不准确，就给予纠正。

我们一家在济南生活还算安定，但与父亲天各一方，时刻牵挂着远在许昌的父亲的安危。父亲也特别惦记我们的学习情况。有一次,他到济南看我们,看我们不是唱歌,就是做游戏,不做作业。他从小受的是中国传统式的教育,很不习惯,就和母亲商量,请辞了李先生，准备送我们到学堂去学习。

第二章　少年岁月

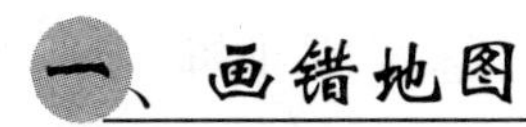

一、画错地图

济南，因泉水众多，又称“泉城”。众泉汇流形成碧波荡漾的大明湖。大明湖风景秀丽，岸上翠柳垂荫，婀娜多姿；湖中碧波荡漾，荷花似锦；更有那楼台亭榭，隐现其间，酷似一幅立体图画。临近大明湖，有一所创办于清末的学校，叫山东省立模范高等小学堂，创始人是著名教育家范明枢先生。该校开设有修身、国文、算术、历史、地理、博物、理化、图画、手工、体操、游戏、裁缝、唱歌、英语、农业、商业等多种课程，后四科为随意科，即选修课；教育方法开始学习西方教学方法，强调“循循善诱”和“讲解”、“领悟”的重要性；聘请的都是知识渊博、能力很强的教师。1922年到1926年，我在这里度过了3年多难忘的学习生活。

我读过私塾，学习起来比较轻松，也有时间选修更多的课程。有一次上地理课，老师让每位学生画一张山东省的彩色地图。地理老师姓张，长着黄胡须。俗话说：“长黄胡须的人不是弱汉子。”这位张老师就十分严厉。他平时对学生要求很严格，大家都怕他。

他看完我画的地图后，板着面孔问道：你画的地图有无错处？

我说：没有。

他又面有愠色地问道：究竟有无错处？

我还说：没有。

这下张老师可生气了，他放下铅笔，顺手打了我一耳光，怒道：你把黄河的尾巴画到莱州湾了！

我一看才明白过来，心里很惭愧。这是平生唯一一次被人打耳光，我疼在脸上，记在心里。从此，“黄河”二字深深地印在了我的脑子里。

二、“孙中山先生千古”

1925年3月12日，孙中山先生在北京逝世，各大报纸都刊行了“孙中山先生千古”的号外。这则消息打破了模范高等小学宁静的生活，师生们沉浸在无比的悲哀当中。

这年的雪下得很大。师生们不顾严寒，佩带黑纱，到灵堂吊唁孙中山先生。每节课，老师的话题几乎都与孙中山先生有关。语文老师讲的是《讨袁宣言》。他把这篇文章写在黑板上，逐字咏颂，逐句解读，最后拖着长腔，带着悲声大声读道：“书曰：‘民唯邦本，本固邦宁。’又曰：‘纣有臣亿万，唯亿万心。予有臣三千，唯一心。’正义所至，何坚不破？愿与爱国之豪俊共图之！”他的激情感染了整个教室，同学们也跟着读了起来。

当时的山东由奉系军阀控制。奉系利用民国初年的混乱局面，在日本帝国主义支持下实行武力扩张，是亲日的军阀集团。但是，地理张老师无所畏惧。他走上讲台，先在黑板上画了一张同学们熟悉的山东省地图，然后问学生：你们知道不知道“五四”运动的起因？有的学生回答：知道。有的回答：不知道。

张老师用粉笔重重地给青岛和胶济铁路涂上红色，大声说：起因就在这里啊！他接着在山东地图旁边添上了日本地图，说：1914年，日本借口对德国宣战，攻占了青岛和胶济铁路全线，控制了山东省，夺去德国在山东强占的各种权益。1918年德国战败，中国以战胜国身份参加巴黎和会，提出取消列强在华的各项特权，取消日本与袁世凯订立的二十一条不平等条约，归还大战期间日本从德国手中夺去的山东各项权利等要求。但是，巴黎和会在帝国主义列强操纵下，不但拒绝中国的要求，而且在对德和约上，明文规定把德国在山东的特权，全部转让给日本。

1919年5月2日，中国代表交涉山东问题失败的消息传来，山东各界群情激愤，纷纷召开请愿大会，举行示威游行。有位工人发表演说：我们生在这里，长在这里，我们就是这里的主人翁，我们的领土如有一尺一寸的损失，都是我们的奇耻。我们要求政府转电巴黎和会，主持公道，还我港湾，复我路权，倘再不得圆满效果，我们当另筹对待方法，以尽我国民一分子之天职。5月4日北京学生在天安门召开大会，提出“外争国权”、“内惩国贼”、“取消二十一条”、“还我青岛”的口号，会后举行示威游行。“五四”反帝爱国运动正式爆发。

在“五四”运动期间，济南的高等学生喊着“还我河山”、“抵制日货”、“反对卖国贼出卖山东”、“打倒日本帝国主义”的口号，也参加了浩浩荡荡的请愿队伍。许多平时讲话都脸红的同学也争着登台演讲，当他们讲到青岛和胶济铁路已经掌握在日本人手里、矿山也要归日本人开采、山东人民将要作亡国奴的时候，周围群众一起高呼：“宁死不当亡国奴！”大家的精神真可谓感天动地。

张老师讲到这里，问大家：我们中国是战胜国，为什么还要受洋人的气？为什么日本人还想割去我们的山东？

有同学回答：因为中国穷。

张老师说：对啊。我们用的火柴叫洋火，布匹叫洋布，煤油叫洋油。外国人掌握了我们中国人的经济命脉，所以他们要欺负我们，剥削我们，压榨我们。中国本来是战胜国却变成了战败国的事实，充分说明“弱国无外交”的道理。因此，孙中山先生临终前大声疾呼：“和平、奋斗、救中国。”最后，我也要用中山先生的话作为我的总结：“唯愿诸君将振兴中华之大任，置于自身之肩上！”

1925年4月27日至29日，济南全城下半旗，山东各界在济南商埠公园连续3天举行追悼活动。我在老师带领下，参加了4月27日在商埠公园隆重举行的孙中山先生追悼大会。

根据1925年4月30日发表在《大公报》第四版上的《山东各界悼孙大会之第一日》一文，可见当时情景：“各界到会者十万余人。是日会场布置异常整齐，公园门首东西高扎松棚，中间盖有牌坊，上悬‘薄海同悲’匾额一方，园内编所席棚，悬挂各界挽联，有三千余副。东、西两亭为临时讲演场，正中四面亭为公祭场，祭场内正中悬孙公遗像，旁四周绕以花圈；两旁各悬匾额一方，一书‘五族同悲’，一书‘邦国殄瘁’，孙公遗像旁有对联一副为：‘革命尚未成功，同志仍须努力’……”

商埠公园是1904年济南开辟商埠时由清廷规划兴建的山东省最早的一处以公园命名的公共游览场所，以前我也曾来此游玩过，都没有留下太深印象。此次参加孙中山先生追悼会，却给我留下了极其深刻的印象，因为当时公园里人潮涌动，悲声一片。我清楚地记得在向孙中山先生遗像行三鞠躬礼时，前边的地理张老师一鞠躬说“和平”，二鞠躬说“奋斗”，三鞠躬说“救中国”。我们后边的同学也学着他的样子，一边鞠躬，一边说着：“和平、奋斗、救中国。”

三、“沙陀国”

1926年我从山东回到河南开封。当时，父亲正在中牟县当县长。黄河流经中牟，著名的官渡大战就发生在该县。我问父亲：中牟怎么样呢？不料，父亲却说：像个“沙陀国”。我知道京剧里有一出戏叫《沙陀国》，说的是黄巢起义，唐僖宗逃至美良川，派程敬思到沙陀国李克用处搬兵的故事。我当时想：“沙陀国”大概是指寸草不生的沙漠地区，不应在地处中原的中牟县啊。就又问父亲：“沙陀国”怎么跑到中牟了呢？父亲工于古诗词，平时喜欢与友人唱和，也经常把悲欢离合的感情寄托于诗词之间。他吟诗一首，道：“中牟从来地苦硗，半是黄沙半是茅。日夜勤勤输公府，丰年不办朝夕肴……”

他接着说：这首诗的作者叫冉觐祖，是中牟县万胜村人，康熙年间进士。他诗里说的就是康熙元年黄河决口开封黄练集，给家乡带来的深重灾难。中牟黄河的特点是河出峡谷，河床变宽，流速减缓，泥沙沉积，河床升高，成为“善淤、善决、善徙”的“悬河”。因此，每遇洪水暴涨，洪峰进入中牟段，往往造成决口、漫溢。每次洪水过后，田园村舍荡然无存，沃野变不毛。大堤以南宽二三十里、长八九十里地带，大部分变成黄沙堆、盐碱滩、葛巴皮，下种不见苗，种一葫芦打两瓢，沿黄百姓衣不蔽体，食不饱腹，经常是“一把铲、一口锅、割草熬碱过生活”。

我十分佩服父亲的好学精神。他经常手不释卷，对方志学有较深造诣，修编的《商水县志》共二十五卷，已于1918年刊印。其中的河渠志对商水县河流，考其原委，叙其主支情况，至为具体。每到一地，他都注意收集地方志书，实地考察民情、民俗和农田水利等，也难怪他对黄河和中牟的情况如此熟悉。

我听父亲如是说，才知道黄河给人民造成的深重灾难，但在那时我很不理解为什么黄河水会带来这么多的黄沙，更没有想到日后会与黄河结下不解之缘。

四、父亲重病

我回到开封的时候，正是北伐前夕。控制河南的直系军阀与其他军阀争夺地盘，大肆镇压革命势力和人民力量，河南社会经济形势混乱不堪。为躲避这种混乱局面，父亲又让我上了一年私塾。

私塾老师叫马伯良，先学《幼学琼林》。《幼学琼林》是一部百科全书，内容包罗万象，全部用对偶句写成，容易诵读，便于记忆。对于我而言，学习起来比较轻松。我最感兴趣的学习内容是写毛笔字。马老师每天都要摘录出《幼学琼林》里的一部分警句、格言和成语典故，用颜体书写出来，让学生练习。马老师规定每天写九个大字、五行小字，我几乎每天都超额完成。因此，马老师特别喜欢我，经常手把手教我，使我受益匪浅。

学完《幼学琼林》后，马老师又教《论语》，只可惜马老师家中有事，没有教完，就回了原籍。这时，冯玉祥接受共产党人李大钊"出兵西安、会师郑州"的建议，兵出潼关，占领郑州，就任河南省政府主席，国民革命军第二集团军总部随之进驻开封，开封的社会状况较以前有很大改善。于是，父亲就让我到中州中学继续求学。学校根据对我的知识考核，让我直接插班上了二年级。

1928年夏天，就在我准备期末考试时，家里发生了意想不到的变故。当时父亲在项城县当县长，由于身体不好，大哥随行，以便照顾父亲起居、协助处理公务。

一天晚上，有人慌慌张张地跑进家门，哭着说：项城土匪攻占了县城，当时徐县长已经不省人事，多日水米不进，土匪把人劫走了，恐怕性命难保。我正在复习功课，闻听噩耗，再也读不进书了。父亲是家里的顶梁柱，失去父亲一家老小生活怎么办？我守候在悲痛欲绝的母亲身边，悲伤地想起父亲的话语：将来准备报考河南大学吧。我想：父亲先后在河南各地做县长10多年，始终清廉自守，多行善政，深得百姓拥戴。家里没有什么积蓄，一旦父亲辞世，上大学就成为自己永远的梦想。

正当全家老少都穿上孝服，忙着给父亲准备后事的时候，不料，父亲在贴身勤务小全的陪护下又回到了家里。一时间，全家人又悲又喜。后来，小全说：攻打县城的土匪头子以前受过父亲的招安。他将父亲带到土匪窝后，不但没有加害，还请来了当地的一位老中医，为父亲扎针、喂药，用了十几天时间，总算让父亲起死回生。

父亲虽然九死一生，但已半身不遂，口不能言。父亲重病后，由于项城士民所请，国民政府破例让我大哥代行县长职务。

五、考入水专

1930年，我中学毕业，病卧床塌的父亲也能够开口说话了。父亲还是坚持让我考高中，将来再考河南大学。但是，这时已逐渐长大的我深知家里的生活状况已大不如前，开始有了自己的想法。

适逢河南省立水利工程专门学校招生，3年毕业后即可安排工作。于是，我未经父亲许可，便考入该校。河南省立水利工程专门学校始建于1929年3月，创办人为时任河南省建设厅厅长的著名人士张钫，首任校长为毕业于国立北洋大学土木工程系的陈泮岭。我入学1年后，学校更名为河南省立水利工程专科学校，改为5年制（3年高职，2年专科）。

我入校时的校长是李善棠先生。李校长是一位留学美国的地质专家，曾担任福中矿务大学校长。福中矿务大学从校长到教授多系留美学生，因此教育体系是以美国的高校，特别是科罗拉多矿务大学、密苏里大学、哥伦比亚大学为蓝本。李校长也设想在水专套用这种模式，就对学科课程进行了改组，搞了所谓的编级试验，结果把我所在的班编没了。

相处甚好的同学一下子要编到其他班，同学们都很气愤。有位叫刘念祖的同学颇有才气和胆量，领头反对李校长的编级试验，与校方进行交涉。因为李校长当时热衷于做买卖，对学校的管理过问不多，师生们与他见面的机会很少，对他早有怨气。刘念祖领头一闹，立刻引来大家的广泛同情和支持。学生们扯起旗子，在校园内游行示威，一些学生甚至把李校长做买卖的事情编成顺口溜，一场“驱李”学潮在校园内展开了。

对此，李校长十分恼怒，怀疑是共产党在捣乱，命令查房查铺查行李，把教室和宿舍查了个遍，也没有发现共产党的线索。李校长无奈，说：你们全班都是坏人子弟，必须全部开除。

全班同学“驱李”不成，反而被要求离开心爱的校园，但是谁也没有怨言，倒有一种当年“荆轲刺秦王”的豪气。大家齐集学校大门口照相留念，挂出一幅由我编写的对联，上联是白纸黑字，写的是：“以前种种譬如昨日死”；下联是红纸黑字：“以后种种譬如今日生”。学校很多老师和学生不怕迫害，洒泪相送。

我没有把被开除的消息告诉家人。暑假过后，忽然学校派人通知，让班里同学参加重新入学考试。这次考试极其严格，笔试之后，还有李校长亲自主持的面试。李校长搜肠刮肚地想出不少稀奇古怪的问题，也没有难倒一位同学。最后，全班同学全部重新入学。

不到一年，李校长调走，学校换了新校长。新校长叫瞿弗章，原是河南大学土木工程系主任，著名教授。瞿校长在教职员中倡导锲而不舍的敬业精神，在学生中倡导刻苦钻研的勤奋学风，树立起优良的校风。同学们安心学习，勤奋苦读，掌握了切实的本领。

后来，刘念祖在黄河水利学校当老师。在这次学潮中，我们结下了深厚的友谊。

第三章　投身治黄

、初涉治河史

我在水专读书期间，学习了郑肇经先生编写的《河工学》。郑肇经是我国著名水利学家，早年留学德国，创建了我国第一个水文研究所和水利文献编纂委员会。他一贯注重我国古代水利科学技术的光辉成就，在20世纪20年代，就大声疾呼要总结我国千百年来的治河经验，并在自己编写的《河工学》一书中系统地总结了我国古代的治河技术。《河工学》于1934年由商务印书馆出版后，成为我国治河工程学方面第一部有广泛影响的大学教科书。

《河工学》每篇后面都摘有一小段古代治河记载，我对此很感兴趣，激发了学习研究我国古代治河技术的热情。我下课后，常常到图书馆浏览一些古书，如《河防一览》、《治河方略》、《河渠纪闻》等。《安澜纪要》和《回澜纪要》的作者徐端是浙江湖州人，也是徐姓中在清乾隆年间担任过河道总督的人物，父亲对他的生平和著作很有研究。父亲告诉我：徐端是个清官，任职期间，深入工地，调查考察，与役夫同甘共苦，死后依靠友人帮助，才得以安葬，他的治河著作有重要的参考价值。

我遵照父亲的嘱咐，对《安澜纪要》和《回澜纪要》两书进行过仔细研读，获取了很多黄河上筑堤、修坝、堵口等知识，对以后工作帮助很大。后来学校又增加了有关黄河的课程，进一步加深了我对黄河的认识。

1933年，我高职毕业的时候，家里生活愈加困难。只有靠典卖，才能支付父亲治病所需费用。我知道家里已无力供我继续求学，就打算找个职业，参加工作。学校知道我的想法后，鼓励我克服困难，并让我承担发放讲义、利用晚上为学校誊写讲义的工作。这样每月可以收入6元银洋，再加上大姐和二姐平时的资助，我又坚持上了两年专科。对此，我至今犹感她们之恩。

二、恩师陶述曾

当时，老师一般都需要自编讲义，刻蜡版的工作很重也很辛苦。我兢兢业业、认认真真的工作，很快受到校方和老师的称赞。陶述曾老师和水专第一任校长陈泮岭、时任校长瞿苐章都是北洋大学的同窗好友，此时，虽接替瞿苐章担任河南大学土木工程系主任，但是，在黄河汛期，也要协助河南河务局防汛，被黄河水利委员会聘为技正，是一位有真才实学的水利专家，也是一位脚踏实地、埋头苦干的实干家。陶述曾受瞿苐章邀请，经常来水专讲课。他所用讲义有很多插图和公式，以前让别人刻蜡版错误较多，他很生气，索性就自己刻。但我承担刻蜡版工作后，他发现不但字体娟秀，而且几乎没有什么错的地方，遂引起他的注意。有一天，陶述曾把我叫到办公室，问了我的籍贯、家庭情况，还和我谈了一些治黄的事情，鼓励我不要怕困难，困难是暂时的，是对人生的考验。只有勇于克服困难，才能够为国家和人民做更多的事情。陶述曾话虽不多，却使我热泪盈眶，终身难忘。

陶述曾老师十分注重理论与实践相结合。他亲历了1934年贯台决口和堵口的过程，对此感触颇深。于是便把这次黄河决口作为他上课的素材，为我们讲课。

这次决口当夜，陶述曾正在河南河务局协助防汛工作，当时黄河流量约为15000立方米每秒，是伏汛时常见的流量。但由于串沟进水，在滩地上形成一条长10余华里的大串沟。黄河水顺着串沟直抵北岸当时属于河北省管辖的封丘贯台，近堤呈螺旋状，黄河上通常称之为“扫边溜”。扫边溜扫开大堤，造成决口。

陶述曾得知是北岸决口的讯息后，马上乘船赶到决口地点，做了简单测量，发现串沟沟口宽约200米，水深不过30厘米。人可以在滩上行走，说明这不是很嫩的滩。陶述曾老师与河务人员现场商量，认为决口比较容易堵塞，只要在串沟头做一透水柳坝，把串沟淤死，口门水源断绝，很快就可堵复。透水柳坝的做法是打2~3排木桩，拉上铁丝，中间填柳枝。他们估计只需要两天时间，花费约9000银元。考虑留有余地，工料预算做了11000元。

陶述曾等立即渡河回开封向省政府写报告请求拨款。当时河南省省长兼督军是刘峙，河务局属省政府管辖。刘峙看了这个报告后说：决口不在河南境内，淹的也不是河南的地面，粘上反而有责任了。不批准这个计划。

与此同时，河北省河务局也拟定了一个8万元预算的堵口计划，向黄河水利赈灾委员会请款。当时管理黄河的有三个系统：一是各省主管河防的河务局；二是黄河水利委员会(简称黄委会)，主要是搞地形测量、水文观测、气象观测等，搜集治河的基本资料，委员长是李仪祉；三是黄河水利赈灾委员会（简称黄灾会)，主要作用是管理赈灾及堵口的经费，并监督和领导各省堵口工程的施工，委员长是孔祥榕。孔祥榕对河北河务局说：黄河决口，8万元怎能够堵好？把堵口工程预算改成了80万元，并组织堵口工程处负责施工。堵口不采用堵串沟的方法，而采用在口门用捆厢进占的立堵方法。这样就需要大量的工、料，花费不少时间进行筹备工作。

伏汛串沟水涨，口门刷深。捆厢进占开始后，口门缩窄，促使深度进一步加大。秋汛漫滩水掣动大溜，口门水深流急。就这样原来很容易堵复的贯台决口变成一个难堵的工程。

孔祥榕亲自驻工地监督施工。他依靠河防工人，在工程进展遇到困难的时候，就让河防工人设坛叩求吕祖（吕洞宾）在沙盘上的“指示”。陶述曾老师也代表黄委会住在工地，孔的这种做法，他难以苟同，与孔没有共同语言。陶述曾在贯台工地住了3个星期就离开了，并辞去了黄委会技正职务，回到河南河务局。

这年10月，中国经济委员会向国际联盟聘请了4位水利专家（英、法、荷兰、意大利4国各1人）到中国来看河南黄河工程及贯台堵口工程。由于李仪祉委员长认为这4位洋专家在视察关中水利时充分表现了教条主义的本质，所以表示黄委会不予接待。专家们就改由河南河务局接待。河务局把这个任务交给了陶述曾。因此，陶述曾再次来到贯台工地。这时口门宽度有20多米，经过测量，推算口门深度是25米。孔祥榕陪专家看过后，在工地工程处设宴招待。饭毕开会。孔祥榕亲自详细报告了工程情况，然后向专家请教合龙方法。洋专家一直没有开口，陶述曾等中国工程师是来听会的，不便发言。会场这么一冷，一位洋专家才说：看来口门深度不到25米，如果真有25米深，这个口可能是堵不起来的。陶述曾把他的话翻译出来，全场愕然。

在霜降前后，有位做透水柳坝的专家，建议在口门的上游做一个挑水坝形式的透水柳坝。做法是拉一根钢丝绳，斜过串沟和滩地抛锚。沿着钢丝绳密密地捆上整棵的柳树。透水柳坝做好后，又碰上刮了一阵西南风，使大溜又回到了河中间。一夜时间，口门深度只剩下了4米。花了两天工夫，这个决口就被堵上了。又花了4天工夫恢复了大堤。

陶述曾最后总结说：一是在决口之初就采用堵截串沟的办法，这个决口的堵塞是轻而易举的；二是黄灾会坐失良机，到经常发漫滩水的秋汛，采用捆厢立堵，势必掣动全河大溜，变成难工，然后，负责堵口的人才有功可叙，有大量的国币可供挥霍；三是国联的水利专家，他们不可能熟悉黄河堵口的工程技术问题，是根本不必向他们请教的。

陶述曾是把贯台堵口当做反面教材给学生们讲的，道出了旧社会河政的腐败和黑暗，使我既学到了治河知识，又学到了做人知识。

我更加钦佩陶述曾老师！

三、毕业论文

贯台堵口合龙后，学校组织学生到工地参观。陶述曾现场讲解了堵口的方法，从堵口准备到方案制订，从口门堵复次序到具体堵口方法等，讲得非常详细。他还请老河工演示了卷埽、厢埽等埽工技术，使大家受益匪浅。

我认真做了笔记，想以黄河堵口作为自己毕业论文的题目，但是，觉得难度很大。回来的路上，我把自己的想法告诉了陶述曾老师。没想到陶述曾大加赞赏，说：防洪是防止决口的关键，堤防是防洪战斗所凭借的阵地，决口好比丢失了阵地，堵口又好比是夺回阵地，是万不得已的办法。防应重于抢，抢应重于堵。如果防洪搞好了，贯台就不会出险；如果抢险及时了，贯台就不会决口。因此，陶述曾建议我增加有关黄河防洪的内容。

回到开封后，陶述曾给我找来一些参考资料，指示我要多读《河防通议》，说：这部书对你以后的工作是有帮助的。在陶述曾老师的指导下，我顺利完成《关于黄河的防洪与堵口》的毕业论文。

我毕业的时候，在李仪祉先生“水政统一、河政统一”的大声疾呼下，黄河管理体制有所改观。黄委会和黄灾会合并，李仪祉担任黄委会委员长；各省的河务局名义上归黄委会管理。根据国民政府制定的《黄河水利委员会组织法》：“黄河水利委员会直隶于国民政府，着理黄河及渭、洛等支流一切兴利、防洪、施工事务。”李仪祉先生的“非政治法律之强有力不为功也。然若特设一总机关，予之以黄河行政之全权。可以指挥各省于河务有关系各地之县知事”的思想得到部分实现。

这时，我被分配在黄委会河南河务局工作，为实习生。河南河务局局长为宋彤，陶述曾担任河南河务局的技正。

四、董庄决口

我一走上工作岗位，就遇到了1935年7月陕州13300立方米每秒的大洪水。上级叫我每天将陕州水文站流量及下游来童寨、黑岗口、柳园口、东坝头各险工的水位绘制成涨落曲线图，挂在机关影壁墙上，以示警惕。当洪峰通过东坝头后不久，我发现水位陡落，经电话联系，得知在山东鄄城董庄决了口。

这次决口，泛区达12215平方公里，淹及鲁苏两省27个市县，受灾人口341万人，死亡3750人，经济损失达1.95亿元。山东为主要灾区，灾区面积达7700余平方公里，波及鲁西15个市县，淹没耕地810万亩，淹没村庄8700余个，灾民达250余万人，淹死3065人，淹毙牲畜4万余头，倒塌房屋近百万间。外逃灾民48万余人，在全省61个市县设灾民收容所795处，共收容灾民13万余人。

通过记者肖乾写的《人生采访》一文，可见当时的悲惨景象：“当时的济宁除尚可看到树梢、屋顶外，完全被淹在大水里，而且屋顶旁可航行丈长的大船。被船救来的灾民们集中在火车站上，一眼望不到边。刚逃离洪水魔掌的灾民，又受到饥饿的严重威胁。有的父母被迫把自己的幼孩当做孤儿丢在一边，啼哭上一天，才会被收容站的人拣去喂上一顿饱饭。好不容易才领到黑馍馍的人们，好像怕被人抢去一样，狼吞虎咽地往嘴里塞。当一列火车进站时，灾民立即扶老携幼向火车涌去，喊声震天，个个担心被落在后面。济南城里到处是成群的低声叹息的灾民。张公祠、铁公祠、汇泉寺等一切为文人雅士吟诗赏景的名胜都密密匝匝地填满了狼狈褴褛的难民。深秋十月的凌晨，已是彻骨的冰冷。一个收容所门前挤满了刚来的难民，他们冻得几乎颤抖成一团。完全受着本能支配的孩子们无力地跺着小脚丫，‘冷呀，冷呀’地喊。一个中年妇人手里拉着个裸体的幼孩，据说是因为半夜洪水突至，逃出时未来得及穿衣服。一个年近八十的老太婆因为夜夜冻得睡不着，不惜和一个小女孩争一片破军毡……”

但是，那时治河，各自为政，没有全局观点。这场大水在河南境内顺利通过，未出大险，所以河南河务局为庆祝安澜，仍然举行所谓“安澜宴”。那是我第一次参加这样的宴会，心里很不是滋味。

五、沁河测量

1936年春天，我实习期满，被调到河南河务局沁河测量队任测量员，成为一名正式职工。当时的测量队队长郝西庚是北洋大学的毕业生，与陶述曾是前后同学。陶述曾对测量队也负有技术指导的责任。

就在这时，令人意想不到的是父亲的病情突然加重。一天，我满心欢喜地领了工资，往家走去。还没到大门口，就见院里院外都是人，隐约听到哭声，我知道事情不好，便三步并作两步，快步跑回家中。父亲真的不行了！

一年前，父亲病情稍为好转，就受挚友刘积学的邀请，到河南国学专修馆教国文。刘积学是信阳人，时任河南国学专修馆的馆长。他本来想让久卧病床的父亲出来做点事情，一来可以了解当时的社会形势，为发展河南教育事业出谋划策；二来可以有些收入，补贴家用。没想到父亲认为做教师责任重大，关系着学生的前途，更联系着国家和民族的未来。做教师不能够误人子弟。父亲每晚都查阅资料，认真备课，每堂课都能引起学生的兴趣和共鸣。一年下来，父亲强烈的责任意识，感动了学生，但身体每况愈下，竟在课堂上，吐血不止，昏死过去。

没有几天父亲就离开了人间。他去世的时候，口不能言，手却紧握着我的手。我能够感觉到父亲的手在一点一点地变凉，能够看到父亲眼里的光泽在一点一点地退去。我静静地看着父亲走了，心想：让父亲安静地去吧。他的一生已经历太多的乱世纷争和生活艰难。生在江南水乡的父亲，早年远涉重洋到海外寻求真理，归国后又连续在河南各地基层工作，辛苦一生，奋斗一生，但是，军阀混战，国家颓败，人民困苦，父亲是带着自己的理想离开这个世界的。我知道父亲想告诉自己：不要忘记责任，做个正直的人，做个堂堂正正的人。我祝愿父亲的灵魂回到远在千里之外的故乡的山水之间，悠闲自适。一年后，我到父亲的墓前祭奠，曾作诗一首："严父弃我已两年，苦儿寥落状如前。清风傲骨送遗训，此志是以慰九泉。”

父亲去世后，一家老少11口人的生计，就压在了我的肩上。我工作更加认真、负责。一办完丧事，我没有在家停留，就赶赴沁河参加野外测量。

沁河发源于山西省太岳山脉，干流自北向南穿太行山峡谷，出五龙口转东进入沁河冲积平原，到武陟县折向东南，汇入黄河。干流全长485公里，按自然特点可分为四段：河源至沁源县孔家坡，河道长69公里；孔家坡至阳城县润城，河道长235公里，河谷弯曲窄深；润城至济源市五龙口，河道长92公里，河谷深切于太行山中；五龙口至河口，河道长89公里，流经沁河冲积平原。

这次测量重点是五龙口至河口河段，因为该段与黄、沁河防洪关系最为密切。1935年黄河董庄决口和伊、洛河大水都造成了严重灾难。伊、洛河大水，后经推算黑石关洪峰流量为10200立方米每秒，死亡1000余人，陇海铁路上水达1米深。黄河流域连续大水，黄、沁两河大堤紧张异常，黄委会迫切需要尽快测出沁河下游的防洪地图。

沁河测量队刚成立不久，人员有限，任务很重，郝西庚队长从水专借来两班学生，左右岸各分一组，展开测绘工作。我作为正式职工，主要担任对两组学生的指导和校核工作。虽然这些学生比我低一级，在学校时就彼此认识，但我仍然要求十分严格，该返工的就让返工，该复测的就叫复测，以至于后来担任黄委会副总工程师的郝步荣，多年后仍然记得我当时“一丝不苟的严格”。

在测量过程中，我对两岸险工做了一些调查。从了解的情况中，我得知沁河有“小黄河”之称，大水时，溜势湍急，临堤险工多坐弯顶冲，常有决口之患。因此，我对沁河的印象很深刻。

外业工作完成后，郝西庚队长带我等去见陶述曾，请示指导。陶述曾见我身穿重孝，很是诧异，问明情况，安慰我要保重身体，并告诉我湖北省已邀请他参加汉江堵口工作，他已应邀，正在办理这里工作的交接。他问我：我计划带一些水专毕业生前往，你乐意和我一起去吗？我说：父亲去世后，家里许多事情需要我料理，恐怕难以成行。陶述曾闻言没有再说什么，只是嘱咐我要好好工作，有困难可以与他联系。

1935年10月，李仪祉辞去黄委会委员长之职后，不少水利专家也先后离开黄委会。后来，我听说李仪祉的辞职是因与孔祥榕矛盾所致。孔祥榕把知名水利专家李仪祉挤出黄委会后，继任黄委会委员长。孔因治理永定河出名，担任黄河水利赈灾委员会委员长期间，在黄河上负责完成了贯台、董庄两处堵口工程，为此还获得国民政府颁发的“安澜保民”的匾额，成为名噪一时的“堵口专家”。他手下有五个工程队，队长号称“五虎上将”，是其主要依靠的力量。

这年，我们测量队全体人员在郝西庚队长带领下，加班加点，日夜苦干，按时完成了历史上第一张1:10000沁河下游防洪图的测绘任务。这张图为沁河防汛发挥了重要的参考作用，时至今天，仍然保留在黄委会档案馆。

第四章　抗战烽火

一、慰问战士

1937年河南河务局改为河南修防处。我调回河南修防处，任技术员、工程员。同年7月7日，日本侵略军悍然发动卢沟桥事变，抗日战争全面爆发。我关注战局的变化，为我国将士浴血沙场的事迹所感动。

1937年底日本侵略军相继占领南京和济南后，为了迅速实现连贯南北战场、灭亡中国的侵略计划，从南北两端沿津浦铁路夹击徐州。台儿庄是徐州的门户，位于徐州东北30公里的大运河北岸，北连津浦路，南接陇海线，扼守运河的咽喉，是日军夹击徐州的首争之地。

1938年春天，中国守军与日本侵略军在台儿庄展开历时半个月的激战。中国军队付出了巨大牺牲，参战部队4.6万人，伤亡失踪7500人。在中国军队的英勇抗击下，取得了歼灭日军1万余人的巨大胜利。此次战役沉重地打击了日本侵略者的嚣张气焰，鼓舞了全国军民坚持抗战的斗志。英雄的台儿庄被誉为中华民族扬威不屈之地。

台儿庄战役期间，河南省政府组织慰问团，河南修防处派我和宋尊礼参加。慰问团的汽车停在陇海铁路的一个小站上。我一下车，就看见地上躺着成群的伤员。伤员们发出的痛苦呻吟声与远处传来的隆隆炮火声，撕人肺腑，撼人心魄。不一会儿，一列去后方医院的“闷罐”车停了下来，我和宋尊礼各扶着一位伤员上了火车。“闷罐”中已有不少伤员，充满了伤口的腥臭味和奇特的呻吟声。我看到满身都是“窟窿”的伤员惊呆了。经询问，才知道丧心病狂的日本侵略军使用了早被国际公约禁止在战争中使用的“达姆弹”。

晚上，我和宋尊礼躺在铺着麦草的地上，仰望天空，数着璀璨的星辰，把每一颗星都作为英勇战士的灵魂。我作了一首很长的诗以谴责日寇的暴行。70多年后我仍然记得其中几句：“一进车厢内，吟吟悲切声。触目惊心看，满身皆窟窿。”

慰问团在这个小站待了两天，每次“闷罐”车来，看到的都是被“达姆弹”打伤的战士。在返回开封的路上，大家议论着抗战的前景。有人很悲观，认为我军的武器装备太差，怎么能够对付武装到牙齿的鬼子？也有人认为，中国地大物博，只要坚持下去，就能够取得最后的胜利！

此后，我在一把扇子上写下了“抗战必胜”四个字。

二、逃出开封

徐州沦陷后，日寇向黄河一带发起攻击，中原形势日趋紧张，河南省会开封吃紧。1938年5月中旬黄委会西迁西安时，日本侵略军已迫近开封，经常能听到敌机的嗡嗡声，开封人心更加浮动，秩序大乱。河南修防处紧急宣布部分员工移住河南郏县，其余人员就地疏散，我也在疏散之列。

修防处领导对我们说：根据上级的安排，我们的计划是每人发两个月的工资为疏散费，如果我们打胜了，大家回来，各复原职；如果不胜，就各奔前程吧。

我赶忙回家。家里已乱成“一锅粥”，等着我回来拿主意。我和母亲、大哥等商议：先到临汝侄子家。临汝北依伏牛山，南靠嵩山，可做栖身之地。当夜，大哥就带母亲、嫂子和侄女等起程赶赴临汝。

我把家里东西稍做整理，都堆放在一间屋子里，对房东崔老先生说：欠你5个月的房租，共55块，现在我也付不出。就这些东西，两个月为限，到时候我不回来，你想拿啥就拿啥，想用啥就用啥，就算是抵了房钱吧。我又来到蒸馍铺，对曹掌柜说：共欠你42元馍钱，我记的有账，你也记的有账。如果我两个月能回来，一定还你。如果不回来，以后也一定还你。就这样，我忙活几天，该道别的道别，该辞行的辞行，办完了这些事情。

6月3日，我随身带个包袱，装了几本书，就去了火车站。此时，车站上到处是扶老携幼的难民，人心惶惶，客车根本就挤不上去。我等到夜里，没见到客车，问车站工作人员，才知道从开封到洛阳的客车已经停开。工作人员指着一列军车对我说：这是发往洛阳的最后一趟车，你问人家让不让你坐。

我问也没问，连抓带爬上了车，腿也蹭破了，包袱也不知道去向。还没站稳，车就开了。

车行不远，天上就下起了小雨。军车是辆运货车，无篷无盖，押车的是位十七八岁的年轻士兵。这位士兵心地善良，递给我一块旧帆布。我把它盖在头上。冷风不时吹起帆布，我就赶快用手捂住。

老天岂知在夜色里穿行的军车上有我这样一位逃难的青年。风呼呼地吹着，雨哗哗地下着。不一会，我身上就湿透了。我想起杜甫《秋雨叹》里的诗句，就念出声来："风雨声飕飕催早寒，胡雁翅湿高飞难。"

那位年轻士兵问：你是读书人？

我说：现在读书还有什么用处？国家需要的是像你们这样的战士。

士兵闻言，就哭了，说：是我们打不过鬼子，丢了江山，才让你们有书不能读，有家不能回。我安慰一阵士兵，他才不哭了。士兵给我找来一件雨衣穿上，又把随身带的干粮分给我吃。我非常感动，这才觉得肚子早已饿的"咕咕"乱叫，也不客气了，接过馍，风卷残云一般吃了下去。

天空好像在小声哭泣，生怕被日本鬼子听到一样，时断时续；列车也像一头疲惫的老黄牛，缓慢地爬行，时开时停。从开封到洛阳距离不到200公里，火车却走了一天一夜。次日傍晚，火车终于到达洛阳。

不数日，就听到黄河花园口决口的消息。我心想：如果不是赶上那列军车逃出开封，恐怕就被大水隔在对岸了。我在洛阳找到同学马会尧，在他家住了几天，而后就到了临汝。

三、巧遇张志彬

一家老小惦记着我的安危，母亲每天都让侄子到路口等我。这天，终于把我接了回来。母亲看我精神疲惫，知道吃了不少苦，顾不得多说，赶忙让我吃饱了饭，上床休息。

我“呼呼”大睡，一觉醒来，已是次日中午。母亲招呼我吃饭，大家这才说了相别之后逃难的经历。母亲说：一家人又能团圆，也是不幸中的万幸。

没有几天，国民政府的宣传机器大造舆论，说：日军于6月9日猛攻中牟附近我军阵地，不断以飞机、大炮猛烈轰炸，将该处黄河大堤轰毁一段，致成决口，水势泛滥，甚为严重。我上学时就对黄河堵口问题进行过专门研究，抱着治黄救民的理想投身治黄工作。深知黄河一旦决口，居高临下的河水似万马奔腾，汹涌咆哮，一泻千里，见人吞人，遇村毁村，势必造成严重灾难。我对日寇的暴行切齿痛恨，对自己不能履行治黄救民的责任深感悲愤。

黄河花园口决口是一场惨绝人寰的大悲剧。事后我得知，这次决口致使豫、皖、苏3省44个县1025万人受灾，死亡人数89万人，受灾面积29000平方公里，淹没耕地近2000万亩，冲毁民房140万间，共有390万人背井离乡。

这时，大哥见我郁郁不乐，心事重重，便宽慰我说：你就是在开封不走，不但不能帮助那些灾民，自己也被隔在黄河那边，我们只能够隔岸相望了。现在是“山河破碎风飘絮，身世浮沉雨打萍”的时代,只要有“人生自古谁无死？留取丹心照汗青”的思想,就一定能够做出有益于国家和人民的事情。

我在临汝住了一个多月，眼看家里坐吃山空，疏散费快花光了。说来也巧，这天，我独坐门前，拿着本书似读非读，忽然见到过去的一辆卡车很像是河南修防处的汽车，急忙追上前去，边追边喊：停下！停下！

司机听见喊声，探出头来看了又看，看清了拼命死追的我，就把车停稳，下来对我喊道：这不是徐技术员吗，你怎么到了这？

我也看清了司机是张志彬，河南修防处的老工友。我像是久别亲人的孩子，一把抱住张志彬，气喘吁吁地说：可见到咱们的人了！可见到咱们的人了！

我告诉张志彬自己被疏散后的经历，张志彬也告诉我：修防处已移住洛阳。奉陈汝珍主任的命令，要把一些档案材料从郏县运到洛阳，所以路过临汝。

我说出自己想重新归队的想法。张志彬说：那得去找陈汝珍主任说。我从郏县回来时，可以把你捎到洛阳。

我高兴地跑回家，把这个消息告诉家人。全家人都同意我去洛阳。

母亲说：要去见修防处领导，总得有身像样的行头吧！你衣服本来就少，逃难闹得更是没了一件好衣服。

母亲这么一说，我也笑了。因为没有换洗的衣服，我的衣服从头到脚都是临时找来的：黑色粗布的对襟衫、肥大的裤子和家做的布鞋。猛一看，和当地农民没什么两样。

全家人给我凑了一身“行头”。穿上大哥的外衣，戴上侄子的礼帽，又去理了发，这才精神了许多。

四、重返修防处

我坐上张志彬的汽车到了洛阳，见到陈汝珍主任。

陈汝珍主任很亲切，招呼我坐下，说：我们一别好像多年不见一样。我也有同感，就说了几句重逢的话。

陈汝珍问：你知道开封相国寺里有一尊千手千眼佛？

我不知陈主任为何提起那尊佛，就随口说：是八角亭的千手千眼佛吗？开封人都知道呀！

陈汝珍说：那是我陈慰儒（注：陈汝珍，字慰儒）在民国十八年力保下来的。当时冯玉祥将军主政河南，废庙逐僧，破除迷信，八角亭中五百罗汉已毁，因千手千眼佛外饰黄金，还没有毁。我以欧美各国重视古物为例，提出应该予以保存，所以千手千眼佛才保留下来。

陈汝珍叹口气，说：千手千眼佛也保不了开封，保不了黄河啊！

我知道陈汝珍曾经留学美国，编写过《豫河三志》、《整理豫河方案》等治河著作，是位对黄河治理很有研究的专家。但是，我确实弄不清楚为什么陈汝珍和我这个普通技术人员说起千手千眼佛。我见陈汝珍脸色不好，不敢多说话，唯恐引起陈主任的误解。

我诚惶诚恐地提出复职请求。不料，陈汝珍答应得非常痛快，使我琢磨了一晚上的话，一句也没用上。

陈汝珍说：现在技术人员很缺，你来的正好，就在工务科工作吧。然后，陈汝珍领着我与修防处人员见了面。有些新人我不认识，但熟悉的员工见到我回来，都很高兴，大家互致问候。从此我又重新回到治黄队伍中来。

工务科是修防处的主要业务部门，但是这时没有多少人，也没有科长。我一打听，原来花园口决口后，河南省政府和黄委会联合成立修筑防泛西堤工赈委员会，拟沿泛区西岸，修筑一道防泛西堤，以防溃水西犯，修防处的一些技术人员都被抽调到那里了。

当时，河南修防处没有多少硬性任务，我在工务科主要的工作是整理以前工程的档案，把重要档案抄写一遍，以防不测。陈汝珍对大家说：你们的主要任务就是躲飞机。不被敌机炸死，就是英雄。

他的话可不是玩笑话。从1938年开始，日寇飞机开始频繁空袭洛阳。每次敌机飞来，天空中“隆隆”的声音就像是催命符，地面上尖利的防空警报声又像是婴儿在哭叫。接着，敌机开始投弹，成吨的炸弹呼啸着落向地面，市区内顿时燃起熊熊大火，有多少无辜平民在敌机的轰炸中丧生。更恐怖的是，罪恶的敌机还投掷燃烧弹和毒气弹。但是，英雄的中国人民并没有被猖狂的敌机所吓倒。每次敌机空袭，都能够听到我军地面炮火还击的炮声，虽然这些炮火可能对敌机无可奈何，但却使洛阳人民燃起了日寇最终走向灭亡的信心和希望。

我准备了一个布口袋，把档案材料都放到口袋里，仅把要抄写的文件放在桌子上。一听到警报，马上把文件塞进口袋，抱着口袋就跑。

陈汝珍说：你这是与档案共存亡啊！

五、房子被炸

1938年初冬，我正在工作，母亲托人带来口信，让我回家一趟。

我问来人：何事？

来人说：就是想你，没别的事。

我了解母亲，没有万不得已的急事，绝对不会打扰我的工作。我赶忙请了假，回到了临汝。

一进家门，我吃了一惊。原来敌机轰炸，一颗炸弹落在后院，把房子炸塌了半边，家具被炸了个粉碎。幸好家人事先逃避，未受伤亡，也是不幸中的大幸。这次敌机炸死炸伤小学生20多人，炸死十字街群众多人。我家房东是个煤矿经济人，也被炸死了。

我回到洛阳，把家被日本鬼子飞机炸塌的事情告诉了一位同事。同事就把这件事又告诉了其他人员。一传五，五传十，不久修防处上上下下都知道了这件事。上至修防处主任，下至普通职工都向我伸出了援助的手，感动得我不知如何是好。

我给每个人都写了字据。我留一份，别人留一份。有人和我开玩笑，说：现在要那有什么用。保不住明天我就让日本人的飞机给炸死了。

我固执地说：那也得要，我也得还。

我感谢领导和同事，在困难的时候帮助了我。我也珍重这份友情，每月都从工资里挤出一定的数量，还给领导和同事。

六、夜闯“鬼门关”

1938年冬，因日寇继续西犯，河南修防处又奉令移往西安。

从洛阳到西安乘火车只能走陇海铁路。日寇占领黄河北岸后，用大炮隔岸向铁路滥炸，飞机不时飞过黄河对铁路目标轰炸，陇海铁路变成了硝烟弥漫的战场。特别在山西风陵渡，日寇的炮火更为猛烈，被称为陇海铁路线上的“鬼门关”。

一位曾参加侵华战争的日本老兵在回忆文章中这样描述：“1938年，日军占领北岸的风陵渡后，中日两军在这个地方隔岸对峙。对于南岸的中国军队来说，陇海铁路是重要的交通线，必须背依险峻的秦岭山脉而固守。配备着中央军的一个师和拥有八门重炮的炮兵部队。另一方面，对于占据北岸的日军来说，必须切断中国军队的运输线，并以此作为进攻西安和四川的渡河地点。日军在风陵渡进行了反复的炮击。在风陵渡经常能够看到交织于黄河上空的敌我双方的重型炮弹，于是就有了这样一首曾被传唱的歌曲：‘这边是风陵渡，对面为潼关，联系的桥梁，就是那炮弹。’”

夜幕降临，修防处全体人员乘坐火车离开洛阳。深夜，一位铁路工人走进车厢通知大家，说：要闯“鬼门关”了，大家做好准备。

我心情很紧张，把写好的遗书拿出来又看一遍，叠好放到内衣口袋里。那位铁路工人经验丰富，责任心很强，叮嘱大家：闯关时要趴在椅子下面，不要紧张，不要乱叫。说完就出去了。

大家依言而做。刚趴下，车厢里的灯就全熄了。黑暗中，只听到火车飞速行使的嗖嗖声。不一会儿，就传来隆隆的大炮声。敌人猛烈的炮弹在空中飞舞，火光映红了天空。火车的速度更快，像一枝离弦的箭，闯过了炮弹横飞的“鬼门关”。

大炮的声音逐渐远去，车厢里的灯又亮了起来。那位铁路工人进来通知大家：你们可以坐起来了，我们闯过来了。

这时，喇叭里响起了雄壮的《义勇军进行曲》：“起来！不愿做奴隶的人们！把我们的血肉，筑成我们新的长城！中华民族到了最危险的时候，每个人被迫着发出最后的吼声。起来！起来！起来！我们万众一心，冒着敌人的炮火，前进！冒着敌人的炮火，前进！前进！前进！进！”这歌声感染了整个列车，会唱的不会唱的，都跟着唱起来。

我到西安不久，担心母亲的安危，就把母亲和侄子徐寿南、侄女徐寿芝也接到了西安。大人们都觉得闯过“鬼门关”是劫后余生，可不懂事的小侄女觉得很有趣，还想再闯“鬼门关”，逗得大人哈哈直笑。

七、躲敌机

西安是抗战的大后方，虽说日寇的铁骑未能攻入潼关、占据西安，但是，日寇的飞机却对西安实施了狂轰滥炸。每日数次警报，西安人民逃避敌机轰炸，成了家常便饭。

河南修防处办公和人员居住都在离城墙不远的甜水井街。在城墙下虽挖有防空洞，但我为了母亲和孩子的安全，在院子里也挖了一个能容纳四五人的小防空洞。由于敌机频繁轰炸甚于洛阳，河南修防处从上到下更不能安心工作，躲飞机成了最主要的任务。在敌机轰炸最疯狂的日子，大家就在城墙根上班，或坐或站，商议工作。一旦防空警报拉响，随着持续的警报声，大家争先恐后钻入防空洞，用手抱着头伏在地面上，大气不敢出，屏息听着敌机隆隆声由远及近，接着便是爆炸声。等声音平息下来，大家又钻出防空洞，或坐或站，商议工作。如果遇到房倒屋塌，听到伤者哭喊，大家就不约而同地冒着混杂着硝烟与尘土的气浪，向出事地点奔去，救助伤员，扑灭燃烧的大火。

有一次，我刚钻出防空洞，就见到前边有一对年轻夫妇。女人紧抱着孩子，孩子哭了，她赶忙用手捂住孩子的嘴，好像害怕敌机听到哭声又返回来一样；男人则仰望远去的敌机，高声叫骂。我听声音很熟悉，走上前去，原来那男的是我多年不见的老同学，叫王国瑞。

两人相见，分外亲热。王国瑞问我：跑到西安干啥？

我说：鬼子打到河南，呆不下去了。

王国瑞忧伤地说：你看西安的样子，迟早不都一样。

其实，老同学的悲观情绪代表了当时很多人的思想。我不好多说，因为我也不知道，到底能不能打败日寇。就说了几句中国地大物博，只要坚持抗战，就能够战胜日寇的话。也是互相安慰、鼓励一下。

日寇白天空袭，人们还能有个防备，最怕的是夜里偷袭。西安城里的汉奸活动十分嚣张，或给敌机打信号枪，或用手电筒指示轰炸目标。有一次，敌机偷袭西安闹市区，许多商店着火，大火映红了半边天。日机轰炸过后，硝烟弥漫，处处是房倒墙塌，一片瓦砾。马路上到处是血肉模糊的尸体，门墙上、树梢上、电线杆上挂落着肉团与内脏。真是惨不忍睹!

我家有母亲和侄子、侄女，更加提心吊胆。夜里，全家人睡觉不敢脱衣服，我和侄儿分班守夜，一有警报声，赶忙钻防空洞。

八、续修新堤

1939年2月，河南省政府会同黄委会及其他有关部门组成“河南省续修黄河防泛新堤工赈委员会”。黄委会委员长王郁骏亲自与河南修防处技正左起彭和我、林华甫谈话，拟派我们三人回河南，参加续修防泛西堤的勘测和修筑工作。

王郁骏说：河南省长方策催我们派人回河南，把防泛西堤修起来。黄委会准备派你们三个去，有困难没有?

花园口决口后，黄河改道从花园口折向东南，流经河南、安徽和江苏三省，夺淮河水道、汇入长江，最后注入东海。在豫东、皖北和苏北地区形成巨大的黄泛区，成为中日两国军队隔河对峙的军事分界线。

与地处大后方的西安相比，对岸就是穷凶极恶的日本鬼子，肯定要危险得多。但是，一想到要与日寇进行面对面针锋相对的斗争，我们都感到非常光荣，谁也没有推辞，毅然表示：没有困难!

王郁骏很高兴，接着说：花园口决口之后，我们采取的是兼顾河防、国防的以黄治敌策略。去年7月，防泛新堤工赈委员会修筑的防泛西堤，自郑州西边的李西河黄河南岸大堤起，至郑县境唐庄陇海路基止，全长34公里。后因时至大汛，加以工款不济，以下堤段没有修起来。这段新堤虽然不长，但由于阻断了陇海铁路，使日军只能望河兴叹，无法重新连接陇海线，向西推进。现在日军进攻放缓，形势比较稳定，我们要抓住时机，尽快把新堤修起来，充分发挥黄水的地障作用，威慑和牵制日军。

我们三人接受了任务，与家人辞别，乘火车先到郑州。

路上，左起彭问：为什么日军打不进陕西？

林华甫开玩笑说：秦中自古帝王都，有历代人杰护佑，小鬼子当然无能为力了。

我说：是我国军民固守黄河天堑的结果。

左起彭说：对！小日本不过是一个狭长的岛国，最长的河流不过300公里。他们见过像黄河一样一泻千里、如此雄伟的河流吗？听说一位被我军俘虏的日本兵交代：日军准备了强渡黄河的船只，曾尝试渡河，但是，船到河心，每一个浪就是一座大山，他们都吓得一脸煞白，全身发软。

到达郑州后，我们奉命查勘了花园口以西的黄河大堤。这段大堤既是扼守郑州门户的军事据点，又是控制决口源头的防洪重点。但是，花园口夺流而来的黄水首先顶冲郑县京水镇一带，后又沿索须河回流倒灌，对花园口以西的黄河大堤和附近军事设施构成威胁。我们提出处理措施，又立即乘车赶赴河南省续修黄河防泛新堤工赈委员会所在地许昌。

工赈委员会主任叫郭仲隗，曾参加辛亥革命，受到孙中山先生的接见，人很正直，以敢于仗义执言、为民请命而闻名。郭仲隗接见了我们，共同拟定了具体计划。

根据计划，工赈委员会很快成立了测量队，队员都是水专的当年毕业生。测量队分两组，一组由林华甫带队，承担从郑州到周口的任务；一组由我带队，承担从周口一直到豫皖交界的任务。

测量任务完成后，我、林华甫等在左起彭的带领下，日夜工作，很快完成堤防设计。1939年5月至7月，工赈委员会组织沿河各县民工继续修筑唐庄以南的新堤。新堤沿泛区经中牟、开封、尉氏、扶沟、西华、商水、淮阳、项城、沈丘到安徽界首为止，连前共计筑堤全长316公里。新堤顶宽5米，高出地面1.5米至3米。由于赶工抢修，堤身窄矮，又未行硪，工程质量较差。然而形成了一条狭长的束带，把河南境内的黄河从西边尽可能地维护起来了。

整个防泛西堤筑成以后，即移交河南黄河修防处接管，常年驻工防卫。河南黄河修防处为此专门成立了三个修防段。其中，防泛新堤第一段：自广武县李西河起，越索须河入郑县境，经东赵、金家洼沿贾鲁河左岸至果村止，又自贾鲁河右岸起经杓园、河村、贾岗渐与贾鲁河远离，经贾寨、河沟至唐庄以下入中牟境，经蒋冲、毕虎、小潘庄、古城至胡辛庄入开封境，经高庙、后曹、牤牛庄入尉氏境，经水黄、北曹、荣村、马立厢至小岗杨止。该段堤长117公里，历经郑县、中牟、开封、尉氏4个县，段部设在尉氏寺前张。防泛新堤第二段：自尉氏小岗杨入扶沟县境，经韩寺营、寺院庄、白潭，沿贾鲁河右岸至吕潭南越贾鲁河经坡谢至道陵岗入西华县境，经刘干城、徐营、胡楼复沿贾鲁河左岸至毕口入淮阳境，再经李方口、下炉、八里棚与周口护寨堤相连。该段堤长93公里，历经扶沟、西华、淮阳3个县，段部设在扶沟吕潭。防泛新堤第三段：自周口南寨沿沙河右岸经康湾、牛滩入商水县境，经李埠口、苑楼又入淮阳境，经苑寨、郭埠口、水寨至苏庄入项城县境，经槐店南关、陈口至孙营入沈丘县境，经戴寨、卜楼至豫皖交界的界首止。该段堤长约95公里，历经商水、淮阳、项城、沈丘4个县，段部设在淮阳水寨。

1939年7月，中国军事领导机关提出“河防即是国防，治河即是卫国”的口号，把防泛西堤作为前线阵地，要求严加防守，黄河成为抗战时期的国防线。

就在这年，河南修防处由西安迁回洛阳，又从洛阳迁至郑州。同年，我被提升为河南修防处副工程师。

九、水寨相亲

淮阳水寨，俗称水寨集，位于豫皖交界、沙河中游。1953年项城县城由老县城迁至水寨，成为现在项城市所在地。由于交通便利，水寨自古就是帆樯泊运的河路码头，上通槐店集，下通中国历史上四大镇之一的周家口镇（现周口市），商贸转运，利源亨通。

1938年，淮阳县城沦于日本侵略军，民国县政府南迁水寨，加上紧靠安徽临泉——抗战时期的苏鲁豫皖边区司令部所在地，同时距槐店集几十里路的界首又是抗战时的“小上海”，水寨是交通要道，于是文官武将、富商大贾云集过往。一度冷清的水寨又热闹起来。这一年，我奉令来淮阳验收新修大堤。

我二姐的公公是淮阳人，曾做过河南督军赵倜的参谋长，抗战期间一家移居水寨。水寨紧靠沙河，是防泛西堤的必经之地。我就利用这个机会拜会了二姐一家，不想却成就了恩爱一生的百年好合。

当时，我26岁，在那个时代已经是个大龄青年了。二姐对我很关心，问：松辰，你怎么还没有结婚?

我不好意思地说：咱家的经济情况你也知道，何况遇到这兵荒马乱的年月，不成家也罢。一个人，一张嘴，不用拖累别人。

二姐知道我还没有对象后，说：我给你介绍一个。她看我没有反对，就接着说：女的叫牛云英，今年19岁，她父亲曾留学日本，与康有为先生交往甚深，回国后升至陆军中将，后因病返乡，回到开封，在河南省政府谋了个戒烟委员的挂名官职。

我一听是大家闺秀，不敢高攀，就说：人家出身名门，咱家的情况你是最清楚不过的，我只想着找个孝顺母亲、能够过日子的就可以了。

二姐说：人家出身名门不假，但毫无娇惯之性。他父亲已经过世，因开封沦陷，随母亲逃难来到水寨。我观察她是位知书达理、性格温和、待人宽厚、吃苦耐劳的女性，所以我才给你提这个媒，做这个红娘。

我说：那也需要告之母亲，才能决定。

二姐说：你说的也不差。但现在是主张婚姻自由的时代，不妨先认识一下。母亲也是通情达理的人，只要你愿意，我看就有了八成。不行今晚你就住在家里，我把他们母女约来，见上一面。

我只好听从二姐安排。当晚，牛云英母女来家，说是串门，其实就是相亲。我实话实说，说自己地无一垄，房无一间，只是个小小的技术员，将来生活恐怕会有困难。人家走了后，二姐埋怨我说：哪有你这么相亲的？即便是贫寒之家，为了成就亲事，向亲友借用家具、摆设以充体面也是常事。你这一说，不把人家吓跑才怪呢。

不想，第二天上午牛云英母亲就捎过来话，说：我们不贪图富贵。这孩子实在，品行端正，又有才学，把女儿交给这样的人，我心里塌实。亲事就算定了。

十、调查沁河口门

我忙完大堤后续尾工，准备回水寨完婚。突然，修防处主任苗振武亲自找我谈话，希望我推迟婚期。

苗振武告诉我：9月12日，国军97军朱怀冰部某连，乘沁河水位猛涨，在沁河北岸老龙湾扒口，使洪水北流，冲毁道清、平汉两条铁路，以断日军交通。19日，日军为排除沁北大水，在木栾店以上沁河南堤五车口扒口，洪水南泄，淹了沁南大片地区。当地群众为了减少淹没损失，在黄河北堤涧沟及沁河南堤方陵扒开两口，使泛水排入黄河。武陟县政府迫切要求修防处迅速派人，调查口门情况，拟具堵复计划，进行堵筑。

苗振武说：修防处考虑你参加过沁河防洪图的测绘工作，情况比较熟悉，拟派你前往，你的婚期可否推迟几日？现在形势紧急，今夜就出发。

我接到命令，心潮起伏，知道凶残的日本鬼子无恶不作，此去敌占区有生命危险。我给母亲说明推迟婚期的原因，并告诉她，如有不测，请牛家另择贤婿。

当夜，我即和工友丁兆成化装前往武陟。丁兆成是武陟人，很快就与当地游击队取得了联系。游击队队长姓段，长得五大三粗，腰里别着驳壳枪，听说是修防处派人来帮助堵口的，很热情，亲自带了两个人保护我们的安全。

我们先到五车口口门。因这里距日军的岗楼很近，段队长他们三人都拿着枪，趴在地上，随时准备战斗。和丁兆成对口门进行了详细丈量后，我又对河势和地形进行观测。正在勾画草图时，听到身后传来段队长低低的命令声：趴下！我赶忙趴在地上，大气不敢出，只听到心脏"嘭嘭"直跳。

有一个伪军端着枪，晃了几晃，就走开了。等伪军走远，段队长说：起来吧。我和丁兆成才从地上爬起来。两人对视而笑，原来我们脸上都是虚汗直流。我不敢耽搁，赶忙把图画完。

接着，我们又踏勘了涧沟和方陵等口门，之后在段队长一路护送下，回到郑州。依据勘测结果，我们又遵照修防处的指示，提出了堵复计划。

沁河在傅村东头拐了一个大湾，俗称老龙湾。1939年12月初，地方政府征集老龙湾附近村庄民工1000余人，在傅村囤土堵挡南岸口门。驻木栾店的日寇获悉此事，于14日凌晨出动300多人，将傅村包围。日寇进村后，见人就杀，遇房就烧，两小时之内，杀害村民997人，烧毁房舍880余间，制造了骇人听闻的傅村惨案。日寇把村民赶到村西头董存芳家门前，把他们的衣服全部撕破，查看有无枪支；又从其他地方押来几十个人，强迫男女老少分两边跪下，用双手捂住眼睛。接着日寇先朝人群中扔了几颗手榴弹，又用机枪向人群扫射。在村民吴学仁家门前，日寇用机枪屠杀了100多人。在村民王来义家门前，日寇把100多名青壮年包围起来，用刺刀将他们全部杀害。在村外王家坟里躲着的200多名群众，被隐蔽在吴家坟的日寇发现。日寇用机枪疯狂扫射，200多人无一幸存。村西南场上的草垛里隐藏着100多名民工和傅村群众。日寇发现后将草垛团团包围，丧心病狂地点燃了草垛。日寇走后，村里村外尸骨累累、血流成河、烟火弥漫。幸存的人们一连5天都没有把死人埋完。一个好端端的村庄就这样转眼之间变成了一片废墟！

听到傅村惨案的消息，河南修防处职工个个义愤填膺，大家没有被日寇的暴行所吓倒，积极配合和指导堵口工作，很快堵合了五车口、涧沟和方陵等口门。然而自此以后，国民政府军和日本侵略军仍不断在沁河南北两岸扒口，直至抗战结束。

完成沁河堵口工作，已是1939年年底。苗振武主任因我赴沁河有功，特在家里请我吃饭，以表谢忱。那天晚上，我睡在床上，遥望明月，辗转反侧，无法入眠。我起来，挥毫泼墨，写了一首长诗，现在记得其中有这样几句：“我在床上睡，同胞地下眠。沁河冤魂吼，声震老龙湾。”这一年底，我和牛云英在水寨喜结良缘。

十一、担任段长

“管城环抱绕金河，潋滟晴光涌绿波。两岸空明云影淡，满川摇动日华多。濒洲晒网听渔唱，柳树飞桥有客过。悟得沧浪清浊意，聊将一曲和高歌。”这是清朝诗人赞美郑州八景之一“金水晴波”金水河风光的诗，但是，随着20世纪初平汉、陇海两条铁路通车，郑州工商业得到迅速发展，地处繁华闹市区的金水河遭受污染，成为垃圾成堆、河道壅塞、水灾频繁的污水河。

1939年夏天，金水河发生了罕见的水灾。8月，连降大雨，上游洪水顺河下泄，河道宣泄不及，四处决堤、漫堤，河水泛滥，涌入郑州市区。市区倒塌房屋800余间，大同路一带水深2米。水灾过后，政府决定实施金水河人工改道工程。金水河改由菜王（今中原路与大学路交会处东）北流，于大石桥向东，至燕庄附近入正河，即今天的金水河河道。

在抗日救亡紧迫时期，黄委会承担了这项金水河人工改道任务。我及段芳芝、李普华等具体承担了工程的测量和规划工作。主持这项工程的是时任黄委会河防处处长的王恢先先生。王恢先是湖南人，曾留学美国，是位造诣颇深的水利专家，新中国成立后为长江流域的治理作出突出贡献。金水河人工改道工程结束后，王恢先调任河南修防处主任。

王恢先到任后，确定沿河修防段均改为有一定学历的技术人员任段长。这是一项牵动黄委会用人机制的重要改革。黄委会是在古代治河机构演变发展的基础上形成的。在长期的发展过程中，形成了“旧派”，即黄河上世袭的专业职工。他们实践经验相当丰富，大多从十三四岁起就学习厢埽、挂柳、捆厢进占等抢险、堵口、修堤、筑坝各工程的操作，积累了一整套的治水经验。随着治黄事业的进一步发展，黄委会又出现了“新派”，即从大专学校毕业的技术人员。他们有地形测量、水文分析、闸坝设计等理论知识。当时，孔祥榕又回到黄委会，担任委员长。他一贯重用“老河工”，是众所周知的事情，但是，王恢先能够不顾孔祥榕的反对，大力起用“新派”，给古老的治黄事业注入了新的活力，这对治黄工作来说无疑是非常有益的。

在此背景下，我从河南修防处副工程师任上被派往防泛新堤第三段任段长（驻水寨）。不过，我对所谓“旧派”和“新派”的划分并不赞同，认为现代理论知识和实践经验同等重要，中国古老的治河历史不仅留下了丰富的治河经验，同时也留下了宝贵的治河理论，关键是科学地找到应用现代理论知识的结合点。

十二、阻敌西侵

我担任段长不久，河南修防处传达了蒋介石给黄委会的指示。大意是：黄泛区是阻敌西侵、屏蔽宛洛，以及黄河北岸数十万国军后方补给及陪都重庆外围翼侧安全的保障，所以要执行军事第一、胜利第一的原则，不能因民生关系，使黄河回归旧河道，而减少阻敌力量。黄河改道泛滥已近3年，沿河居民或已迁徙，或已习于围筑堤垸保护农田，没有了当年的痛苦，如使黄河再改道，反使人民重遭流离之苦，因此应维持黄泛区的现有形势。

蒋介石的意思就是无论如何，也要维持已形成的黄泛区格局，把黄河作为阻挡日寇进攻的屏障。

河南修防处在讨论蒋介石指示时，大家均感到困难很大。因为蒋介石把黄河作为阻挡日寇进攻的屏障，日寇也把黄河作为侵略的工具。中国军民在黄河西岸修筑防泛西堤的同时，黄河东岸的日伪政权也开始修筑“防泛东堤”。日寇在修筑防泛东堤的时候，为减少、削弱水流东泛的总量和势头，更好地保障汴新铁路安全，还堵塞了中牟赵口的决口。1939年3月初，日伪征集民工2000多人参加堵口，同时派兵三四百人监工弹压。堵口过程中，对岸的中国军队不停地朝决口处开枪射击，以图阻止堵口，机枪打得石头迸火星，子弹不断从人们身旁飞过。几个民工被打死，还有一些日寇也被打死。在我抗日军民的阻击下，日寇只好撤兵回营，第一次堵口以失败告终。但是日寇在1939年腊月又进行了第二次堵口。日寇强迫当地老百姓参加堵口，被抓去做工的有好几千人。这一次，日寇采取了更加惨无人道的法西斯政策。在日寇的血腥镇压下，堵塞了赵口决口。日寇还计划筹堵花园口口门，成立了筹堵决口委员会，但因意见分歧，终未动工。

1940年7月，黄泛区主流东移，东岸太康境内王盘一带民埝冲决，河水漫向东南，流入涡河。1941年凌汛期间，又决太康王子集，6月再决逊母口、姜庄寨，加大了过水流量。涡河一带走水约占全泛区水量80%，老泛区仅占20%左右。泛水主流由尉氏，经太康、淮阳、鹿邑，沿西肥河漫流入淮河。

当时淮阳县城，处于涡河以南沙河以北地势较高地带，一直未被泛水波及，是日寇在泛区以南唯一的据点。若淮阳以南沙河以北泛区断流，淮阳的日寇就可以无阻碍地长驱南犯。

这确实成为当时的第一战区和地方政府的一道难题。花园口决口后，黄河夺贾鲁河入沙河，同时沙河北岸又有11条串沟引黄入沙，必须保持淮阳以南的黄河泛水不断流，但又不能够使泛流太多造成黄河夺沙。

这一年，新任黄河水利委员会委员长张含英来到新堤各段视察。我到周口迎接。期间，张含英专门找我谈了一次话，勉励我说：你现在是段长了，要多学习。从前的段长都不是专业出身，现在改成有学历的干部任职，你要趁年轻多锻炼，多实践。这次，我一路陪同张含英和随行的技正潘镒芬沿新堤察看到界首。张含英边看边谈，从黄河的复杂性、黄河的重要性、黄河在抗战时期的地位直到对黄河治理多方面的考虑等。后来这些想法在张含英的《黄河治理纲要》中多有体现。在察勘的终点界首，我们碰上一家人正在办喜事。张先生被鼓乐班子里的唢呐声深深地吸引住了。他静静地站在那里，直到那高亢、欢跃的唢呐结束。在兵荒马乱的年月里，这唢呐声无疑会给人带来一些若有若无的希望吧。

第一战区和当地政府与河南修防处经过慎重研究，于1941年初在泛区东岸成立了阻塞王盘工程处，堵塞王盘一带口门2处，并复堤6公里，修筑柳坝10余道，使大溜移至王盘以上江村口门附近，减轻了入涡的流势；同时，在周口成立了整理沙河工程委员会，将沙河以北黄河入沙河的11条串沟堵塞了8道，保留3条，并于周口至淮阳济桥段修筑沙河北堤长40公里。在各方面的共同努力下，达到了既不使泛水大量进入沙河，又不使淮阳以南泛水断流，同时阻敌侵犯的目的。

但是，这使新堤第三段的任务更加繁重了，既要负责原来沿沙河南岸周口南寨到界首100公里的防泛新堤，又要负责新完成的40公里沙河北堤的修守，每到汛期军事当局指定周口以上到郊城20公里的沙河南堤也由新堤第三段负责防守。沙河本身洪涝灾害就十分严重，有“决了母猪圈，淹掉颍州十八县”之说。如果遇到沙河与黄河并涨，沙河两岸堤防则更为吃紧。南堤是险象丛生，北堤则是腹背受到威胁。由于防线过长，河工料物短缺，数年之间，上下河段巡堤抢险，我遇到了不少困难。

当时修堤正值抗战艰难时期，人民疾苦，运输困难，又缺乏石料，多是就地取材，因陋就简；加之仓促施工，土质沙松，又未行硪，御水能力较差。同时，河面宽阔，风浪严重，汊流众多，流势多变，一遇大溜冲刷或较大风浪拍击，如抢护不及，即决堤为患。因此，防泛西堤修成后，决堤事件非常频繁。决口最严重的，一为尉氏荣村口；一为西华道陵岗。在我带领下，新堤第三段负责修守的沙河南北两岸堤防始终没有发生严重决口。

1941年我四嫂得病，医治无效而亡。她是清末开封著名书画家黄小宋的孙女，婚后与四哥一直不和。四哥徐福康在山西工作不久，因病身亡，时年47岁。四哥一生爱好书画，能拉会唱，是京剧名票，为人甚为豪爽。我四嫂就和我母亲住在一起，孝顺老人，操持家务，十分贤惠。她和四哥没有后人，可谓一生不幸。听到她逝世的消息，我唏嘘不已，感叹她和四哥是家不和万事不兴啊！我回到水寨，把她就地安葬了。

十三、“屋漏偏遭连阴雨”

由于战事日趋恶化，军事形势越来越紧张，黄委会和河南修防处又向西迁移，各修防段不能与之直接联系。黄河堤防的防守事宜，由第一战区长官司令部及苏鲁豫皖边区总司令部部署。

1942年夏到1943年春是修防职工最困难的时期。第三段不仅要与黄河、沙河洪水斗争，还要与饥饿做斗争。从1941年开始，河南就开始出现旱情，收成大减，有些地方甚至绝收，百姓开始吃草根和树皮。到1942年，持续一年的旱情更加严重，草根几乎被挖完，树皮几乎被剥光，灾民开始大量死亡，在许多地方出现了“人相食”的惨状。大旱之后，又遇蝗灾。蝗虫飞来，遮天蔽日，方圆数十里，数时禾苗叶茎尽被吃光。灾情更加严重。

根据美国《时代》周刊记者白修德1943年2月发表在《大公报》的文章：“灾民500万，占全省人口的百分之二十。水旱蝗汤，袭击全省110个县。灾民吃草根树皮，饿殍遍野。妇女售价跌至过去的十分之一，壮丁售价也跌了三分之一。辽阔中原，赤地千里，河南饿死300万人之多。”“不时看见血肉模糊的僵尸从过往列车上掉下来”。“绝大多数村庄都荒无人烟，即使那些有人的地方，听到的也是弃婴临死前的哭声，看见的也只是野狗从沙堆里掏出尸体并撕咬着上面的肉”。

当时，在周口一带毛驴是一种别具风致的交通工具，类似现在的出租汽车，驴夫叫赶脚的。毛驴一般打扮得很讲究，驴背上有条软布褡，两边有登套，坐垫是花毯子。驴脖子上都挂有一串响铃。赶脚的拿着短把毛鞭子，“得儿喝的”一催，毛驴就悠然前行，铜铃一路“喝唧、喝唧”地脆响。我们经常可以见到，这种毛驴驮着年轻老婆或十五六岁的女儿沿着大堤到界首出售，丈夫或父亲低着头跟在毛驴的后边，神情黯然。把自己的亲人送到贩人市场是多么悲惨的事情。然而，1口人还换不回4斗粮食。我和段里职工总是十分痛苦地目送着远去的毛驴，直到听不见脆响的铃声。

为使全段职工度过灾荒，我一次次向驻军和地方政府提出请求。得到一些粮食后，都平均分给职工。1942年春节前，驻军拨给第三段几百斤豆饼，才使大家度过“年关”。

我结婚不久，因战事紧张，任务繁重，整日在工地操劳，很少与妻子团聚。尽管如此，每当匆匆相见，妻子总是强忍离别思念之苦，忙前忙后，尽可能让我吃上一顿可口的饭菜，把需要携带的衣物洗得干干净净，有条有理地收拾好，以便随时穿用。在那严重饥荒的岁月里，我的两个女儿先后降生，生活愈加艰难。由于妻子的倾心关爱和勤俭持家，我的一家终于平安地度过了那段不堪回首的岁月。

用“屋漏偏遭连阴雨”来形容1942年的河南十分贴切。旱灾、蝗灾还未过去，水灾又接踵而来。8月，第三段接到水情电报，说黄河陕州站发生25000立方米每秒的大洪水。正好河南省政府委员宋垣忠到周口视察黄河。他马上召集会议，布置防守。根据水情估计，这场洪水到来，洪峰将由贾鲁河流入沙河，首先顶冲周口南寨堤防，并有漫堤可能。当时南寨沙河南堤上有不少民房，为了赶修子埝，防止漫溢决口，宋垣忠决定即速拆除南堤民房，并限两日拆完。民房拆完后，很快在南堤顶上修起一条子埝，还动员了全寨居民，沿堤防守，严阵以待。及至洪峰到达后，并不像预报所说。我后来才知道是预报错了。实际上，陕州8月4日洪峰流量为17000立方米每秒，多报了8000立方米每秒，致使人力、物力遭受一定的损失。这件事说明洪水预报正确与否，对下游防守具有重大影响，万万不可大意。

对于我们第三段来说是虚惊一场。但此次洪水在西华道陵岗堤段上下还是决口7处，到年底堵复6处，其余1处到1943年4月才堵合。1943年5月又发生飓风，道陵岗二次决口，到年底才堵复。

十四、整修堤防

1942年12月，苏鲁豫皖边区党政分会主任汤恩伯召集黄委会及苏鲁豫皖4省的代表，在安徽临泉开会，主要研究防范泛水越沙河南堤继续南泛的问题。我受黄委会指派作为代表就近参加此次会议。会议由骑二军军长何柱国主持，决定成立黄泛视察团，以边区总司令部高参钟定军为团长。视察团对上自河南尉氏、下至安徽颍上的泛区河势、堤防工程等情况作了调查研究。钟定军团长安排我负责编制河南泛区培堤计划。

经过调查研究，黄泛视察团提出《黄泛视察团总报告书》。强调指出：河南省工程浩大，如不及时加培堤防，势必泛流改道，国防民生将两受其害；为保持原有泛区，巩固抗战国防，兼顾民生计，在河南境内估列培修加固堤防土方为600万立方米，建议以工代赈，争取于1943年4月以前完成。

1943年1月，汤恩伯在漯河主持召开第一次整修黄泛工程会议。会议根据黄泛视察团估列的工程项目，决定当年麦前完成，并组织工程总处，以何柱国为总处长，负责指挥，以军工为主，进行复堤工程。

1943年6月，汤恩伯在周口主持召开第二次整修黄泛工程会议。黄委会委员长张含英参加了这次会议。会议议决4项：一是继续堵筑未堵塞的口门；二是修筑贾鲁河及鄢陵双洎河堤防工程；三是加修周口以西至逍遥镇的沙河北堤；四是重点加固周口以东沙河南堤，以防泛水越过沙河。会议依据黄泛视察团制定的工程计划，部署了复堤任务，要求当年全部完成。

会议结束后，张含英正在看报纸，有人给他提意见，说他当委员长要不来钱将耽误大事。张含英听后很生气，拂袖而去。我在沙河边送张先生上船。不久就听说张先生辞去了委员长职务，离开了黄河。那时，防泛西堤既是堤防又是一道国防线，堤防组织全由军队领导，黄委会难以插手。张含英作为一位有抱负的知识分子，想为国家和民族做点事情是很难的。

十五、宋双阁堵口

1944年汛期涨水，风雨交加，沙河北堤受到严重冲刷。

我骑车冒雨赴工查看。在淮阳县宋双阁，有1公里多长的大堤堤身已被冲塌1/2，岌岌可危，但只有工程队分队长冯俊卿和工程队员及少数民工在抢险，人少料缺。我们眼看着洪水把大堤冲开一个宽约300米的口门。该处原有一道黄河入沙河的串沟，叫宋双阁沟，1940年修北堤时堵塞，这次又在此处冲决。

我十分焦虑。汤恩伯曾提出谁那里开了口，就杀谁的头。但经过调查，溃水是顺宋双阁沟的老道，直入沙河，并未淹没村庄，也没有人员伤亡，我心情稍有安定。我马上冒雨步行到淮阳辛店集，在镇公所给淮阳县政府及段部打电话，一方面提出要对沙河南堤严加修守，一方面请县里准备料物进行堵口。洪水过后，我立即拟定堵口计划，并于当年底用立堵法把口门堵复。

1945年春天，河南修防处指令我帮助新堤第二段堵淮阳李方口和下炉两口门。我带两个工程队，一个口就地堵合，另一口因距贾鲁河太近，采取口门以外修越堤，用围堤进堵，在围堤上予以堵合。

这一年，黄委会新任委员长赵守钰来段视察。他参加过辛亥革命，担任过西北军的高级将领，从小习武，性情豪爽。他有一个比较特殊的习惯，一年四季都在帐篷里睡觉，到新堤各段视察，也是自带帐篷。他第一次来我们段时，段里不知道他这个习惯，在段部准备了住房，谁知他却住进了帐篷。他带着帐篷出差可能是长期军旅生涯养成的习惯，但确实太不方便了。

十六、抗战胜利

防泛新堤的修筑，使隔河相对的中日两国军队获得了一条相对稳定的军事分界线。但是，两国军队为军事目的也采取主动决堤行为。日寇因兵力不足，经常利用黄河阻挡中国抗日军民。例如，1939年日寇为防止黄河水回归故道，保护通过故道的汴新铁路，决定扩大花园口口门。7月，日军乘进犯花园口之机，在口门以东另挖一个口门，当地人称之为“东口门”。“东口门”旋即冲宽扩大，东西两个口门之间相距100多米，中间留下一段残堤。到1944年8月大水，将残堤冲去，使口门宽达1460米。从中国方面看，主动决堤一方面是为防止对岸日军过河进击，另一方面是要逼水东去，压缩日伪统治区域。中国军队主动决堤这种情况在1944年日军开始打通大陆交通线的时候比较频繁，集中在扶沟、西华、淮阳3个县，计有10余次。

抗战时期，黄河这条中华民族的母亲河承受了太多的苦难。作为那个特殊时期的黄河修防职工，我心灵也蒙受了太多的痛苦。我听到黄河大堤被一次次人为扒开的消息，心里为母亲河哭泣，盼望着祖国强盛、母亲河造福子孙的日子早些到来。

虽然有黄河的护佑，却也阻挡不住日寇铁蹄的蹂躏。身处国防前线的修防职工不仅工作辛苦，而且随时都有生命危险。

记得有一次，我正在大堤上测量，忽然见到很多人匆匆跑来，一片惊慌，感到非常惊诧，不知道发生了什么事。一会儿，跑过来的人大喊：日本鬼子来了，日本鬼子来了！我知道当时水寨没有驻军，情况紧急，赶忙安排有家的职工各自回家，让两位没成家的小青年回去帮助我妻子转移。我留在大堤上，以防日寇扒堤。由于地方武装的阻击，延缓了日寇渡河的时间，加上当时河防部队多是骑兵，增援迅速，敌人人数不多，没敢轻易过河。形势略稳，我惦记着一家老小的安危，急忙往家跑去。水寨街上仍然门户紧闭，空无一人。在寨后的小树林里我才找到逃难的家人，告诉他们日本鬼子走了。全家老少才长出一口气。

日本投降前，社会秩序更加混乱，界首一带走私贩私现象愈加猖獗，一些修防职工的思想波动很大，产生了不安心工作的情绪，有的甚至暗地里学着跑起了买卖。我们段领导都很着急。

副段长李福昌是位60多岁的老河工，从小与黄河为伍，实践经验相当丰富。一天，他与我商量说：我们得想个办法，不能让职工走到邪道上去。

我说：我也琢磨这个问题。打走了鬼子，将来建国离不开治河，治河需要人才。但是，抗战期间人才损失严重，你们这些老河工已到花甲之年，而新的职工没有受过严格训练，缺乏大洪水的抢险经验。不如我们开一个培训班，一来可以提高职工的技术水平，为将来治河积蓄力量；二来能够稳定职工情绪，拴住人心。

李福昌觉得是个好办法。我们做了分工，李福昌负责到政府部门办理有关手续，我负责编写讲义。

我的讲义参考了郑肇经、李仪祉、张含英等先生的有关著作和古代的治河典籍，内容包括黄河概况、黄河汛期、筑堤要领、巡堤查险要领、险情类别与抢护技术、历史上决口与堵口、堵口要领等。讲义写好后，我又亲自刻蜡版印刷。一本本带着油墨香的讲义成为抗战艰难岁月修防职工了解黄河、认识黄河的重要途径。

为使职工更直观地了解黄河和真正掌握河工技术，我从以前见到过的军事沙盘联想到建造黄河模型，带领职工在修防段大院里拉土填筑，造出了一条“小黄河”。

经过一个多月的紧张筹备，培训班终于开学。那天，修防段大院非常热闹，职工们穿着整齐的制服，在3位从附近部队请来的教官指挥下，进行队列训练。哨子声和“一二一”的口号声吸引了很多群众。大人小孩趋之若鹜，像赶会看戏一样。

在我和李福昌等老河工认真讲解、耐心辅导下，职工们通过比较系统的学习，业务水平都有不同程度的提高，增强了对治河工作的热爱。有些职工以后成为黄河修防工作的骨干。

培训班毕业时，还颁发了盖有地方教育部门印章的毕业证。新中国成立后，李福昌和我谈起这件事时说：咱们那个毕业证还挺管用，一些留在水寨的职工，拿着它去找工作，人家都当中专毕业生对待。有一位叫胡庆昶的汛兵也来看过我，说他拿着这个毕业证找到了工作，言谈之中透着感激之情。

1945年8月15日，日本宣布投降。8月16日，消息传到水寨，这个城镇立刻沸腾了！到处都是鞭炮声、欢呼声。鞭炮声久久不绝，纸屑把街道铺了厚厚的一层。人们奔走相告，各条街道成了欢乐的海洋。

修防段职工欢呼庆祝，我眼里洋溢着喜悦的泪花。八年了！八年的腥风血雨，八年的悲壮惨烈，终于迎来了这一欢庆胜利的日子。

第五章　花园口堵口

一、塔德堵口失败

抗战胜利后，国民党政府决定堵复花园口大堤，引黄河回归故道，并在1946年2月特设黄河堵口复堤工程局，由黄委会领导，负责堵口工程。

为了这次堵口在技术上做了一系列准备。花园口决口的次年1939年黄委会就制定了《黄河堵口工程计划草案》；1940年3月，国民党政府经济部将黄河堵复工程列入《水利建设纲要》，准备抗战胜利后立即实施；1941年，全国水利专家和工程师对黄河堵口问题进行了深入探讨；1942年，中央水利实验处在四川长寿县做了大比例尺的水工模型试验。

但是，现实往往是那样的阴差阳错，不尽人意。当时担任堵复局顾问的美国人塔德对黄河的实际情况了解太少，而且飞扬跋扈，自以为是。他提出1946年6月份完成堵口的冒险计划，受到以堵复局总工程师陶述曾为代表的中国工程技术人员的反对。但是塔德却得到了联合国善后救济总署（简称联总）和国民党当局的支持，更助长了他的一意孤行，于是就这样把堵口工程推向了毫无成功把握的轨道之上。

1946年3月1日，花园口堵口工程破土动工。6月21日，合龙桥梁架通。桥上铺设轻便铁轨两道，抛石车开始向口门抛石。6月26日夜，上游涨水，花园口流量达到4800立方米每秒，桥桩被洪水冲走4排，桥身断裂。7月5日水涨到6000立方米每秒，东半段45排桥桩全被冲走。合龙桥的119排桩，只剩下西半段的70余排。塔德命抛石拼命保护，但石积桩根，状如半截潜水石坝，逼溜向东，东坝被大溜顶冲崩陷，遂又抢护东坝。塔德的计划流产了。

对此，愤怒离开工地的陶述曾在《大公报》发表题为《论黄河堵复工程》的文章，在文章中回顾了花园口堵口的过程，表明了自己的态度。他写道："我始终认定这个计划是'持之有故，言之成理'的'文章'。施行起来是要失败的。第一，黄河河底土质是流沙，容易被急流淘深到10米以上。口门停止在半堵的状态中三个月之久，不独木桥站不住，滚水石堤也站不住。第二，故道河床没有保护，可以随流量风向的变迁而淤淀冲刷，流量比例不能控制。但联总已经让步到半堵，中共也没有反对，我还有什么办法阻止进行呢？"

他在这篇文章中最后说："我可以说像这样顾头不顾脚的堵口失败了，不过糟蹋了价值十几亿的工料，无关大局。假如侥幸成功，洪水冲入还没修好的故道，15000立方米每秒以上的流量在河北、山东境内不定决多少个新口，那才是全盘的失败。我还可以说这次堵口失败只是有形的损失。联总行总根据塔德先生的报告，在涡河接近泛区地带开垦田地，建筑新村，断绝了涡河分流之路，使泛区灾情加重，无形的损失恐怕比有形的大若干倍。我以为这次联总上了塔德的当，而政府又上了联总的当，所获的教训是明明白白的。政府为今后黄河工程顺利计，应当坦白地要求联总不再让塔德先生乱出主意，如他所说的‘中心工作’之类，把很好的工程计划施行坏了。假如联总必须派一位美籍工程师驻工，就应当派一位真正认识黄河的‘工程师’，至少是‘有科学头脑的工程师’。”

我读了陶述曾老师的文章，进一步了解了这次堵复工程的来龙去脉，由衷地敬佩老师敢于直面现实，为了国家和人民的利益，不计个人得失，向所谓国际水利权威、联总首席工程师塔德挑战的实事求是的科学精神。

二、调整方案

塔德堵口失败后，赵守钰辞去堵复局局长职务，由行政院水利委员会技正朱光彩接任。朱毕业于同济大学，后赴德国学习水利，回国后在农民银行搞农贷，抗战期间曾在广西、贵州一带搞农田水利，因此对治河没有多少实际经验。为此，他到任后，决定重新启用陶述曾，并立即发电报邀请陶返回堵复局。

1946年9月中旬，陶述曾重新回到花园口工地。此时，塔德虽然还是工程顾问，但合龙失败已明显挫伤了他的傲气，他不再自以为是。陶述曾回来后，曾采用架设浮桥抛柳石枕的方法，效果很好，但由于行政院水利委员会所谓水利权威的阻挠，架设浮桥抛柳石枕的方法没有能够继续进行下去。堵口仍然采用原来的架栈桥抛筑石坝的方法。

当年10月，开始补打东半段桥桩，同时在故道低洼处挑挖两道各长16公里的引河。在补打桥桩的过程中，由于水深流急，工作极为困难，故在11月底改为先抛柳石枕固底，再打桩架桥。12月15日，桥面铺轨完成，用3列小火车和60辆手推车运送石料抛石堵口。12月27日，开放引河，因过水不畅，拦河石坝壅水严重。

1947年1月，口门上下游水位差达2米，口门流量达1200立方米每秒，拦河坝出现下蛰，桥桩被冲走8排，再次宣告平堵方法失败。

陶述曾总结了失败的教训，认为：一般来说，平堵法比较好，这是一个硬碰硬的方法，用在不容易冲刷的河床可以成功，但用在花园口却不行。因为急流遇着石块就湍急，黄河土质太易冲刷，铺底稍有空隙，就马上冲成深坑。于是他进而提出用黄河上传统的立堵方法进行堵口的设想。

这一意见得到堵复局局长朱光彩和副局长潘镒芬等人的支持。潘镒芬是江苏吴县人，1909年毕业于江苏铁路学校测绘科，从事河工30余年，主持山东河防工作达20年之久。他经常深入现场调查研究，对黄河情况了如指掌。1921年，塔德承包了山东宫家坝堵口工程。他不用中国的传统方法，坚持用平堵法。没想到抛石的桥梁被激浪冲得摇摇欲坠，吓得他"哇、哇"大哭。潘镒芬发动工友修了一段埽，才把栈桥稳住。塔德感激万分，连连称赞：你们中国人还是有能人！这段故事曾在黄河上传为佳话。

于是，一个主要依靠黄河上传统立堵技术的方案代替了原来的方案。即在正坝上首新建挑水坝1道，在原来东西两大坝下游30米处各添修边坝1道，另增开引河4道。这一方案被概括为“大坝进占，边坝辅助，抛枕合龙，边坝闭气”。

三、花园口合龙

2月6日，挑水坝建成后，即准备合龙。堵复局为保证合龙工程顺利合龙，在工地上划出一道警戒线，规定，凡不佩带“合龙工作证”或“参观证”的人，一律不得进入施工工地。

当时，堵复局邀请河南修防处所属各段主要技术人员到工地参观，我也在被邀请之列。我把段里工作做了交代，又与家人话别，母亲还惦记着离开开封时欠人家馍钱的事，叮嘱我千万抽空给人家送过去。

我随参观团进入堵口工地，立即被繁忙、紧张的场景所吸引。中午吃饭的时候，我看到久别的陶述曾老师走过来，顾不得吃饭，忙起身迎了上去，说：陶老师好！

陶述曾穿一身笔挺的中山装，唇上留着短胡须，鼻梁上架着一副宽边眼镜，双眼炯炯有神。虽然我们10多年没有见面，可他还是一眼就认出了我。

我告诉他：陶老师，抗战以来我在新堤三段工作。

陶述曾笑着说：我已听说了。这几年你们很不容易。

我又告诉他：我来工地，是来参观的。

陶述曾说：好，好，快吃饭吧。松辰，你有时间，晚上到我住处再聊。

下午接着参观。在东坝我遇到了时任堵复局工务处处长的左起彭。左起彭向我介绍了工程进展情况。这时，西坝主任梅益华跑来说：松辰，陶述曾总工程师找你。我和左起彭连忙跟着梅益华来见陶述曾。梅益华毕业于河南大学土木系，也是陶述曾的学生。他的父亲在水寨的淮阳县政府做推事，与我是好朋友。西坝进占是花园口堵口的一场硬仗，但当时西坝的技术力量比较薄弱。下午，梅益华和陶述曾谈起这件事，陶述曾立刻想到了我，让他来找我。

一见面陶述曾就说：松辰，现在堵口到了关键时候，西坝进占不能出一点偏差，否则，就要前功尽弃。河南修防处主任苏冠军是西坝的顾问，因他事情繁忙，不能常住工地，你现在必须留在工地，帮助堵口。

我知道老师是急性子，怎么想就怎么说，不会绕弯子。但这件事也有点太突然了，就说：我得请示一下苏主任。

陶述曾手一挥，说：就这么定了，不用请示，回头我给他打电话。

左起彭问：以什么名义呢？

陶述曾说：堵复局工程师。他又对梅益华说：你给松辰找个住的地方，现在就让他上工地。

就这样，我几分钟时间就成了堵复局的工程师。这在平常时期不可思议，但在犹如战场的堵口工地却不少见。过去黄河上把堵口叫“打口子”，河工们常说“打口如打仗”，就是这个意思。

王庆安等老河工见我来参加堵口都很高兴。当时形势非常紧张，东西两坝之间已经形成了一个长50米、宽32米、水深达10米的龙口，合龙战斗在龙口两岸拉开了序幕。寒风中，老河工指挥有序，镇定自若。工程队员穿着统一的灰色制服，在老河工的指挥下急速地捆厢进占。

3月10日，开放新挖引河，同时，堵复局宣布堵口合龙正式开始。合龙方法是，在龙口上口两岸对抛钢筋石笼，在下口对抛柳石枕，中间也是对抛柳石枕，把龙口上下的水位差截为三级。

3月13日黎明前，三道合龙坝的笼枕在水下连接起来。堵复局决定13日抢堵截流，一面命除巡查人员外，全部停工休息，等天亮开始截流；一面邀请黄委会委员长赵守钰、河南省建设厅厅长宋彤等官员来工地参观截流。

夜晚，我们在工地巡查。忽然，听见前边有人大声喊：坏了，坏了，怎么柳石枕不见了？众人赶到下口门，果然看不见西坝抛的柳石枕，只残留下一些系枕的断绳。原来平顺的口门水流也开始变形，先冲东坝中部，然后折向西坝下口，冲出龙口。水流发出雷鸣般的响声，震撼着东西两坝。

王庆安很有经验，对着对岸大喊：喂，那边的枕是不是也下蛰了？

对岸的人也大喊：中间下蛰了一半，下口有下蛰迹象，但没有明显下蛰。

王庆安对身边的梅益华说：赶快通知局里。

梅益华说：我已经让人通知过了。

王庆安说：可能是柳石枕下蛰，探探底就知道了。

我拿了根探水杆就往水里插，王庆安赶忙拉住我的手说：我拉着你，要当心！

由于流速太大，探水杆几次都没有插到枕。大家都过来帮忙，我和王庆安两个人用力握住杆，这才插到枕上。

这时天色已亮，朱光彩、潘镒芬、陶述曾等堵复局领导都赶来了。大家商量，赶快把沉陷部分补起来。这部分工作花了一天多的时间，因此截流时间推迟到3月14日中午。

截流是堵口的最后一仗，仍然是分3队两岸对抛钢筋石笼和柳石枕。开始是专业工人和民工分两班日夜轮值，但到截流的关键时候，早班人员不肯下班，晚班人员干劲冲天，大家在工地连续苦战了一年多，都盼望着截住洪流，让黄河回归故道。

我参加的抛柳石枕的工作是截流的攻坚战。卯工队和民工队运料，工程队捆枕，捆好后，立即抛入水中，最快时每10分钟抛一个。只见坝头上人头攒动、车轮飞转、热火朝天，嘹亮的号子声与急流的雷鸣声构成了一曲气势磅礴的交响乐。

巨大的柳石枕放在工作台上，工人推着滚入河中。突然，有人见到远处推枕工人骑在桩上，十分危险，急呼：不要骑桩！随着呼声，两位工人已不幸掉入汹涌的急浪中，顷刻就被浪花吞没。大家都惊呆了，大声呼喊救人。但是，王庆安等都是身经百战的老河工，非常沉着冷静，厉声大吼：快抛！不能停，停了就要前功尽弃。

3月15日拂晓，晴朗无风。口门里的水只剩一线细流，从2米多高的下口飞落进跌塘。跌塘里的水很清，鱼群密如雨点。王庆安大声喊着号子，指挥着推下一个直径1.2米、长15米的大枕，截断了水流。坝上人们一片喝彩，掌声、欢呼声此起彼落。这时跌水塘里1尺多长的鱼跃出水面，欢腾跳跃，达1分钟之久。大家被这种奇观惊呆了，水面平静后，又如同从美梦中醒来，诉说着各自的感受。王庆安说：这就是鲤鱼跳龙门，是合龙成功的吉兆。

3月15日截流后漏水很严重，边坝合龙是李福昌、薛九龄二人负责。直到3月底桃汛来临，边坝才完全闭气。

堵口成功后，堵复当局不但不总结堵口的技术、经验和教训，却在花园口演戏酬神；高官显贵参加庆祝典礼，讲话致辞；国民党政府还在堵口合龙处树起了一块6面碑，场面很是热闹。

我对这样的闹剧并无兴趣，站在堵口工地，回想起牺牲在惊涛骇浪中的工人的容貌，心情很不平静：千百年来为了与黄河洪水抗争，多少人牺牲了生命。他们没有留下名字，但人民会永远记住他们的，因为他们是真正的英雄！

四、开封还债

花园口堵口结束后，我抽空到开封办的第一件事，就是找曹掌柜把欠的馍钱还上。我顺着大街往以前住的曹门方向走去。一边走，一边看着这座被日寇占据多年的古城，回想往事，百感交集。如果不是那天遇到最后一列军车，逃出开封，我的命运就会和亡国奴连在一起，过着痛不欲生的屈辱和痛苦的生活。虽然这些年来与日寇斗争、与洪水斗争、与饥饿斗争，遭受了那么多苦难和艰险，但毕竟生活在非敌占区的阳光下，呼吸着自由的空气。想到这里，觉得自己很幸运，也很自豪。不知不觉就加快了脚步。

到了曹门大街口，见一个十几岁的丫头站在蒸馍摊前，我觉得既亲切，又陌生。记得走的时候，曹掌柜是有一个姑娘，可那是个刚学会走路的小女孩。我不敢贸然相认，就仔细打量起这丫头，见她眉宇之间长得很像曹掌柜，就问：你姓曹吧？

丫头抬头看看我，没有答腔。我看看“曹记蒸馍”的幌子，自己也觉得可笑，就又问：那你爸呢？

丫头一扭身，冲后边喊：爸，有人找你。

谁呀？曹掌柜说着话，带着围裙从后边跑出来。

我一看曹掌柜老多了，岁月风霜在他的脸上刻下了道道深痕。我赶忙上前握手。曹掌柜打量半天，说：这不是徐先生吗？不是做梦吧？

我摇着曹掌柜的手，也很激动，说：我又回开封了，八年离别，如同一梦。我临走时欠你馍钱共42元，现在我也不宽余，就分3次还清吧。

曹掌柜说：老朋友就算了吧。

我说：如不是当时走得急，现在我还生死不明呢。多亏你的侠义心肠，不和我计较，让我走了。你的恩情，我当铭记肺腑。

3个月后，我把所欠馍钱如数归还，了却了一桩心愿。

这一年，我大哥徐福恒因病由外地回来，和我住在一起。他的文学底子甚深，好做诗文，但怀才不遇，命运多蹇。当时他50多岁了，病情一日重似一日。我把他送到开封的医院治疗，并找专人照护。1个多月后，他终因病情加重而身亡。我在开封给他料理了后事，棺木寄放在浙江会馆。我大哥共有4子2女，现仅存1子1女，儿子徐寿基，在河南禹县工作，已是儿孙满堂。

第六章　参加革命

一、离开水寨

1947年3月15日花园口口门合龙后，黄河回归故道，新堤各段撤防，移住故道堤防防守。这时黄委会改称黄河水利工程局，局长是陈泮岭、副局长是潘镒芬，1948年7月又改称黄河水利工程总局。

1947年5月，我调任故道南岸南一总段段长。新堤三段除个别当地职工眷恋故土、不愿离开家乡外，其余均随我移驻故道。离开水寨的时候，有许多老百姓从十里八乡甚至更远的地方赶来为我送行。大家依依不舍，互道珍重，很多人落了泪。

看着父老乡情送给我写着“禹甸神功”的盾牌，一种复杂的情感涌上心头。在抗战的烽火硝烟里，我们与当地群众同甘共苦、团结一心，保卫了黄河，也保卫了这道阻止日寇侵略的国防前线，有一种欢欣鼓舞的心情；如今要离开这里，又有一种离别的痛苦。我们永远记得人民群众支持了我们的工作，我们与当地群众在大堤上共同度过了多少个风雨交加的昼夜，用血汗捍卫着这道水上长城。

我二姐一家也来送行。母亲、妻子与二姐拉着手说着祝福的话，感激二姐一家的帮助。我的大女儿出生于1942年，这时已经5岁；二女儿生于1945年，刚刚两岁。二姐抱起她们，问：你们以后还记得二姑吗？两个女儿点点头。

二姐笑了，又问：还记得水寨吗？

两个女儿说：水寨有二姑呀。

直到前边有人喊：要开车了，快走喽！大家才挥手告别。

二、驻守杨桥

南一总段段部设在中牟县杨桥村，防守堤段上自郑州保合寨下至中牟朱固，花园口口门就在其中。根据河南修防处的指示，南一总段将下属各汛改为分段，共分为6个分段，沿河驻守，并接收了堵复局留下的部分器材。

杨桥位于中牟县城西北20多公里处，因隋唐时期此处建有一座横跨大运河通济渠的桥梁而得名。清乾隆二十六年（公元1761年）七月发生了黄河历史上著名的杨桥决口，使杨桥这个不起眼的小村，成为朝野注目的地方。当年堵口成功后，在杨桥修了河神祠。祠碑很有特点，碑身正面刻着河神祠事，背面刻着乾隆皇帝的豫河志事诗。人们也称这块碑为乾隆御碑。在清代，不大的杨桥镇遍设道府县衙门，很是繁华。民国以后，繁华早已成为过去。

我刚到杨桥，办公场所也需租赁。我向河南修防处积极反映实际情况，解决了一部分资金，盖起了10余间平房。段长室、工务股、财务股、行政股等都挂上了牌子，南一总段段部的面貌有了很大改观。

1947年是人民解放战争重要的一年。6月30日，刘伯承、邓小平率领13万大军，在山东东阿至河南濮城横亘150公里的地段上，强渡黄河天险，揭开人民解放军战略进攻的序幕。8月22日，陈赓、谢富治率领8万大军在晋南、豫北交界处强渡黄河，切断陇海路，东逼洛阳、郑州，西叩潼关，接着又依托伏牛山在豫西展开。

1947年也是人民治黄事业发展重要的一年。1946年2月22日，解放区晋冀鲁豫边区政府在菏泽成立冀鲁豫黄河故道管理委员会。5月31日，黄河故道管理委员会改称冀鲁豫区黄河水利委员会，王化云任主任。同年，山东省渤海解放区也成立了人民治黄机构。冀鲁豫解放区和渤海解放区开始复堤工程。1947年3月，冀鲁豫区黄河水利委员会在东阿县郭万庄召开治黄工作会议，第一次明确提出了“确保临黄，固守金堤，不准决口”的治河方针。

但当时我并不清楚政治、军事形势的这种变化。移驻杨桥不久，黄河迎来了归故后的第一个大汛。按照上级安排，我一如既往地带领南一总段职工守护着黄河大堤。

我深感自己责任重大。黄河初归故道，南一总段防守堤段又处在口门上下位置，如果大水顶冲，极易出险。另一方面，这段堤防历史上决口就比较频繁，如清朝乾隆二十六年中牟杨桥决口、雍正元年中牟十里店决口、道光二十三年中牟九堡决口、光绪十三年郑州石桥决口，而且特大洪水多在这一堤段决口夺河。

对于这一带防洪险要情况，37年后的1984年3月我曾发表题为《一七六一年及一八四三年洪水黄河下游河患纪略》的文章，对乾隆二十六年（公元1761年）和道光二十三年（公元1843年）决口及灾情进行过分析研究。认为："以上两次历史洪水均为30000立方米每秒以上的流量。1761年洪水到了下游，已超过河道排洪能力，沿河两岸大堤共发生决口27处之多，最后在中牟杨桥口门，全河夺溜。1843年洪水，是大水之前，在中牟八堡一带河段发生横河，河势顶冲八堡已脱河的老险工。当涨水时，河势突然下挫至九堡无工之处，以致冲刷决口，正河断流。前者为漫决，后者为冲决，均危害很大。""因此发生30000立方米每秒以上的洪水，再遇黄、沁并涨，对河南堤防的威胁是很大的。如何防御这样的洪水，我们没有经验，应以这两次历史洪水作借鉴，对河南堤防要倍加警惕，认真研究对策，才能有备无患。"其实，这一认识的发端，从1947年汛期就开始了。

这时，为了提高南一总段全体员工的防汛抢险意识，我多次讲几次历史洪水的教训，要求大家密切注意河势和水情变化，对险情要早发现、早抢护，不准决口。我把"黄河水位升降纪录表"挂在办公室的墙壁上，每日亲自填写，不断分析着水情。遇到出险情况，必亲临现场，指挥抢险。

在全段职工同心协力下，南一总段全体员工与归故后的黄河共同度过了安澜的一年。

侄女寿芝跟着我生活了8年，一方面上学，一方面照顾我母亲。这年，她已到出阁的年龄，经黄河水利工程局潘镒芬副局长介绍，与其同事之子潘延思成婚。他们先在黄河河务局工作多年，后下放到南召县，共有5男2女，生活很好。我们过去和谐相处，至今仍然不断联系，随着岁月流逝，叔侄之情更浓。

三、坚守岗位

1948年，人民解放战争如火如荼，中国的形势发生了翻天覆地的变化。6月，人民解放军部队陆续抵达开封城下，隆隆的炮声拉开了第一次解放开封的序幕。国民党部队不甘失败，决心死守，把个开封古城变成了一座军事堡垒。出了开封城往北不远就是黄河，顺着黄河大堤，黄河职工携家带口不断向郑州方向逃难而来。位于中牟杨桥的南一总段段部，是由汴到郑的必经之路，此时成了一座收容所。

我心急如焚！眼下正是黄河防汛抢险的紧张时期，何况黄河归故刚1年多，新筑堤防没有经过大洪水考验，大河流路尚未归顺，很容易出险。我既担心黄河职工的安危，又担心黄河决口，更害怕人为扒口。一会忙着腾房做饭，招待逃难的人们；一会又站到汹涌的黄河岸边，查看河势，不时向行人打听开封方面的情况。

我听说解放军进了开封，纪律严明，秋毫不犯，开封前线司令部在河南大学校门口和相国寺等处还张贴了保护河南大学的命令，河南大学嵇文甫、王毅斋、苏金伞（他是我水专时的体育老师）等几位名教授已投身革命。还听说国民党部队的飞机轰炸开封，致使许多平民惨遭杀害，而解放军一进城，就命令部队打开城门，组织和协助群众疏散到城外安全地带。虽然这些消息令我兴奋，但在当时也只是记在心里，还不能向任何人提及。

开封第一次解放后，解放军出于战略考虑，进入开封只停留了几天时间，然后就在一个夜里悄悄撤走了。解放军撤走的当天，国民党的机械化部队就回来了。排成纵队的坦克，坦克后面是汽车，汽车后面还有戴钢盔的士兵，显得不可一世。但是，老百姓心里明白，那已是秋后的蚂蚱。这时，开封、郑州等地局势动荡，人心躁动，谣言四起，物价飞涨，社会秩序混乱，老百姓生活很苦。每斤大米卖到24元，每斤面粉卖到20元，30元钱只能买1斤盐。

这时，黄河水利工程总局几次要求所属各单位撤离黄河，准备南迁。面临这一重大抉择，我不赞成南迁，认为黄河刚刚归故，没有修防人员驻守是十分危险的事情。治黄职工的职责就是守护好黄河，让黄河造福人民。如果离开了黄河，就是失职。我私下与一些老河工、技术人员交换看法，他们都同意我的想法。

几位老河工在群众中威信很高，自愿到各分段做疏通工作，说：徐段长，我们相处很久，知道你的为人。下边的工作我们多做一些。

我甚为感动，一再嘱咐他们：一定要让各分段职工坚守工作岗位，不能让黄河出事。一定要保护好治河的文件材料和各种器材。

段里职工在黄河上工作多年，大家对黄河感情很深，都不愿意离开自己热爱的治黄事业。因此，老河工的工作很顺利。在大家不知何去何从的时候，老河工带去了我的意见，使大家在时局动荡的日子里心没有散。大家坚持巡堤查险，用自己的行动履行着保卫黄河的神圣职责。

10月22日，人民解放军解放郑州后，迅速向开封挺进，开封即将解放。这时，黄河水利工程总局再次严令所属各处、段组织职工特别是重要技术人员向南撤退，河南修防处部分职工和其他几个总段的段长，均随黄河水利工程总局南逃。黄河水利工程总局见南一总段没人来到，急忙叫通我的电话，问：怎么还没走?

我回答说：人走了，黄河怎么办？我们段里正在开会研究总局的命令，谁愿走，段里决不阻拦。

我放下电话，又回到会议室。会议室座无虚席。我讲了坚守工作岗位的重要意义和黄河出险可能的后果。我讲到花园口扒口造成的灾难，情真意切，在坐者无不动容。

我话音刚落，段部技士王晋聪、工友张殿文等都站起身来鼓掌。有的说：徐段长，我们听你的，决不离开黄河！有的说：我们要坚守岗位，保卫黄河安澜!

会议推选我和张殿文、王晋聪分赴开封、郑州，与解放军联系。

10月24日开封第二次解放。开封解放的第三天，我们步行百里到开封与解放军取得了联系。同时，王晋聪在郑州也与解放军取得了联系。

四、参加革命

不久，解放区冀鲁豫黄河水利委员会（以下称冀鲁豫黄委会）派赵明甫副主任等来开封，办理接收事宜。赵明甫副主任接见了我们，表示欢迎南一总段全体员工参加革命工作，并讲明共产党对接收人员的有关政策。这是我第一次与解放区的人员接触,感到他们很亲切,也很真诚。在谈话中,我知道赵明甫是濮阳县人,家境虽然相当富裕,可在学生时代就追求进步,很早就参加了革命,是花园口堵口谈判的解放区代表。

11月，我回到杨桥。妻子牛云英看到我喜极而泣，说：松辰，这解放军跟国民党兵就是不一样。你看路过的解放军，晚上有的睡在院子里的地上，有的睡在沿街的屋檐下，唯恐惊扰百姓。我从来没有见过这么好的军队！

我这才把要带领全段职工参加革命的事情告诉了妻子。妻子听了更是高兴，连声说：你是对的，你是对的！

接着，我征求南一总段全体员工的意见，大家一致同意，只有一位职工因出身地主家庭，不愿意继续工作。我找到这位职工，苦口婆心地劝他，还把赵明甫副主任作为例子，说：赵主任家比起你家要富裕，不是一样为革命工作？共产党和国民党不一样，不会株连九族。这位职工表面同意我的意见，谁想几天后还是偷偷地跑走了。

就这样，南一总段除一位职工外，200多名职工全部报名参加了革命工作。后来，王化云在《我的治河实践》一书中写道："这次共接收总局及附属单位1062人，经过整编保留了655人，其中约有一半是各类技术人才，这是治黄队伍中增加技术人员较多的一次。"

五、见到王化云

1948年11月的一天下午，我和段里职工接到通知，站在黄河大堤上激动地等待着冀鲁豫黄委会主任王化云的到来。

此时，天气渐凉，寒风刺骨，但我们心里却是暖流涌动。我望着黄河一边回想着自己十多年与这条河朝夕相伴的酸甜苦辣，一边为新生的黄河祝福。这时，一辆卡车戛然停下，打断了我的思绪。

从卡车驾驶室里下来一位个头不高、面容慈祥的中年人。他一把握住了我的手，说：你是徐段长，我代表冀鲁豫黄委会欢迎你们全段员工参加革命工作！我激动地不知说什么好，只是紧紧地握手，以此表达对这位富有传奇色彩的人民治黄事业创始者的由衷敬意。

王化云询问了黄河的防汛情况和段里职工的思想状况后，说：徐段长，你在黄河上干了10多年，经验丰富，以后要多提宝贵意见。人民治黄事业需要像你这样的人才。

他临走时告诉我：下个月华北人民政府水利委员会要在河北平山县西柏坡开会，中心议题是研究建立统一治河机构问题，你是代表，是老黄河，要多分析旧社会治河机构的不足，为我们建立新中国新的统一治河机构出谋划策。他还特别嘱咐，说：编制1949年黄河下游河南、山东、河北三省的岁修计划是当前治黄的重点工作，也是这次会议讨论的一项主要内容。你和宁祥瑞在这方面有经验，所以我们决定主要由你俩完成这项工作。言谈话语间，蕴含着深深的信任和重托，更使我心里暖烘烘的。

六、西柏坡会议

1948年12月中旬，我和原河南修防处工务科长宁祥瑞随赵明甫副主任到了冀鲁豫黄委会所在地河北省观城百寨，然后同马静庭一起到了河北省平山县西柏坡村，参加华北人民政府水利委员会召开的会议。王化云当时兼任华北水利委员会的副主任委员，已先期到达。华北水利委员会秘书长郝持斋、山东河务局局长江衍坤和冀鲁豫黄委会副主任张方等也参加了这次会议。会议由华北水利委员会主任委员邢肇堂主持。会议主要研究统一治黄机构的组织办法和编制1949年黄河下游河南、山东、河北三省的岁修计划。

西柏坡位于河北省平山县中部，是滹沱河北岸的一个小山村，处于华北平原和太行山交会处。它三面环山，一面环水，西扼太行山，东临冀中平原，不仅风光秀丽，水土肥美，而且交通方便，易守难攻。在这里，我第一次耳闻目睹解放区的状况，亲身体验解放区的生活，那种欣欣向荣的景象让我激动不已。我如饥似渴地阅读能够找来的革命书籍、报刊，不懂的地方就利用晚饭后散步的机会向马静庭、张方求教，马静庭和张方不厌其烦地给我讲解革命的历史过程和革命的奋斗目标，使我对革命事业有了进一步的认识。

有一天晚上，我和马静庭在村里散步，一起探讨统一治河的重要性。小的时候，我俩是山东济南模范小学的同学。后来他到清华大学土木系学习，很早就参加革命工作。我对他十分敬佩。我把刚参加工作，遇到1935年7月陕州13300立方米每秒大洪水的情况告诉马静庭。我说：那时治河，实际上是各省各自为政，没有全局观点。这场大水在山东董庄决了口，但在河南境内未出大险，河南河务局还举行所谓“安澜宴”，叫人心里真不是滋味。

马静庭说：那已是历史了，新中国的治河机构不仅要包括下游，还要包括中上游，形成上下统筹、左右兼顾的统一整体。听了他的一席话，我对治黄的前途更加充满信心。

回到住处，华北人民政府副主席杨秀峰亲自来看大家，对大家表示欢迎和慰问。对于职务这么高的领导平易近人的民主作风，我深受感动。

华北水利委员会秘书长郝持斋曾是张含英的学生，对张含英的下落非常关心。会议期间，他问我：不知道张含英现在哪里？我说：张含英现在南京。他说：张含英是位学问渊博的学者。你以后若有机会见着张含英的话，一定转告他，希望他参加共产党的治黄工作。

这次来开会前，王化云专门听取了冀鲁豫解放区几个修防处关于1949年防汛岁修计划的汇报，让我和宁祥瑞以此为基础编制整个黄河下游的1949年防汛岁修计划。计划编制完成后，王化云又与我和宁祥瑞进行座谈，问我们：预算是否偏高？

宁祥瑞说：不高。从原河南修防处的实际情况看，大部分堤防都是在黄河归故前组织民工抢修起来的，隐患很多，遇到大水很容易出险，必须加强培修。

我介绍了防泛新堤的抢险和岁修经验，说：黄河下游河势变化很快，平工变险工和险工脱河是常见的事情。因此，河工们常说堤防不是修出来的而是抢出来的。要确保堤防安全，还要大力培修险工，也要备足抢险材料。这样，才能争取主动，能够应付来了大水的局面。王化云点了点头，表示赞同。

在审查1949年黄河下游防汛岁修计划时，王化云与杨秀峰吵了架。杨秀峰嫌要钱太多，王化云说少了不行，黄河要决口。杨秀峰说决了口杀你的头，王化云说杀头也保证不了。最后还是增加了一些。后来，这些经费在战胜1949年大水的抗洪抢险中发挥了很大作用。从中，我深深敬佩解放区干部一切为了人民、认真求实、办事民主的作风。

当时，中共中央已经移驻西柏坡，成为进行战略大决战和创建新中国的指挥中心。党中央在这里指挥了震惊中外的辽沈、淮海、平津“三大战役”。我刚去的时候，吃饭时能够看到用蔬菜摆成的各种政治性标语，但是后来随着形势变化，就看不到标语了。等离开西柏坡的时候，我听到了北平和平解放的消息。傅作义为北平和平解放作出了贡献。

12月30日，中共中央发出“将革命进行到底”的伟大号召，向中外宣告解放军将渡江南下，将革命进行到底。与会同志通过学习，甚为振奋。1949年元旦那天，邢肇棠邀请我们到他家里过年。大家很高兴，无拘无束，共庆新的一年。当晚，华北人民政府副主席蓝公武举行晚宴，请与会同志参加。这是我第一次在解放区过年，也是我心情最快乐的一个新年。

我在西柏坡一共住了50天。期间，我通过开会，和各界人士接触，明白了许多道理，深切体会到了共产党和人民群众之间的鱼水关系，对我的一生产生了巨大的影响。以后无论遇到什么困难和挫折，想起这段经历都会给我增添无穷的力量，因为当时我就从心底喊出了这句话：“我下定了跟共产党走的决心！”

第七章　大樊堵口

一、到开封工作

1949年是己丑牛年，也是我的本命年。在除夕的鞭炮声中，我心中波澜起伏，按捺不住喜悦的心情，写下了两幅对联："跟共产党前进，向解放军学习"；"解放全中国勇往直前，建设新黄河发奋图强"。

春节后不久，冀鲁豫黄委会派戴鸿儒和朱占喜到南一总段办理接收事宜。两位同志穿着粗布军装，挎着盒子枪，朝气蓬勃，工作非常认真。我带着他们查看了堤防情况，交验了防汛器材，介绍了南一总段人员情况。根据冀鲁豫黄委会的统一安排，原来的南一总段撤销，重新划分为郑州和中牟两个修防段。

当时，冀鲁豫黄委会考虑郑汴一带属中原解放区，在领导关系上与华北解放区互有交叉，因此在开封设立了办事处，负责该地区的治河工作，主任由冀鲁豫黄委会副主任赵明甫兼任。我调往冀鲁豫黄委会开封办事处担任技正，离开了工作近两年的杨桥。家里也随我迁往开封城隍庙街。

二、第一次堵口失利

大樊位于武陟县老城西北约10公里的沁河北岸，历史上曾多次决口。抗日战争初期，国民党部队和日军在沁河上相互扒口，以水代兵。大樊口门为国民党部队挖开，虽经堵复，但由于上游河槽刷深，大樊一带坝埽工程，溜淘搜底，1947年夏洪水暴发又将大樊冲决。泛水经武陟、修武、获嘉、新乡、辉县，挟丹河夺卫河入北运河。泛区面积约400平方公里，受灾村庄约120个，受灾人口20多万。因当时国民党军队利用这股泛水加强新乡外围的防务，所以始终未堵。

武陟解放后，冀鲁豫黄委会即确定由豫北沁黄河第五修防处主任韩培诚协同太行专署组成大樊堵口工程处，于1949年1月进行调查勘测。测得口门宽185米，水面宽130米，水深1.5米；堤身塌陷长度，口门以东长180米，以西长450米；旧河道最大淤高为2.73米；口门河底纯系沙质。2月20日工料集齐，开始动工进堵，于3月20日合龙。由于缺乏经验，加上合龙时风雪交加、运土运料跟不上、引河过水不畅，口门水位急剧增高，冲刷严重，以致合龙埽走失，又将口门冲开40米宽，第一次堵口失败。

这是解放后的第一次堵口。失败的消息引起很大震动，华北水利委员会对冀鲁豫黄委会提出严厉批评，并发出指令，要求追究责任，以教育干部，提高工作人员的责任意识。王化云主任压力很大，从冀鲁豫黄委会所在地河北省观城百寨赶到开封，与有关人员进行座谈。

三、王化云找我谈话

我刚到开封工作不久，王化云主任找我谈话。我尽可能详细地向王化云主任介绍了沁河的情况。

我认为沁河有4个显著的特点：一是沁河发源于山西，由河南济源五龙口出山后进入下游，经沁阳、博爱、温县，由武陟南贾入黄河。其支流有丹河，该河洪水流量约占沁河总流量的2/5，沁、丹两河距离很近，且全是太行山下来的洪水，容易同时暴发，来聚去速，猝不及防，最易出险。二是沁河曲折，有“沁河没有三里直”之称，河道多老滩，对控制水流起一定作用，所以各险工段，无论高低水位多经常着溜。三是沁河大洪水流量可达4000立方米每秒左右，中水位不过二三百个流量，低水位仅二三十个流量。由于河槽窄狭，洪水季节如与黄河同时暴涨，沁河口因黄水倒流，最易拥水漫溢。四是沁河平均含沙量约为6公斤每立方米，在洪水时期，流势汹涌，含沙量增大，在武陟木栾店至南贾河段，与黄河同步淤淀。

王化云主任又问大樊历史决口的情况。

我回答说：满清时期，嘉庆二十六年和同治七年在大樊曾发生过两次溃决。光绪三十二年又在距大樊1里左右的北樊决口。进入民国，1913年和1938年再决于大樊，1927年决于北樊与大樊之间。

王化云主任又问：我们再次组织堵口，有几分胜算？

我以前参加过一些堵口工作，但让我回答这个问题，没有思想准备，就说：我也说不好，但我分析第一次堵口失败的原因是堵口经验不足，再加上当时阴雨连绵等情况。如果我们能够认真检查失败原因，接受教训，充分准备，就有把握取得堵口的胜利。

王化云主任听了我的回答，若有所思地点点头。

四、二次堵口准备

3月底，王化云主任亲自派我随冀鲁豫黄委会开封办事处主任赵明甫、工程科长马静庭赶赴工地，调查堵口失败原因，研究第二次堵口问题。

我们乘坐一辆美式吉普车，日夜兼程赶赴工地。坐在汽车上，雷厉风行的赵明甫主任十分气愤，说：国民党花园口堵口连连失败，现在是我们共产党的天下，是人民的天下，我们再失败，怎么向党交代？怎么向人民交代？

马静庭说：老徐，你谈谈经验吧。

我就把从前自己参加的几次堵口工作，如在武陟堵复五车口等口门，在淮阳堵复宋双阁、李方口和下炉等口门，以及在花园口西坝头组织堵口施工的情况作了简单介绍。我说：就像赵主任所说，堵口合龙犹如战斗，一要摸透情况，措施对头；二要充分准备，争取合龙时间；三要把堵口做为一个整体工程，不能够忽视某一部分，如引河的作用；四是对于流沙底的龙门口，宜采用柳石枕；五是双坝进堵比较稳妥；六是要做好细致的组织工作。

赵明甫和马静庭听此很高兴，到了武陟，立即召开堵口工程处全体会议。赵明甫主任讲了夺取堵口胜利的重要意义，宣布留我驻工地帮助进行第二次堵口，并强调限期1月内完成，只准成功，不许失败。这是我参加革命工作后第一次接受这样艰巨的任务，感到担子很重。

堵口工程处秘书科长田绍松对我的生活照顾十分细致、周到，专门给我开了小灶，准备了一间单人住房，生活上遇到的困难，都全力帮助解决。堵口工程处主任韩培诚等领导很爽直，指示：堵口工程处的所有人员你要调谁就调谁，叫谁谁到。我对大家的信赖和关心甚为感动，增强了必胜的信心。

我与堵口工程处工程科长赵又之挑选了一些技术人员，立即深入工地进行全面调查。

第一次堵口原计划口门用关门占合龙，但合龙时改为柳石枕合龙，认为比较稳当。所以决定在两坝头同时向金门推抛柳石枕，等推出水面后，就用秸料加高到与两坝平，再在枕前做一门帘埽，以便闭气。在龙门口的两坝头不抛石防护，关门占也不用提拢绳牵拉，以免妨碍做门帘埽和闭气工作。按以上安排，于3月19日开始推枕合龙。当日未推出水面，夜晚续推至12时，两金门占蛰动甚巨，又将埽占加高。因夜晚民工运柳运石甚慢，效率极低，兼以工程队人少力疲，不能继续工作，于是在该夜1时停工。次日晨6时，又继续推枕，到12时推出水面，共抛柳石枕170个。两金门占仍继续蛰陷，所以一面加高，一面在龙门口柳枕上铺柳石找平，并填加秸料。此时两坝与口门相平，但因水位抬高，枕底及金门占接缝处，过水甚烈，约占全河流量1/3，均翻黑沙，金门占下蛰不已。当此紧急关头，天色已晚，又风雨交加，民工情绪已难掌握，工程队冒雨自行加修，并且压麻袋进行抢护。至夜8时许，工程队员因衣履皆湿，寒冷不能支持，又停工待料三四小时。至夜12时水位继续抬高，底部淘刷更烈，龙门口长达40米的埽占全部下蛰，势将入水。于是全体员工及少数民工，冒雨雪加紧抢修，但随修随蛰，加修不及。至21日上午11时半，金门占呈下败现象，加之临河水位抬高，临背河水位相差3米，龙门口上口枕底过水淘底深已达11.05米。两坝的埽占共长50米，因埽肚之土被水冲尽，普遍过水，且逐渐下败，赶用柳石枕打坠抢护，已不可挽救。于是将打坠的船只迅速拉开。未及一刻钟，埽体走失，口门冲开长达40米。

第一次堵口原计划引河为上段两道，底宽各10米，下段并为一道，底宽为20米。后因工程量太大，减为一道，底宽改为10米，入口处为喇叭形，喇叭口为50米。引河长为3.9公里，口门以下旧河道约6公里，比降为零，引河口挖深2.73米。在3月20日下午1时，口门柳枕抛出水面后，水位超出引河底0.7米时，因口门埽占下蛰不已，过水太甚，于是改变水位抬高1米后放水的原计划，开放引河。但当时将引河口门限开宽3米，未全部开放。由于引河放水不及时，又过水不畅，使口门水位抬高。当水头由引河口到达木栾店以东的沙岗处，口门已溃决。

我又带领测量人员对引河进行重新勘测。经实测，引河底普遍高出水面0.4米以上，全部引河无坡度，上次放水所积之水，继续存于引河槽内，并未流出旧河道。傅村至老龙湾河床，比引河底高出0.8米以上。木栾店至同官一段，计1600米，沙岗起伏，高出河滩面1米多，阻碍水流。上次放水流至此处，即停止不前。同官以下至沁河口河道循顺，坡度适宜，且无阻水之障碍。

我和赵又之把上述调查和勘测结果向韩培诚等堵口工程处领导作了详细的汇报，并提出“疏导引河，双坝进堵”的建议，被工程处采纳。据此，我带领技术人员进行重新设计，拟定了一个比较稳妥的堵口计划。

堵口计划主要包括三项内容：第一，单坝合龙危险性大，这次改为双坝合龙。因为当时口门上口水深，且系沙底，故不易进占，仍沿原口门的埽底做根基，厢修正坝宽12米、高7米、长40米。退后10米，加修边坝宽7.5米、高6米、长60米，两坝间跟浇土柜，边坝后再浇顶宽8米、坦坡1:2的后戗。争取正坝抛柳石枕，边坝下关门占，同时合龙。在两坝及金门占前抛护柳石枕或散石，以防淘刷。第二，盘修东西两坝头长30米、宽10米、高7米，两坝加高1.5米、宽10米、长105米，两坝实做护岸埽共长450米，平均加高1.5米、宽为3米。第三，引河拟加宽10米、加长2200米，并清除沿引河及故道一切障碍。

因上次堵口失败后所存料物不多，这次堵口我和技术人员因地制宜地采用了一些新材料，如以当地土产的蒲包代替麻袋，以竹缆代替大麻绳，蒲绳代核桃缆，小蒲绳代麻绳。这是一次新的技术改革，我们反复做试验，确定了这一方案。

4月1日，一面准备料物，一面用现存料物盘修坝头，赶修边坝坝头，并积极整修大堤残缺、填垫浪窝及填浇后戗土等。4月中旬料物大部购齐，即开始加高护岸工程，并开始挖引河。4月下旬正坝、边坝先后进占。因船只缺少，故先进正坝，后进边坝。截至4月底，完成合龙前一切准备工作。

五、堵口合龙

合龙为堵口最紧张的阶段，其成败不仅是工程技术问题，如事先不将一切准备工作布置周密，可能功败垂成。我根据以往的经验，与赵又之等拟定了一个合龙前的准备工作计划，被堵口工程处采纳。这个计划非常详细，可以说包括了我们可以想到的所有内容：

①各种料物及已修工程，在合龙前均具体加以考查，如料物缺少，立即购备，工程强度不足，随时加以整修。②两坝浇土柜之土及麻袋、蒲包等，在合龙前5日，分别备齐，堆集两坝头。③两坝除掌坝者外（每坝设正副掌坝者各1人），并派照顾后路各2人（即文掌坝），与掌坝者密切联系，指挥土工、民工及运输材料等事宜。④指派工程人员2人，偕民工20人，负责检查引河，跟随水头消除障碍，测量流速流量，记载水头到达各地及入黄河的时间。⑤指派2人，日夜看读水尺，记载自合龙开始抬高的水位，及合龙后水落的情形与时间。⑥派1人负责观测过水情形。⑦每坝派熟练工程队员2人，日夜巡查两坝已修工程，在抬高水位时，如有险情，飞报掌坝者及工程队负责人，随时设法抢护。⑧合龙时用现钱土跑签，派定14人，轮流拔签。⑨东西两坝各派1人，专负夜间布置灯火之责。⑩专、县、区派干部在工地掌握民工，合龙时，

无论风雨昼夜，均需上工，不得怠忽。⑪由专署派代表1人，共同组织堵口指挥部，统一领导，以利进堵。⑫5月2日晨2时开始合龙，争取工作最紧张的一段时间在白天，并于5月1日下午召开大会，宣布合龙时间及动员工作。⑬合龙先一日，即将边坝的龙缏龙衣布置好，使队员演习一次，以免临时忙乱，致生意外。⑭通知武陟县府，转告沿河各村，俟水头到达时，注意沿河险工情况。

5月1日，挖开引河口，合龙时水位抬高不到10厘米，引河即顺利过水，减轻了对口门的压力。合龙工程自5月2日晨4时开始，合龙时正坝推柳石枕50个即出水面，随用秸料加高，将大土压上，即进行边坝合龙。这时正坝仍过水甚急，口门水深3米，边坝口门水浅，关门埽第一批上料4米，压蒲包、麻袋，第一次鸣锣，两坝各松龙缏1米，即达水面；二批上料2米，二次鸣锣，龙缏完全放松，关门占到底。至5月3日上午9时，正坝、边坝先后合龙。

我与堵口指挥部的同志一夜没合眼，一直坚守在工地。忽然，我看到正坝东坝头埽底翻花过水，情知不妙。这种情形是因为金门占一部做在原来柳石枕上，水位抬高后，河水淘刷，使原来枕底与占接合部的埽眼发生过水的现象，十分危险。我即命一面在上下口拼力抛护蒲包、麻袋，防止了险情进一步扩大；一面大量压土，随着正坝口门增高，同时用蒲包、麻袋装土，填浇土柜，等蒲包等浇出水面，即浇填大土及后戗土。至5月3日下午6时完全闭气，第二次堵口终于取得了胜利！

六、经验体会

堵口成功的消息使大河上下到处洋溢着喜悦的气氛，华北水利委员会发出通报，指出：“黄委会第五修防处的检讨尚属深刻，第二次堵口事先已能调查研究分析，慎重进行，堵口得到了成功，说明修防处认真接受了教训。”因此，决定免于处分。

堵口工程结束后，韩培诚即带我和第五修防处工程队长李建荣对沁河两岸进行工程检查，制定当年防汛和大樊堵口善后工程计划，为确保当年度汛做了充分准备。我还帮助第五修防处写了堵口总结，在此基础上又写了《沁河大樊堵口纪实》一文。

我总结了大樊堵口的经验和体会：

第一，第二次堵口成功的重要原因，是情况摸得透，措施对头，做了充分的准备，并争取时间，提早完成合龙。自开始推枕合龙，至边坝合龙，到埽占到底，历5小时。至完全合龙时止，因引河过水顺利，水位抬高仅0.6米，而第一次堵口水位抬高1.45米。

第二，在整个工程中，各部分工程的配合上，都有其应有作用，忽视某一部分，均影响全部的成败，或增加整个工程的困难。例如第一次堵口对引河的作用认识不足，结果过水不畅，造成进堵的困难。

第三，工程的成败，当然首先决定于计划正确与否，但工程具体实施，也是同等重要。如第二次堵口正坝的两占，同样压在第一次堵口所留下柳石枕的基础上，但在东坝占子上口，未及时抛蒲包，以堵枕缝，而西坝占子照顾了这一点，先抛了蒲包，外抛散石，结果正坝合龙出水后，东坝占子下面的枕缝过水很大，黑沙上翻，当即用蒲包填压，始减轻危险，而西坝则没有出现这一问题。

第四，堵口合龙犹如战斗，行动紧张，人多事繁，所以细致的组织工作，非常重要。例如第一次堵口工程队及民工组织得不好，遇到雨雪，民工逃散。在紧张时仅工程队及干部职工抢修，终以人力不支，停工约3小时。虽然这不是失败的主要原因，但是也影响了工程的进程。

第五，用柳枕单坝合龙透水量大，不易闭气。若河底好的话，可能争取时间做闭气工程；若河底沙松，随淘随蛰，则闭气困难，且易发生危险。

第六，在龙门口为流沙底、水深溜急、淘底很快，或底不干净、下埽不利的情况下，采用柳石枕合龙较为相宜，但须辅以边坝工程，用以闭气。至土柜的宽度，要在躲开口门下的跌塘，留一适当缓冲距离。

第七，堵口工程变化最大，事先要调查情况，进行整体测量，对河势的变化、河底的探测、土塘的选定、水位的抬高等，要认真研究，作出有根据的精密具体计划。施工时，组织要严密，分工须明确，并分别工程缓急，先后实施。尤其在合龙紧张时，更要考虑细致，一有漠视，必致功败垂成。

第八，这次堵口以当地土产的蒲包代麻袋，以竹缆代大麻绳，以蒲绳代核桃缆，以小蒲绳代麻经，其功用并不亚于麻的力量，在价值上却更比麻省得多。

王化云在《我的治河实践》一书中写道："这是解放后的第一次堵口，今后黄河、沁河还会不会发生决口？我们希望没有，永远没有，但也很难预料。因此，这次堵口的经验教训仍然是十分珍贵的。"

七、黄委会成立大会

大樊堵口结束后，1949年6月15日，黄河水利委员会（以下简称黄委会）成立大会在济南召开，我随赵明甫赴济南参加了这次大会。这是人民治黄由分区治理走上统一的第一步，虽然还是联合的性质，但有了统一的机构、统一的工作方针和计划，这是一个很大的进步。

华北、华东、中原三大解放区各推举3名委员，由9人组成委员会。华北区为王化云、张方、袁隆，但袁因故未能成行；华东区为江衍坤、钱正英、周保琪；中原区为彭笑千、赵明甫、张慧僧。会议由山东省政府副主席郭子化主持，中央财政部黄剑拓、山东省政府主席康生、华北人民政府邢肇棠、中原人民政府彭笑千相继发言。大会一致推选王化云为黄委会主任，江衍坤、赵明甫为副主任。

当时，钱正英才20多岁，衣着朴素，不戴眼睛，英姿飒爽，很吸引人们的注意。钱正英与我握手的时候，我不知道是谁，问赵明甫后才知道是山东河务局副局长钱正英。

赵明甫说：她很不简单，很早就参加革命，1944年，20岁就领导淮河修堤工作，我非常敬仰她。

第八章　战胜1949年大水

一、跟踪洪峰

1949年入汛后到10月间，花园口水文站出现5次洪峰。在7月27日以前，曾发生两次10000立方米每秒洪水。9月14日，由于受泾、北洛、渭河和三门峡至花园口区间（以下简称三花间）暴雨影响，花园口又出现了12300立方米每秒的大洪水。这次洪水洪峰虽然不是很高，但洪量很大。花园口流量在10000立方米每秒以上的流量持续49小时，5000立方米每秒以上的流量持续半月之久。7天洪量为55.39亿立方米，为1934年花园口有记录以来的第二位，仅次于1958年60.9亿立方米；15天洪量为101.3亿立方米，为花园口有观测记录以来的最大值。从花园口出现洪峰，至10月中旬河水归槽，历时一个月。这是一次严重的秋汛，也是解放后首次遇到的大洪水。

刚解放时黄河下游两岸堤防标准很低，隐患很多，洪水到达下游会发生什么样的险情，很难估量。当洪峰接近开封时，领导命我和工务处长马静庭、新分到黄委会工作的上海交大毕业生朱恺连夜从开封出发，沿南岸大堤冒雨跟踪洪峰，并特意交代：这次洪水距中华人民共和国开国大典的10月1日，只有半个多月的时间。如果不慎决口，将会在国内外产生很大的政治影响。因此，必须以高度的警惕、最大的决心战胜这次洪水。我们下达了“确保堤防安全，不准决口”的指示。你们要争取时间，发现险情，随时组织抢护。

夜里，风雨交加，道路泥泞。我们乘坐着一辆美式无棚大卡车，观察着黄河险情，思索着如何战胜洪水、确保黄河安澜。大堤上人潮涌动，车水马龙，抗洪大军昼夜苦战，只见大堤下各条道路上的运料队伍浩浩荡荡，一眼望不到头。洪水在河南兰考县东坝头以下普遍漫滩，拍岸盈堤，一片汪洋，埽坝工程不断坍塌蛰陷，加以阴雨连绵，大风呼啸，险情极为严重。当我们走到那里的时候，修防职工正在带领群众临时在堤顶加修子埝。堤上不断有群众不安地问：上面开口了没有？我们就回答：没有，上边防守得很好，你们也要守好这里。

当洪峰到达山东菏泽刘庄以下时，不少堤段的堤顶仅高出洪水0.5米左右，风浪已打到堤顶上，险情丛生。我们急忙下车，与抗洪群众一起进行抢护。我根据多年经验，想出了一个办法，让群众沿堤用秸料捆成把子，两端用绳子系在堤顶木桩上，使秸把漂浮水面，以杀风浪之险。这是个土办法，可效果很明显。当时堤身坍塌很严重，有的堤段坍坡竟日计百里。凡在堤身坍塌严重的地方，我们就指导防守人员临时打桩填柳或秸料，做成一级或二级护岸，或者用秸、柳搂厢加以维护。

一路上，我们一边查看水情，一边协助沿河县段抢险堵漏。在鄄城，我们遇到菏泽修防处主任刘传朋。刘传朋在抗日战争时期就在鲁西一带打击日本侵略者，是位领导和斗争经验十分丰富的老革命。他焦急地问我们上游的情况，我们向他讲述了沿路的所见所闻。

他听后说：这真是全线吃紧、危机四伏啊。然后，他告诉我们梁山大陆庄民埝决口、溃水倒灌东平湖的消息。原来在9月14日花园口出现12300立方米每秒洪峰之前，流量在10000立方米每秒的洪峰已持续两天多，流量5000立方米每秒的洪峰已持续半月之久。东平湖原有的运河东西两堤和民埝低矮残缺，防洪能力很低。大水到来后，地方各级政府组织群众奋力防守，昼夜奋战。终因堤埝质量太差，9月13日晚11时，大洪水似猛兽一般扑入湖区。汹涌的浊流吞噬民房，卷走牲畜，拔掉古树，一路扫荡，迅速淹没整个湖区。

听到这个消息，我们立即与刘传朋告别，动身赶往梁山。刘传朋让菏泽修防处的秘书范海波与我们一起前往。

二、东平湖查勘

在郓城段，大堤出现漏洞，背河出水已流到200米之外。县委书记、县长正带领500多名抢险队员抢堵这一漏洞。他们看到我们说：大家决心很大，人在堤在，决不后退一步。但是，除了柳枝、高粱秆之外，再没有其他抢险料物了。我在黄泛区抢险时，遇到过类似险情，所以果断地说：有大门板吗？快找一扇大门板来！门板很快找来了。我让在门板上铺了一层淤泥，扣在进水口处，赶浇前戗，才把漏洞堵住。

就这样，我们坐了一天两夜的车，才赶到梁山段。梁山段石段长在大堤上迎接我们。他长着一脸黑色大胡子，面容憔悴，两眼布满血丝，一见我们就说，他们的工作没做好，东平湖开了口子，有那么多老百姓受苦。我们安慰了他。因为黄河洪水和汶河洪水在东平湖相遇将形成更加错综复杂的形势，我们又询问了汶河涨水情况。

马静庭说：快给我们找几只进湖的船来，再找些吃的东西，我们要进湖。

石段长很是为难，说：听说你们几天都没合眼了，我让伙上蒸了馍，煮了鱼，想让你们吃饱了，睡个好觉，再下湖不迟。

马静庭笑着说：那就让我们在船上饱餐战饭吧！

石段长见我们执意进湖，只好叫来几只小渔船，撑船的都是这一带的好把式。

东平湖是黄河、汶河、运河三大水系的交汇地。根据史料记载，战国时期东平湖一带就是一个浩瀚的天然湖泊，称大野泽，补给水源主要是黄河和汶河。由于黄河频繁决口改道，大野泽受泥沙淤积影响不断演变，至北宋年间改称梁山泊。梁山泊得到充足的黄河水补给，水面比较稳定。北宋以后，由于黄河改道，水面大面积沽退。至清初，仅梁山东北一带洼地尚有少量积水，称为安山湖，只能起到蓄洪除涝的作用。清代末年，又由于黄河的变迁，在汶河、运河汇流处一带洼地形成了现在的东平湖。东平湖形成后，通过清河门和十里堡以下山口与黄河相通，成了黄河的自然滞洪区。当地群众为了防止黄河、汶河洪水灾害，自发地培筑了许多御水民埝，这次决口的大陆庄民埝就是其中之一。

我们入湖后，先乘船到口门处对入湖流量作了估测。当时，口门处急流翻滚，黄河仿佛是一匹脱缰的野马咆哮而来，发出震耳欲聋的响声。河水中旋涡一个接一个，一个大似一个，旋涡随着河水急速地冲进湖里。我们在船工的帮助下，测得口门宽度和平均深度等数据，又用浮标测定了流速。经估测，入湖流量约为3000立方米每秒。

我们进入湖区整整调查了3天，看到老运河西堤大部被冲垮，金线岭以北约有700个村庄受水灾，房屋多被泡塌。据当地群众讲，这次洪水入湖，是铜瓦厢改道以来所罕见。我们沿途仔细观察，向群众了解水情和灾情。我看到河水渐落后，湖水渐由庞口一带回归黄河，便与马静庭分析了东平湖的历史演变和黄河下游河道上宽下窄、泻洪能力上大下小的情况，提出为减轻窄河段的防洪负担，可以把东平湖作为一处天然滞洪区的想法。

从东平湖出来的路上，经过东平县斑鸠店。这里是唐初大将程咬金的家乡，当地群众为纪念他修建了祠堂。听船工说：程爷被淹到脖子根了。出于好奇，我们乘船“游览”了祠堂。只见祠堂已被洪水包围，正殿内的塑像只剩下程咬金的脑袋。当时，大家已经十分疲惫，看了程咬金祠堂后，情绪又高涨起来，一致让我讲程咬金的故事。我不好推辞，就讲了混世魔王三斧子定瓦岗等故事。这也是我们工作中的一个小插曲。

三、北金堤查勘

回到梁山，我们听说黄河北岸寿张严善人民埝枣包楼段也决口了，洪水向临黄堤背河倒灌，张秋镇以下金堤普遍偎水。

马静庭问石段长：知道不知道泺口的情况？

石段长说：已接到通知，黄河上游水势降落，陕州流量降到了7000多立方米每秒，但水势未退。北金堤和东平湖民埝决口，减缓了窄河道的水势，但泺口水势还在持续上涨，今后几天形势仍很严峻。

我们听此一说，立刻忘掉了疲倦，要赶赴北岸进行查勘。石段长拦住我们说：你们3天吃住在船上，吃没吃好，住没住好，这回应该好好休整一下，再去北岸。

但是我们坚意立即赶赴北金堤。石段长只好让我们吃饱了饭，准备了一些干粮，与我们作别。

我们登上小船渡过黄河。到了北岸，正赶上位山险工抢险。渗水把堤身的大量土料带至背河，修防职工采用背河下埽的方法予以抢护，但堵塞后又在周围发现新的渗水，险情严重。

由枣包楼口门乘船向下，顺着溃水的主流线，我们沿北金堤继续进行河势工情调查。现在的北金堤就是原东汉黄河的南堤。“金堤”取固若金汤之意。民间有秦始皇“北修长城挡鞑兵，南修金堤挡洪水”的说法，可见其历史悠久。我们估测枣包楼的分洪流量约为1000立方米每秒，见到北金堤与临黄堤之间均被水淹，一片汪洋，回水到达范县境，下边又从张庄泄入黄河。

途中我们还参加了濮阳南小堤和东明高村的抢险。在高村我们遇到王化云主任。他当时在濮阳北坝头的前方防汛指挥部领导抗洪抢险，高村出险后，又亲自到现场指挥。他听取我们关于这次查勘的详细汇报后，说：你们辛苦了。回去以后要把这次查勘的情况整理成文字材料。他还告诉我们由于决口分洪的影响，这次洪峰到达山东泺口时，削减为7400立方米每秒，极大地减轻了艾山以下窄河道的防洪压力。

我们对东平湖和北金堤实地调查情况进行了总结，提出了查勘报告，为1950年确定北金堤和东平湖为滞洪区提供了依据。

四、向新中国献上的第一份礼物

这场洪水是对旧社会遗留下来的残破堤防的一次严峻考验。在洪水涨落过程中，沿堤共出现漏洞434处，发生渗水、蛰陷、脱坡的堤段150多公里。平原、河南、山东三省党政军民组成了40万的抗洪抢险大军，奋战40个昼夜，终于战胜了洪水，确保了堤防安全。当进行紧张防汛斗争的时候，正是中华人民共和国成立的日子。这次防汛斗争的胜利，是广大治黄职工和沿河人民，向新中国献上的第一份礼物。

在大洪水期间，沿黄省、市、县各级领导都亲临一线指挥，沿黄党政军民迅速行动起来，全力以赴，坚守黄河，保卫生产，涌现出许多可歌可泣的英雄事迹。

9月10日夜，山东省济阳县沟阳家险工段出现盆口大的漏洞，洪水激射而出，大堤危在旦夕，抢险队员戴令德冒死跳入水中，用身体塞堵漏洞，终于化险为夷。

9月24日，山东利津县王庄险工危急，工务股长于佐堂带领800多人奋力抢堵，持续14昼夜。在水深流急、埽坝屡抢屡蛰、石料已经用光而险情继续恶化的情况下，于佐堂大胆采用麻袋装淤泥代替石料抛护堤根的办法，用了1万多条麻袋，连续抛淤泥3400多立方米，经日以继夜苦战，终于巩固了大堤根基。

……

作为一名治黄职工，我参加了战胜1949年大水的斗争。几十年后，回顾那段生活历程，仍然为当时的情景和事迹所感动。历史上，黄河发生4000立方米每秒的洪水就有可能决口，10000立方米每秒的洪水，决口可能性是75%。但在1949年，黄河洪水不仅流量在10000立方米每秒以上，而且大流量持续时间长、洪量大。在这种情况下，能够安全度汛，实在是奇迹！特别是新中国即将举行开国大典之际，意义更是重大。

50年后，我在《战胜1949年大洪水，向年轻的共和国献礼》的文章中写道："参加这次抗洪斗争，使我对共产党领导下的人民治河充满了信心，坚定了我终生为人民治河的意志。"

第九章　50年代修防工作

一、提出大功分洪方案

1949年8月，为安排新中国成立后的治黄工作，黄委会起草了《治理黄河初步意见》，并于8月31日以王化云和赵明甫的名义呈报给华北人民政府主席董必武。提出："治理黄河的目的，应该是变害河为利河。治理黄河的方针，应该是防灾和兴利并重，上、中、下三游统筹，本流和支流兼顾"。

为进一步商讨制定新中国的治黄方针和任务，1950年1月22日至30日，黄委会在开封召开了治黄工作会议。这是新中国成立后第一次全河工作会议，也是一次统一思想、团结治河的会议。经与会者认真讨论，对"除害兴利"的治黄总方针取得了一致意见。会议同意兴建引黄灌溉济卫工程，决定大搞水土保持。开会期间，大家观看了吴以敩从美国带回的关于水土保持的幻灯片。吴以敩先生1935年毕业于武汉大学土木系，筹建了黄河流域第一个黄土防冲试验场，是我国水土保持工作的奠基人之一。在以后的治黄生涯里，我们成为莫逆之交。但那时是我第一次接触水土保持的内容，感到很新奇，脑海里不断浮现着黄土高原水土保持给黄河带来的新变化。

治黄工作会议结束后，一方面采取了“宽河固堤”的方针，根据具体情况扩大河道排洪能力，修整加固堤防；另一方面开辟了北金堤滞洪区。

当时河南段实际过洪能力仅18000立方米每秒，远低于1933年22000立方米每秒的标准。黄委会向水利部写报告，要求修建石头庄溢洪堰，开辟北金堤滞洪区，遇到1933年那样的大水，可分洪5000~6000立方米每秒。后经中央同意，开辟滞洪区的工作开始实施。平原省专门成立了工程指挥部，省水利局局长牛连文任总指挥，马静庭、刘善建是技术负责人。具体设计由耿鸿枢、朱守谦等负责。

石头庄溢洪堰工程在黄河北岸的平原省长垣县修建，设计可分洪量为20亿立方米。然后分滞洪水沿金堤河于山东陶城铺再归入黄河。石头庄溢洪堰长1500米，设计最大水头1.5米。堰身为浆砌片石，厚1.5米，堰顶宽6米，堰前后用铅丝笼石防护。从1951年4月30日至8月20日，经过规划、设计、施工等阶段，溢洪堰工程共做土方1200万立方米，初具规模。

与此同时，根据《政务院财经委员会关于预防黄河异常洪水的决定》，为实现防御目标以陕县水文站1933年和1942年实测洪峰流量23000立方米每秒及29000立方米每秒的大洪水（该两年的实测最大洪峰流量，1954年整编时分别改为22000立方米每秒及17700立方米每秒），还需要确定第二期，即防御陕县水文站29000立方米每秒洪水的滞洪区。

根据领导指示，由我组织调查组，拟在石头庄以上河段，勘察处理3万立方米每秒以上洪水的分洪地区。调查组从黄河北岸延津以下沿太行堤至长垣大车集进行了半个月的勘测和调查研究，最后提出在封丘大功分洪的方案。滞洪区位于太行堤与临黄堤之间，涉及河南省延津、封丘、滑县、长垣等县，面积约2000多平方公里。分洪后的大部分洪水将穿越太行堤进入北金堤滞洪区，由台前县张庄闸退入黄河，同时，部分洪水将顺太行堤至长垣大车集回归黄河。

1956年组织进行溢洪堰和裹头等工程设计。具体设计由马会尧等负责。大功溢洪堰堰身宽1500米，溢流向长40米，堰顶高程78米，设计最大分洪流量为10500立方米每秒，堰身用铅丝笼装块石砌成，工程上下游各有深1.5米、宽1.0米的铅丝笼块石隔墙一道，两端筑有裹头工程。后经中央批准，由河南省组织施工，1956年4月动工，7月完成。

二、在实践中学习

从1950年起，国家把黄河下游的春修夏防列入专项计划，编制计划成为工务处每年的日常工作。我在50年代几乎每年都参加这项工作。当时，十分重视调查研究，王化云等领导都身体力行、率先垂范，为我们树立了榜样。坚持调查研究成为保证治黄科学决策、实现正确决策的基本条件。

新中国成立初期，行政人员和技术人员没有明显的界限，行政人员也学技术，技术人员也搞行政。大家都刻苦钻研治黄业务，互相学习，互相请教，特别注重从治黄实践中积累经验、提高水平、认识规律。当时，袁隆既是黄委会办公室主任，又是河南河务局局长，身兼数职，工作繁忙，但也经常到第一线调查研究。我每年都要陪同他到下游检查修堤和防汛抢险，很佩服他的学习精神。有一次，我陪袁隆到下游检查，山东河务局张学信等也参加了这次检查。我们发现可能存在的隐患，就用自带的钢锥检查。袁隆也亲自锥探，没有一点架子。

新中国成立初期，不仅干部苦钻业务，工人也是如此。利用钢锥锥探堤身隐患的办法就是封丘修防段工人靳钊于1951年发明的。这个方法在全河推广后，极大地推动了加固大堤工作的开展。通过对两岸大堤普遍进行锥探检查，发现3万~4万处獾洞、鼠穴，都及时进行了整理修补。

新中国解放了深受束缚的生产力，极大地焕发了人们的防洪斗志和治黄热情。大家无论在什么工作岗位，都争先恐后比贡献，苦干加巧干，创造出一个又一个奇迹。我和广大治黄职工一样，陶醉在当家做主的无比幸福之中，在紧张的工作之余，创作了反映新中国治黄工作的歌曲《安澜歌》：

“黄河黄，黄河长，黄河凶猛最难防。确保大堤不决口，这口号多么响亮。技术与群众相结合，是我们战胜洪水的力量。千里大堤上，筑成了防汛网。勤检查，慎修防，固守大堤不受创伤。险工林立赛战场，石料堆集如山冈。工人双手筑成铁壁铜墙，任凭你洪水猛，任凭你惊涛骇浪。不怕淘刷，不怕冲撞，导入中泓，把那洪水驯服地送入海洋。赢得年年安澜降，沿河生产有保障，家家户户享安康。”

三、保合寨抢险

20世纪50年代是黄河的丰水期，不少年份都出现10000立方米每秒以上的洪峰。我自1950年起，曾担任黄委会组织的防汛抢险队队长和顾问多年。为了使更多的职工掌握防汛抢险技术，我还撰写了一些抢险和堵口工程方面的文章。

1952年郑州保合寨抢险是我经历的一次重大抢险斗争。那年9月28日，黄河在京广铁路桥北岸坐弯，由于铁桥下游河槽内出现鸡心滩，迫使大溜从西北折向东南，形成横河，直冲脱河多年的保合寨险工孙庄一带，急剧坍塌，主槽冲深下切。当时大河流量仅2000多立方米每秒（花园口水文站9月29日流量为2130立方米每秒），水面宽由千余米缩窄为百余米，形成大河入袖之势，溜势集中，淘刷迅猛，冲塌大堤长45米，塌宽6米，水深10米以上，大堤上的一段45米长的铁路也被悬空在大溜之上，险情十分严重。

接到险情报告后，我迅速集合黄委会抢险队，随袁隆连夜从开封赶到抢险工地。我们携带发电机、照明设备和广播等器材，一到工地就安装上照明设备，使得黑漆漆的工地一片明亮。紧接着，开封地委专署负责人等地方干部也都赶到工地，成立了临时抢险指挥部，袁隆为总指挥，黄委会工务处沈启麒等参加。抢险指挥部就设在大堤防汛屋内。抢险指挥部从平原省河务局所属的沁阳、武陟、原阳、封丘和河南河务局所属的中牟、开封、兰考等7个修防段抽调工程队员200人支援抢险，并从沿河各村组织有抢险经验的民工400余人配合工程队抢险。此外，还向郑州铁路局申请了一个专列，从偃师黄河石料厂往工地运送石料。下达了从郑县沿河4个区调运柳枝100万公斤的任务。朱占喜在工地负责宣传工作，在广播里不断播送着好人好事，激励着大家的斗志。当时，还处在抗美援朝时期，工程队员和民工的爱国主义热情与主人翁精神异常高昂，工地上开展了热火朝天的爱国主义劳动竞赛活动。

经过几个日夜的抢护，工程队李建荣队长提出用“风绞雪”的方法进行抢护，险情才逐渐得到控制。这时又在上游新加修了一个坝垛，加固了所有护岸，把主溜挑向东北，强迫河势外移，才化险为夷。

四、汛前检查

1953年伏汛前，我参加了水利部和黄委会共同组成的检查组，对黄河下游防洪工程和防汛情况进行了全面检查。黄委会由工务处副处长古枫和我，水利部由梁振民、牛远光参加。我们根据中央防汛抗旱总指挥部1953年防汛工作指示，一是主要检查险工、护岸、埽坝及堤防工程的质量标准能否抵御可能发生的洪水；二是调查河道的重大变化，推断在某种水情下，可能对上下河道起多大的影响；三是了解石头庄溢洪堰和东平湖分水口的情况。我们从京广铁路桥起，至利津小街子止，往返行程1500余公里，经过25个县段，历时24天。

调查中我们发现，自1949年洪水之后，京广铁路桥以下河道，起了很大变化，河势的基本情况是下挫。造成下挫和发生新险的主要原因，是由于1949年洪水持续时间长。在洪水期间，大溜多走直道，河床中滩岸起了大的变化，刷成新槽，因而影响河道一系列下挫形势。自1949年至1952年，汛期流量不大，1951年陕州最大一次流量仅10460立方米每秒，且为时甚短，一般为4000~5000立方米每秒，流势多循1949年冲刷的河道发展变化。在低水时期，有暂时上提的现象。3年来所造成的新河道，曲率已达相当程度，水面比降也相应渐渐减小，河道的蜿蜒，暂趋稳定。如再遇大的洪水到来，滩岸崩塌，冲成直道，河势就又有新的变化，这样就给防汛造成新的困难。我们根据整个河道的形势，分河段对1953年汛期河势可能演变的情况进行了预估，提出了防守重点和要点。我们认为护滩工程十分重要，提出了在下游河道包括宽河段研究控制河势固定险工，即开展河道整治的思想。

京广铁路桥以下至梁山十里铺这一段河道，长约316公里，最为复杂。堤距最宽处有达20公里者，一般宽5至10公里，在中常水位时河面宽1至3公里，北岸绝大部分为滩岸，无控制性的工程来限制流势的变化。因黄河河床多沙，水流的推移力往往超过河床的抵抗力，致使大量的泥沙推移，河床的冲淤变化剧烈，因此，流势左右摆动，极不稳定。当洪水时期，河道易生突变，中常水位时就发生渐变，在小水时发生小变，这样变化的结果，是溜势上提下挫，平工堤段能变成险工，而险工堤段能变成平工。梁山十里铺以下河道渐窄，虽变化的范围较小，但也不出这个规律。自1949年以来，已加固了堤防，增强了埽坝，打下了防御异常洪水的物质基础，但是绝不能因此而麻痹大意，相反更应提高警惕。因为黄河情况复杂，现在的条件和现有的工程，尚不能把下游险工完全固定起来，所以要时常对河势工情，加强调查研究，分析情况，想出对策，以争取在防守上的主动性。为将来打算，在河南境的河道内，也应找出重点的河段，来研究控制河势固定险工的办法，以便试行。

通过对春修工程的检查，我们肯定了工程能按照计划修筑、一般能符合标准、质量比往年有所提高等好的方面，但同时从工程基础、工程做法和堤防暗险等方面也指出工程上存在的弱点，并强调这些弱点就是洪水时侵袭的对象，除了备防物料要有足够的准备外，在一定的水位下，应作为重点来防守。例如，我们发现菏泽刘庄险工大部砌石工做在老埽上，因在滩面以上部分埽体业已腐烂，在砌石上部已发现裂缝，提出将来无论主溜或边溜冲刷，这些都有坍塌之虞。果然在1953年大汛期间，刘庄险工出现了坍塌险情。

北金堤和东平湖滞洪区事关防汛大局。我们检查了石头庄溢洪堰工程和东平湖的黑虎庙、二道坡两放水口，指出将来放水的不利条件和防守上的注意事项。在东平湖滞洪区，我们对梁山和东平两县的滞洪区准备工作及群众思想情况作了重点访问。梁山县的工作做得较好，县、区都设有迁移委员会，事先将船只编组成队，将滞洪区群众编组分队，村乡干部具体分工，并设有转移站。一旦分洪，群众由村乡干部负责护送到转移站，由县负责适当救济。东平县则相对较差，他们仅向群众说明放水时应转移到非滞洪区，一切由政府负责。对于滞洪区群众的组织和转移时的具体安排做得不够深入，这样到将来放水时就难免忙乱，可能造成不应有的损失。在群众中，存在不愿滞洪和麻痹大意的思想。例如，有的群众说：若不滞洪，我们有把握守住堤防，可以确保丰收，免得像1949年水灾那样吃苦。有的群众说：自然开口没办法，若扒口放水不合适。也有群众说：即使放水，有政府救济，也不会饿死人等。有的地方所备船只未很好管理，有的甚至把船只卖掉换了耕畜和农具。我们认为，由于政府的宣传动员工作，群众对于滞洪政策的认识具有一定的基础，但今后仍需深入群众，大力宣传，必须做好准备和救济工作，使群众进一步了解滞洪的目的，在不滞洪时积极从事生产，在滞洪时及时转移安全地区，完成滞洪任务，以减少不应有的损失。

通过实地调查，我们提出需要解决的问题。一是范县和寿张的堤河串沟，每到汛期，为害甚大，希望山东河务局责成聊城修防处组成调查组，对堤河串沟作详细调查研究，在统一认识的基础上，拟出具体方案，以便将来彻底解决。二是关于东平湖的黑虎庙和二道坡放水的具体措施。在1951年协议规定的办法是在接到放水通知以前先行破堤，唯在临河暂留1米宽的土路，到放水时再行破路。我们认为这个办法危险性大，根据反映也不易执行，而按此处情况在接到放水通知后再行开放也来得及。因此，我们建议山东河务局商有关机关考虑研究，修正具体执行办法，报黄委会备案。三是我们建议东平湖电话线路在二道坡和黑虎庙必要时可改架在堤上，以免影响汛期通话。对于石头庄溢洪堰和柳园口的过河电话线路以及滞洪区的线路问题，我们建议在大水之前，河南河务局均应进行检查整修，以便在大水期间不生故障。四是关于柳石工或秸埽改为石工的问题，各段做法不同，有的直接做在柳石枕或秸埽上，一次改成；有的以秸埽为坝心，前部抛护乱石渐渐改变。我们认为不论采用何种做法，首先一个问题，须考虑工程基础的好坏，忽视这一点，就直接影响工程本身的强度。在有些段对已改修的工程，认识上尚不一致，因此我们建议有关修防处应很好地将不同的做法进行分析研究，找出优缺点，得出结论，以便为今后改秸埽为石坝工程取得经验。五是我们建议滞洪区的救济船只，在滞洪之后，如何进入滞洪区，各省防汛指挥部应事前研究妥善办法，以免临时发生问题，完不成救济任务。

查勘结束后，我们写出《一九五三年对黄河下游防洪工程全面检查报告》。王化云主任亲自听取了汇报，指出，今后每年汛前，都要组织这样的检查组，使领导了解全面情况，做到心中有数。

五、刘庄抢险

刘庄险工位于山东省菏泽黄河右岸，兴建于1921年，全长3474米，共有埽坝29道，护岸32段，工程基础薄弱。1926年6月黄河在此处溃决，淹没190多个村庄。1953年8月3日秦厂水文站出现11200立方米每秒的洪水，在涨水过程中，基础薄弱的刘庄险工各坝先后出险。自8月2日至4日晚，7号坝至25号坝先后坍塌，掉蛰30余处，长400余米，有的坝埽平墩入水，许多护岸全部坍塌。特别是11号坝以上，多系由秸柳埽新改的石工，基础更加薄弱，大多平墩入水。8月3日高村流量涨至6720立方米每秒，当夜险情最为严重。这时，菏泽专署、菏泽县负责人带领群众已投入抢护。

8月4日，我率领黄委会抢险队，带着抢险工具和汽车、发电机等，随赵明甫副主任一起赶到工地。到达后，我们协同当地专、县负责人立即召开紧急会议，根据当时洪水上涨趋势和险工继续出险的严重局面，分析了抢险工作出现被动局面的原因：一是对险情认识不足。刘庄险工的最大弱点是根基薄弱，虽然在思想上大家也都认识到这一点，但对它的严重性却认识不足，看不到“一旦出险，全线吃紧”的危险局面，且主观上认为险情来了，出一段抢一段没大问题，因此各项准备工作跟不上，更没有从最严重处来做准备，因而造成抢险被动。二是对洪水存在麻痹思想和侥幸心理。如险工石料大部分都在9坝以上存放，未采取一些积极有效措施抓紧向下游各坝调运。三是对河势的多变性认识不足。在掌握河势变化上，只是根据1948年、1949年的情况推估，因而一切准备工作也都比较轻松。这次洪水到来后，由于来势猛，河床刷底滞后，水位较高，起初溜势一路下挫，但随着洪水继续上涨，河底逐渐刷深，加之上游对岸南小堤险工以下滩地民埝冲决走溜，所以当流量继续增大时溜势反而上提，这些与原来的估计都恰恰相反，以致造成抢险工作的被动局面。

会议决定以地方领导为主，所有人员均由菏泽防汛抢险指挥部集中统一领导；按照“先主坝后次坝，先急要后次要，先坝埽后护岸，先上游后下游”的原则，进行全线防守，重点抢修；成立专门检查组，及时进行深入的调查研究，随时掌握险情、水情与河势变化，注意把技术交给群众。由于采取了有力的措施，使整个抢险工作很快转向了主动。接着，刘传朋副局长也率领山东河务局的工程和技术人员赶到工地投入抢险。

抢险最紧张的是5日夜间，为了在最短期间打下工程基础，扭转危局，指挥部下了总动员令。把全体干部和民、技工划分为7个工区，用1000立方米石料和15万公斤柳料，实行全面抢修。经过通夜的突击抢修，巩固了阵地，稳定了工程。抢护中一面抛柳石枕或铅丝笼护根固基，一面用柳石搂厢保护大堤。

抢险急需大量石料和秸柳料。上下游全力支援，沿河群众28000多人以村为单位组成运料小组，由区长率领，昼夜冒雨赶运。由于淫雨连绵，道路泥泞，车辆难以通行，因此群众就扛着柳料冒雨趟水，按时把秸柳料运到工地。河南河务局支援石料1500立方米，有200多只船从东坝头、南小堤运送石料。经过连续6个昼夜冒雨抢修，共修埽坝26段，护岸15段，使刘庄险工转危为安。

六、1933年洪水到底多大

新中国成立初期，根据《政务院财经委员会关于预防黄河异常洪水的决定》，黄河下游防御大洪水的目标是陕县水文站1933年和1942年洪峰流量23000立方米每秒及29000立方米每秒。

但是，陕县水文站1933年的水位、流量均并不是实测得到，而是事后根据所遗水痕推算出来的。陕县水文站设立于1919年，秦厂水文站设立于1933年汛后。秦厂水文站完全能够控制黄河洪水三个来源：一为龙门以上；一为陕、山之间及众多支流；一为八里胡同及伊、洛、沁河，这是陕县水文站无法与之相比的优势。对于下游防洪而言，秦厂水文站的水文数据更有实际意义。因此，1933年陕县水文站洪峰流量演进到秦厂的流量到底是多大，成为事关黄河下游设防标准和防洪依据的重要问题。当时，普遍认为1933年陕州洪水为23000立方米每秒，推估到秦厂相应流量为20000立方米每秒。

1954年汛期涨水期间，我由郑州出发到梁山段查勘洪水情况。发现虽然1954年秦厂最大洪水为15000立方米每秒，但是河南省高村以上，除两岸高滩外，低滩多已上水。高村以下及山东省两岸滩地普遍漫水，水深0.5~2米，两岸大堤出水3米上下，最少为2.25米，黄河京汉铁路桥下弦出水2.4米。由于险工上提下挫，坝埽护岸曾发生掉蛰及根石走失现象，险情并不严重。但如果1933年推估到秦厂相应流量为20000立方米每秒，在两次洪水相差仅5000立方米每秒情况下，险情要严重得多。因此，我提出怀疑，当年汛后查阅有关资料进行对比研究，在当年10月发表了题为《从一九五四年的洪水回顾一九三三年洪水大洪水》的文章。

文章首先对比了洪水位情况。1954年入汛以来，黄河干支流地区连续降雨。截至9月上旬，在秦厂造成大小洪峰计有14次之多，其中最大一次为8月5日发生的15000立方米每秒的洪水。这次洪水是1942年以来最大的一次洪水。洪峰到下游各水位站的相应洪水位,艾山以上有些地方超过了1949年最高的一次洪水位。但与1933年相应洪水位相比，秦厂低0.88米，柳园口及夹河滩低1.3米左右，唯高村一站与计算的保证水位相平（因1933年此处无实际洪水位记录）。

其次，我根据当时的几次查勘报告，说明1933年陕州

23000立方米每秒在下游造成非常严重的险情和灾情。1933年8月，黄河在温县界以东至善庄十里间漫决18处，溃水挟蟒河东行，至张庄以下，原以地势略高，堤遂中断，间有卑矮民埝，已被洪水荡平，由此倒漾之水与上游溃水连成一片，月余始消。

1933年洪水到达黄河京汉铁路桥的情况，根据当时黄委会主任工程师安立森在《对平汉路黄河铁路桥与洪水关系》一文中记述：1933年洪水最高的时候，水距铁路桥的底部恰好1米，幸历时仅数小时，但冲刷严重。1933年洪水之前，计抛石181259立方米，洪水后续抛59999立方米，共计241258立方米。铁桥壅水，在其北端为1米，在其南端为0.5米。壅水影响上游达21公里，受此壅水影响发生危险之处在距桥12.5公里的沁黄交汇处。

水出铁桥以后，北岸姚村夹堤一带，1933年洪水只高出堤根1米；原阳以西一带低洼滩地，洪水漫溢至堤根为止。再其下兰封小新堤，由于水位过高，堤面上水深2米，发生了甄铺决口，口门长约320米。同时兰封以下，河水骤涨，民埝尽毁，漫水直冲考城堤，造成四明堂决口，口门长128米。在北岸长垣县境大堤，李石头庄被土匪挖掘两口，尽力抢堵，未及竟功，非常洪水骤至，猝不及防，自李石头庄以上30余里长堤，全告漫溢。大水冲毁堤身，自大车集至李石头庄口门计33个。石头庄之水，越北堤循金堤之南东行，故自小庞庄至十里铺，正流微弱，几至不流。濮县城三面环水，自范县以下姬楼起至陶城铺130余里间，为金堤最危急之部分。石头庄对岸庞庄西北的大堤遂告漫决，初决时口门宽190余米，嗣后大溜淘刷口门，达1360余米。查勘人员询问老河工黄河水位的情况，老河工回答说：自铜瓦厢改道以来，历年伏汛期间，最大涨落少有超过2米的，而在1933年伏汛期间，大水陡涨4米，为从来所罕见，以致沿河坝垛多数漫蛰，沙滩塞积，几至水平，坝垛护岸间被埋没。

据此，我认为1933年的洪水可能是百年一遇的洪水。

最后，我分析了1933年险情和灾情严重的原因。

第一，由于两次洪峰总量悬殊很大，1933年洪水12天洪量约100亿立方米，当时花园口10000立方米每秒以上的流量持续96小时之久；1954年洪水12天洪量20亿立方米左右，在秦厂水文站10000立方米每秒的洪水持续24小时。

第二，两次洪峰到下游各站的递减量及持续时间不同，因而影响下游堤防的险夷情况不同。

第三，从水位上观察，1933年秦厂20000立方米每秒的洪水，相应洪水位为98.53米；1954年秦厂15000立方米每秒的洪水，相应洪水位为97.65米。这两次洪水相距有21年之久，我们姑不考虑河床的淤积问题，两年水位实际相差0.88米。1954年京汉黄河铁桥下弦距最高洪水位为2.4米，1933年铁桥下弦距最高洪水位为1米。因新中国成立后铁桥加固，下弦部分比1933年抬高1米，所以1954年在铁桥下的最高水位，实比1933年洪水位低1.4米。按秦厂及铁桥现在断面，结合1933年的洪峰形式，若1954年秦厂流量达到20000立方米每秒时，是否能赶上1933年的最高洪水位是值得研究的（一般说河南河道内，每涨水0.06~0.07米时，相应增加流量1000立方米每秒）。

第四，我认为以往对黄河的复杂性认识不足，当陕州

23000立方米每秒洪水时，未考虑八里胡同及伊、洛、沁河的因素在内，故推算到秦厂相应流量为20000立方米每秒。当1933年陕州23000立方米每秒的洪水到达秦厂时，即使当时八里胡同及伊、洛、沁河没有洪水，但加上这一地区在汛期的基本流量，秦厂的相应流量也应在20000立方米每秒以上。

经过分析，我的结论是：如果1933年陕州洪水为23000立方米每秒，推估到秦厂相应流量不止20000立方米每秒。后经多次整编审查计算，1954年整编时把1933年陕州洪水23000立方米每秒改为22000立方米每秒，同时，1942年实测最大洪峰流量也由29000立方米每秒改为17700立方米每秒。根据1955年调查，按黄河京汉铁路桥当年记录的水位资料推算，1933年花园口水文站洪峰流量为20400立方米每秒。

七、五庄堵口

1955年凌汛严重。其特点是气温低、封河早、封冻河段长、冰量大、开河时利津河段形成冰坝，造成堤防决口。

截至1月15日，从河口封河至河南荥阳汜水河口，总长达623公里，总冰量达1亿立方米。1月16日观测，艾山以上冰厚0.1~0.2米，艾山至利津为0.3~0.4米，河口附近冰厚达1米左右，利津以上河段河槽蓄水增量达8.85亿立方米。1月15日气温回升，22日秦厂开河，郑州花园口水文站流量1070立方米每秒；26日开河至河南省东明，高村水文站凌峰流量2180立方米每秒；27日山东艾山开河，28日泺口开河，凌峰流量2900立方米每秒；29日开河至利津王庄险工下首，大量冰凌受阻，堵塞严重，形成冰坝，河道冰积如山，冰下过水很少，形势异常严重。

29日下午，利津河道内冰凌越卡越严，水位越涨越高，18时30分利津水文站水位达到15.31米，超过保证水位1.5米。23时45分利津五庄大堤溃决，30日1时五庄口门下又决一口，洪水在2公里外汇合。

五庄决口后，黄委会要求加强防凌值班。当时正值春节刚过，人员紧张，我主动要求增加值班时间，昼夜守在电话机旁，密切关注着凌情动向。2月2日是正月初十，夜里我接到山东河务局一份电报文件，其中提到五庄堵口问题。我赶忙跑着找到赵明甫副主任，把文件交给他。他看了以后说：你要去一趟，尽快确定堵口计划，以便灾民生产自救。当时，我妻子怀孕，已要临产。但一想到灾区群众的苦难，我什么话也没说，点头答应下来。

我回家略作交代，就往山东赶。2月4日，我到济南后，立即与包锡成一起去北镇，研究编制堵口计划。包锡成是山东烟台人，1947年从西北工学院水利系毕业后就在黄河上工作，当时他担任山东河务局计划科科长，但大家都叫他“包工”，我也这么叫他。20世纪80年代他担任《山东黄河志》主编，我在黄河志总编辑室工作，又一同为黄河写志立传，可以说我们在治黄战线上共同奋斗了几十年。

我们先去小街子减凌溢洪堰看过水情况。2月5日去决口处施测流量：上口门流量680立方米每秒，宽108米，平均水深5.6米，最大水深8米，平均流速1.1米每秒；下口门流量201立方米每秒，宽45米，平均水深3.5米，平均流速1.45米每秒。

2月10日12时又实测上口门流量360.37立方米每秒,下口门虽已刷宽至80米，但已基本断流。我们据此初步计划：下口门堵干口，上口门在口门前滩地堵合。我立即以山东河务局名义起草了一个报黄委会的关于五庄堵口问题的报告。电报稿交给山东河务局王国华局长。王局长与陈允恭总工商量后，对我说：就这么办，先堵下口，并嘱咐我尽快发出去。我又根据以往的堵口经验，向包锡成等提出堵口中应该注意的事项和环节。

当时条件非常艰苦，晚上我与包锡成睡在一个床上。窗外狂风呼啸，屋里冷如寒窑，但我们互相交流着堵口工作的意见，研究着黄河防凌的措施，探讨着黄河长治久安的设想，其乐无穷，令我终身难忘。

拟定堵口计划后的第二天，我接到同事的电话，说：你爱人生孩子了，是个大胖小子。家里都好，不要挂念。还告诉我，黄委会派苏冠军来，换我回去。听到这个消息，我既高兴又感激。王国华、陈允恭、包锡成等在百忙当中纷纷向我表示祝贺。

没几天，苏冠军就来了。大家送我上车，王国华局长握着我的手说：你放心走吧，堵口一定会成功！

八、“百家争鸣”

1956年4月28日，毛泽东主席在中共中央政治局扩大会议上提出：百花齐放、百家争鸣，应该成为我国发展科学、繁荣文学艺术的方针。5月26日，中共中央宣传部长陆定一在怀仁堂作了《百花齐放、百家争鸣》的讲话，对中共中央确定的这个方针作了全面阐述。讲话中提出：要使文学艺术和科学工作得到繁荣发展，必须采取“百花齐放、百家争鸣”的政策。我们所主张的这一方针，是提倡在文学工作和科学研究工作中有独立思考的自由，有辩论的自由，有创作和批评的自由，有发表自己的意见、坚持自己的意见和保留自己的意见的自由。在学术批评和讨论中，任何人都不能有什么特权，以“权威”自居，压制批评，或者对资产阶级思想熟视无睹，采取自由主义甚至投降主义的态度，都是不对的。

“双百”方针的提出，为我国的文学艺术和科学研究带来了新的生机，出现了繁荣发展的景象。我对此倍感兴奋，夜不能寐，开动脑筋，独立思考，根据黄委会关于开展河道演变及防洪工程科学研究工作的指示，针对黄河下游修防工作中护滩工程和堤防加固工程进行分析研究，于1956年10月发表了题为《加强研究，把黄河下游修防工作提高一步》的文章。

我认为，黄河下游修防工作，在“宽河固堤”的正确方针指导下，做了不少的工程，防汛成绩是很大的。但由于我们在工作上缺乏科学的研究和系统的总结，有些问题一直悬而未决，所以搞了很久修防工作的同志，就感觉修防是老一套，工作得不到提高。而事实上，在修防工作中还存在着不少问题，有待于我们下游全体职工同志，开动脑筋，发挥智慧，来继续研究解决和发明创造。

1956年，山东河务局聊城修防处主任仪顺江和山东河务局副局长刘传朋，在《新黄河》杂志上先后发表了关于下游护滩工程的几篇文章，展开了争论，并号召大家对这一问题讨论和研究。我认为，这对今后研究下游修防工作有很大的启发作用，是非常必要的。黄河的护滩工程，自1950年起即在山东下游河道开始抢修。由于缺乏系统的总结，对于护滩工程的发展方向尚未做出结论。

我认为，他们的文章反映了关于黄河护滩工程的两种主张。仪顺江主张护滩工程应继续巩固和发展，他认为："在山东应当中水防滩，大水防堤，只有加强滩地的修守工作，才能转被动为主动，避免河湾多变和突然袭击。"因此他说："只要我们设计中注意治黄事业的发展，符合黄河规划的需要，那么对将来大规模的灌溉和航运事业，将提前创造一个理想的固定河道。"刘传朋对此有相反的意见。他说："因为河湾多变的原因，是由于水量不平衡、泥沙过多、坡度平缓等几个基本因素所形成，护滩工程既不能调剂水量，又不能减少泥沙，更不能加大坡度，同时还不能防止漫滩洪水的破坏，也就不能防止河湾多变，不能固定中水位河槽，有些同志想依靠护滩工程来固定河槽，避免出现险工是不可能实现愿望的。"

我认为，从以上两种主张来看，一个肯定了护滩的作用，一个否定了护滩的作用，究竟护滩工程的成败如何、存在些什么问题、如何解决等，都需要我们大家来进行讨论研究。

我认为，影响天然河道变形的基本因素，是河流的冲刷能力、输沙能力以及在一定条件下的泥沙淤积等。简单地说，即河床冲淤演变问题。河床的冲淤演变，是与流速、河流比降、水力半径、含沙量和河床组成的物质等因素有关的。在天然河道未治理前，当水流与河床不适应时，不断起着相互作用，所以河道就不断发生变化。变化的现象，一方面是纵向发展，一方面是横向发展。如河湾段，由于环流冲刷的作用，表面水流趋向凹岸，河底水流趋向凸岸，形成螺旋式的推动前进，因而凹岸河底受到冲刷搜淘（纵向发展），以致滩岸上部支托不住，发生倾圮，即所谓滩岸坍塌（横向发展）。因凹岸的坍塌，凸岸的淤淀，就影响河势的一系列变化。滩岸坍塌的严重与否，与河湾曲度半径大小及土质好坏有关，曲度半径愈小，土质愈坏，则坍塌愈严重。为了防止滩岸坍塌，影响河势变化，就须及时施修适当的工程维护，才能稳定河湾的变形。

黄河上所修护滩工程有两种形式：一为连续式的，就是把料物连续铺修于河岸上，如山东1950年所用柳箔加石料修筑的护岸（已不采用）及河南京广铁路桥以上的块石护滩工程；一为间断式的，就是能控制河岸的一点或数点，以挑溜外移，如山东的柳石堆和透水柳坝工程（山东多采用此种形式）。对于苏联的先进经验即用导流系统改变水底流向，来防止冲刷，以及长江所用的沉排工程，在黄河上尚未用过。总之，无论上述哪一种护岸工程，其主要功用，都是防止冲刷，而冲刷的主要关键，在于水下工事之稳固，以抵抗水流冲力。这也是关系护滩工程成败的先决条件。黄河的护滩工程，在洪水位时有漫滩的情况，我以为这不是决定护滩工程成败的主导因素。因为，按一般情况，护滩工程冲刷最严重的时候，是中水位时期；在漫滩后的落水时，主溜淘刷力强，底部淘空，上部才垮。因此，在设计护滩工程时，一方面要慎重考虑上下游河势演变趋向和滩岸河床土质情况，选定适当的护滩地点；一方面考虑水流冲刷力大小、河水漫滩、流冰冲撞等因素，注意建筑物本身，尤其是底部的安全，才能防止滩岸坍塌。同时在施工时，掌握时机，及时修护，也为重要条件。所以我认为黄河护滩存在的主要问题为技术问题，黄河上对于判断河势发展变化和对水下防冲工事，是有一定经验的(当然还需进一步在科学上提高)。其他河流，也做了不少的护滩工程，应把黄河过去6年的护滩工程，加以分析总结，并进一步加强观测研究，再吸取兄弟流域已有的护滩经验，把现有护滩工程在技术上加以改进，是能够起到应有的作用的。

关于黄河现在护滩工程的情况，刘传朋认为："此项工程在这几年的防洪事业上起到一定的作用，这是首先肯定的。尽管在洪水期间有些已被冲垮，凌汛期间已被铲坏，总比没有护滩工程滩岸坍塌要轻的多，不管是对滩岸保护还是险工变化的减少上都起到一定的作用。此段河道（长清至利津），这几年内并没有出新险工，与此项护滩也不是没有关系的。"这说明护滩工程在一定条件下，是可以避免河湾变化和突然袭击的，如能在技术上加以改进，效用更能提高。清朝治河官吏吴大澂说过："老滩土坚，遇溜而日塌；塌之不已。堤亦渐圮。今我筑坝，保此老滩，滩不去，则堤不单，守堤不如守滩。"这是在修防上争取主动的措施。我认为黄河下游的滩岸工程能有重点地进行修护，虽不能达到"提前创造一个理想的固定河道"，但对目前控制险工多变，争取主动和为将来河道治理取得固滩的经验是很有意义的。

我与刘传朋局长虽然在治河上存在不同的观点和意见，

但是都是出于对工作认真负责的态度。对于黄河这样一条复杂难治的河流，不同意见之间的讨论，甚至不同观点之间的争论，都是治黄工作前进的动力。刘传朋局长离休后，我们相见，仍然在一起非常友好地研究治河方案，为治黄工作的科学发展各抒己见。

在《加强研究，把黄河下游修防工作提高一步》一文中，我对下游堤防加固工程问题也进行了讨论。

黄河下游堤防加固工程，主要是处理堤身和大堤基础问题。堤身存在的问题：一为大堤隐患（狐洞、鼠穴、裂缝、树根等）；一为堤身渗水（浸润线问题）。我认为，对于消灭隐患，采取密锥灌浆、挖填以及临河修筑黏土斜墙等办法，是可以解决问题的；对于堤身渗水，采取临河隔渗、背河导渗的原则，在临河修黏土斜墙或背河用透水性大的土壤修筑后戗，也能解决问题。唯处理大堤基础，情况比较复杂，单纯地以“水来土挡”的办法，是不能解决问题的。

大堤基础有的是流沙层，有的是地面有裂缝，有的是以往的老口门，石块、烂秸料隐藏在地下，所以背河堤脚以外不断发生漏水及管涌现象，到洪水时就更为严重。当时对基础的处理尚无善策，一般采取的是临河抽槽换土，加修黏土斜墙，或背河修筑后戗等办法。但抽槽换土往往抽不到好底，仍不免渗水。修筑后戗，在一定条件下，有延长渗径、减少渗水量的可能，但不是解决基础问题的根本办法。如山东东阿之牛屯及郓城之四龙村，修了几层后戗，背河仍有渗水和管涌现象。因此，我认为，对于处理基础必须事先摸清土质的分布情况和现存的主要问题，才能决定办法。在漏水严重的堤段，修筑后戗仍不能解决问题，如在临河不能抽槽换土来隔渗，就必需考虑以背河导渗来解决。导渗的办法，即修筑反滤工事。此外，当时虹吸工程很多，也可结合在背河放淤。这是较早提出利用黄河泥沙淤背并加固堤防的设想。

我认为，专依靠后戗工程不是处理基础的万全之策。这一点当时在山东从事修防工作的同志尚有不同的意见。我感到需要进一步来讨论研究，以达到“做一处，解决一处”的目的。

我认为其他如埽坝的根石走失、锥探工作和防凌工作，也存有不少问题，希望实际参加河防工程设计、施工等工作的同志，对修防工作存在的问题各抒己见，展开争论。只有反复争论，才能得出正确的结论，才能把现在的修防工作提高一步。

这一年我被选为郑州市金水区第一届人民代表大会代表。

九、研究防凌

20世纪50年代，每年防凌是黄河下游一个非常艰巨的任务。在山东境内来说，凌汛的威胁甚于伏秋大汛。据不完全统计，百年以来在山东河道内，因凌汛决口的即达32次之多，给沿河人民的生命财产安全带来极大危害。

1955年7月30日，全国人大一届二次会议通过《关于根治黄河水害和开发黄河水利的综合规划的决议》，形成修建三门峡工程的决策。因此，有一种观点认为，依靠三门峡水库就能够解决黄河下游的凌汛问题。1951年、1955年河口地区发生凌汛堤防决口后，我更加注重研究防凌问题，阅读了大量资料，特别是研究了苏联和东欧国家的防凌经验。结合多年的防凌实践，我认为黄河下游的防凌不但任务是艰巨的，在时间上说，也是长期的。三门峡水库建成后，其经常下泄流量可能比现在冬季一般流量为大，因此，凌汛的威胁仍然很严重，需要有长期的战斗准备。防凌期间，首要问题在于自始至终对凌情、水情的分析研究。掌握了凌情和水情的变化规律，才能针对情况，采取防凌的有效措施。

几年来对下游凌情、水情的观测研究，取得了不少成绩，但是凌汛的情况是非常复杂的，因为影响冰凌变化的因素很多，每年都有所不同。为了在以往基础上进一步做好观测研究工作，在1957年4月，三门峡水利枢纽工程正式开工的时候，我发表了题为《黄河下游凌汛观测工作的几个问题》的文章，主要在于提醒重视建立健全防凌观测制度和加强对下游凌情、水情的观测研究。

我主要谈了6个方面的意见。

一是对气温的观测。

冬季平均气温在零度以下时，首先在河流两岸水浅流缓之处，结成边凌；气温再降，河面出现冰花；如气温继续下降，冰花凝成冰块，漂浮河面。又由于河流的垂直涡动作用，当水温达到零度左右，在河流内不同深度或河底产生水内冰，等到冻结一定程度，凝成冰块，漂至水面，与河面冰及河岸冰互相冻结，以致全河封冻（因河道情况不同有的插封，有的平封）。气温逐渐上升，冰盖脱边，冰凌融解，即行开河。总之，由边封至开河的全部过程，均与气温有直接关系。封河以后，冰盖的厚薄，又决定于由封河开始后日平均零下气温之累积（在这方面苏联及波兰均有计算冰层厚度的公式）。

1956~1957年凌汛，在封冻期间（自12月14日到2月22日），沿河共有6次寒潮的侵袭。在此期间，高村日平均气温在零度以上的17天，零度以下的52天，结冻厚度0.07~0.2米；泺口日平均气温在零度以上的有11天，零度以下的为58天，结冻厚度0.3~0.4米；利津日平均气温在零度以上的仅有4天，零度以下为65天，结冻厚度为0.4米左右。

以往对气温的变化与淌凌、封河、开凌以及冰盖厚度之关系的研究，仅是获得了一些概念，尚须进一步提高。希望在下游各主要水文站及处、段，设置温度自记计，一方面观测每日最低、最高气温出现在何时，另一方面根据每日日平均气温和每时气温的升降，结合各修防段每日实际观测冰凌的现象，来研究气温对冰凌各个时期变化之关系（由淌凌到开凌）。封冻以后，冰盖上如有雪层，对冰盖的变化，也有关系；无雪的地区和有雪的地区，也应结合气温的变化和雪层的厚度，找出雪层对冰盖之关系。一般有雪地区，冰盖受气温影响不大，但雪到融化时，冰盖也将受到一定影响。这些资料加以搜集和整理，即可掌握气温继续下降时，冰凌增长的情况，和气温逐渐上升时，冰凌分解的现象，从而估算出冰量的大小和开凌的象征，对进一步研究冰情是很有作用的。

二是对水温的观测。

凌汛封河开河与气温有直接关系，与水温也有一定关系。水温达到零度才会结冰，水温的变化落后于气温的变化。因此，初期水温是高于气温的，直至水温降至零度附近时开始淌凌，如气温继续下降就会形成封河。当河面封冻后，因冰为不良导体，所以水面与大气隔离。如冰上有雪层，雪的导热率比冰还低，因此气温对水温的影响就小。虽然如此，但一般气温较高的年份，河流的水温也较高，气温较低年份，河流水温也较低。影响水温的还与地下水的供给、太阳辐射和河水所含化学成分有关。

黄河下游河道为地上河，受地下水影响很小，但据当时年利津及前左水文站观测，每年冬季平均水温均较他处为高，可能靠海近或受海水含有盐分的影响。这一点尚须进一步的研究。

另外河槽的温度，对于水温也有影响。据苏联吉维克在挪威格罗门河求得不透水河床与河水间的热力交流，从11月至3月都是河槽给河水供给热量，其数由0.3至0.08卡每平方公分每小时。在此期间，是逐月减少的。因此，冬季观测河道的地温变化，也有必要。

在凌汛时当气温升高以后，河南境先开凌，水温逐渐升高流向下游，同时由于太阳辐射冰盖的裂缝、封口的扩大，均影响水温的上升，有利于开河。据1955年内蒙古对黄河冰凌的测验："用300克重的冰块在水温3.5摄氏度的水中及气温12.1摄氏度的空气中试验的结果，水中融解的速度比空气中快16倍（白冰）至21倍（青冰）。"这是由于空气与水的比热不同，也说明水温增加，对融解冰凌是有作用的。

1957年2月下旬，山东境平均气温升至零上1~3摄氏度。当时齐河、济阳、广饶各段观测主溜处的冰盖（厚0.34~0.4米)，上部质量发糠，下部靠水面处变竖丝，中间仍为青色，也说明气温、水温的上升，使冰盖上下发生变化，渐向中间发展。

我们过去对气温与水温的变化，尚未找出一定的规律，今后对水温的观测，要注意研究气温与水温的变化关系及影响水温之因素。在测水温时不但要测水边，也要观测主溜，根据水温的观测来分析冰盖下缘的发展变化。那时水文站所用的水温计，尚不够灵敏，有的上下站水温都有显著变化，而中间的站却经久不变。因此，应设置精确的仪器和统一观测方法，以提高观测的精确度。

三是对太阳辐射的研究。

太阳辐射是与纬度成反比的，纬度高则太阳辐射弱，纬度低则太阳辐射强。当然还与空中的水汽、云量、气温、地面温度等有密切关系。黄河下游位于北纬35度至38度之间，根据涂长望在《大气运行与世界气温之关系》一文中所述：在北纬30度至40度达到地面之有效太阳辐射为0.267~0.297卡每平方厘米每分，按一般规律，开凌之前的日照时数，比封冻时更长一些。因此，冰凌受到太阳辐射是有影响的。据内蒙古的测验，3月15日正午辐射的强度是12月1日的164%（3月16日的日照时数比12月1日多2小时22分)。经他们初步计算，当地太阳辐射的热量（系按0.58卡每平方公分每分计算)，如继续不断地供给两个半小时，就可以将冰消融1厘米厚。因此他们证明在12月份平均气温为零下3至4摄氏度时即行封河；到3月份平均气温在零下3至4摄氏度时，又能开河。其原因是，由于太阳的辐射，以促进冰的解体。如1957年山东艾山以下，在2月3日至20日平均气温均在摄氏零度以下，但是冰盖的变化很显著，有的冰色发白，有的冰面发生裂缝，有的部分融化或发生孔洞，这也可能由于太阳辐射的影响。如冰上有雪层，太阳辐射有80%~89%被雪射回到空间，对冰的变化就小一些。但我们过去对这一问题，没有很好地研究，建议各水文站可根据封冻以后日照时数的长短，及当地温度和太阳视赤线（由万年历查出）以及积雪的反射率，求出封冻与解冻的辐射强度，对研究凌情变化，是很必要的。

四是对河道的观测。

河道的宽浅，河湾的陡缓，滩岸的变化，对封冻开凌都有很大影响。一般过渡河段和窄弯的河段，必先封冻（多系插封），开凌时也易于卡凌。如山东境河道窄而多湾，凡每一险工上下首转弯处，皆易封冻，中间形成一自然封口。有些地方，每年都是如此，有一定的规律性，但也由于河道变化，有所不同。

1956~1957年凌汛山东孙口及李隗两处卡凌，对河道的变化也不无影响。因此，最好在易于卡凌的典型河段，将其河道横断面加以施测，根据施测情况，研究各处封冻的发展过程和开凌的情况（当然要结合气温及其他因素）。到年底封冻之前，在同一断面处，再进行测量，观察河道有无变化，绘出主溜方向和位置，到封冻时仔细观察其封冻过程；封冻后，结合各段每公里布置的断面站，及时观测冰盖的变化和冰盖下絮冰情况。由历次的观测图，来分析每一河段内的冰情特点及可能发生的现象，为有计划地打冰爆破创造有利条件。同时，根据这些资料研究河道变化对冰凌的影响也是有意义的。

五是对水情的观测。

平时观测天然河道的水位流量关系，与结冰后的情况大不相同，这是比较复杂的问题。水面结冰后，河道润周加大，造成周边糙率不同时的水流阻力，影响水位、流速及流量不正常的变化。冰盖下缘的糙率在一般河流是小于天然河床糙率的（黄河下游冰盖下床糙率是否小于河床的糙率应当研究），而冰盖开始结冻和冰盖结冻一定时间以后，其糙率也不相同，因此冰盖以下最大流速分布也与未封河前情况有所不同。再者，在冰盖下缘有不同厚度的冰絮，它本身仅有较缓的渗水能力，对水位流量的变化也有很大影响。

以上这些复杂的水力因素，以往都不大注意，我们应该开始进行测验研究，来逐步找其各种关系，为将来凌汛的水情预报创造更好的条件。凌汛时期，陕州及秦厂流量多在600立方米每秒左右。凌汛开河，水头的形成，主要是由于卡凌的关系。1956~1957年凌汛孙口卡凌后，水位比枯水时抬高2米，但未将冰盖冲开。在艾山以下各站的水位，凌汛期内是缓缓上涨的，俟达到以往年份开河时期的水位，也未将冰盖鼓开。有的说水位缓缓上涨，冰盖也随而上浮，但并无随流冲下。总之，水位骤然升高，水压力对冰盖的影响，水位缓缓上涨对冰盖移动的情况，以及冰盖下因流量增加，对河床有无冲刷情况，也应列为我们观测研究的新内容。

六是对封口的观测。

黄河下游凌汛封冻后，在险工处多成自然封口。有时气温很低时，可能封口缩小，也可能冻结一层薄冰，有的一个冬天均不结冻，这与当时河道的流速、水温和河道具体情况有关。据苏联《陆地水文学》介绍，在许多河流上观测，当平均流速在0.4至1.5米每秒范围内时，水流的冻结延缓，可能形成冰坝和冰塞，以及引起水内冰的长期形成的不冻地。当平均流速超过1.5米每秒时，以及当没有招致漂浮的面冰停滞的条件下，在苏联欧洲部分的环境下，河流照例不能封冻。

因此，对形成封口的原因应进行观测研究。一方面观测其水温、流速和水深的关系，来分析其形成封口的条件；另一方面在封口处研究水内冰和表面层冰的变化对影响封口下首壅塞的情况，从而进一步了解有封口与无封口河段有何利弊，以便进一步考虑措施。

此外，风向、风力和温度与封河及开河也有关系，在分析以上问题时，我们可以结合来考虑。有了上面各方面的观测资料，加强分析研究，再根据每日的天气预报，就能推测凌情、水情的发展变化，为采取防凌措施打下可靠基础。

第十章　成了“右派”

一、反右扩大化

我原以为“三反五反”运动结束后，不会再有运动了，谁知道1957年夏天又开始反右运动，不久，运动扩大化。

有一天，上班的路上，有人悄声告我：你也榜上有名。我还以为是和我开玩笑，我也开玩笑地说：我离右派远着呢。

不料几天后，右派的名单出来了，我果然成了右派。我顿时晕头转向了，感到天旋地转，心里不住问：怎么会呢？怎么会呢？

1958年，我被划成右派后，工资下降，每月发给生活费80元。那时我家上有89岁的老母，下有6个孩子：最大的女儿寿壬16岁，二女儿寿朋13岁，三女儿寿荣8岁，四女儿寿和6岁，儿子徐乘3岁，小女儿徐甦才1岁，加上我们夫妇两人，共有9口人。工作也成为以劳动改造为主。我心如刀割，天啊！我1948年冒着违抗命令的风险，带着全段职工参加人民治黄工作，忠心耿耿为人民治黄事业工作，如今竟成了右派！

黄委会是知识分子较多的单位，因此成了错划右派的“重灾户”。1953年，中国科学院的灌溉专家郝丰庵派人找到我，想介绍我加入九三学社。来人向我介绍了九三学社的宗旨和发展情况。九三学社的前身为抗日战争后期一批进步学者发扬五四运动的反帝爱国精神，以民主、科学为宗旨，在重庆组织的“民主科学座谈会”。为纪念1945年9月3日抗日战争和世界反法西斯战争的伟大胜利，改称为“九三学社”。解放战争时期，九三学社赞同中国共产党的各项政治主张，与中国共产党团结合作，积极参加反对国民党独裁统治的民主运动，为争取新民主主义革命的胜利而斗争。1949年1月，九三学社发表宣言，响应中共中央“五一”号召和毛泽东主席的八项和平主张，拥护召开新政治协商会议。1949年9月，九三学社的代表参加了中国人民政治协商会议第一届全体会议，参与了《共同纲领》的制定、中央人民政府的组成和中华人民共和国的建立。新中国成立后，九三学社以中国人民政治协商会议《共同纲领》作为自己的政治纲领。在中国共产党领导下，参与国家政治生活中重大问题的协商，为发展科学技术、教育等社会主义建设事业作出了积极贡献。

我知道这些情况后，向黄委会组织部门进行请示，问可以不可以加入。组织部门经过研究，派当时搞组织和人事工作的刘连铭同志告我：可以加入，并可以建立和发展九三学社的组织。我据此，先后介绍耿鸿枢、阎树楠、吴以敩等十几个人参加了九三学社。我们于1956年成立了九三学社黄委会直属小组，耿鸿枢任直属小组组长。为了响应“百花齐放，百家争鸣”的号召，在黄委会主办的《黄河建设》1956年第10期上，我发表了题为《加强研究，把黄河下游修防工作提高一步》的文章，耿鸿枢发表了题为《笔谈百家争鸣，在治理黄河工作上也要“争鸣”起来》的文章，阎树楠发表了题为《要大胆地争鸣》的文章等。没想到，在反右运动中，我们一起成了右派分子。我和耿鸿枢、阎树楠、吴以教等被开除出九三学社。

二、人间冷暖

成了右派，就像患了麻风病一样，人人避之唯恐不及。我成了昔日同志们中间的异类，不用说扫厕所、扫楼梯、扫院子，就连发报纸，也是一声吆喝：让徐福龄去！

在当时气氛下，谁也不敢公开为我说一句公道话，否则，他就可能被划成右派！可是，有一天在上班的路上有一位技术人员看四下无人，迅速走到我的身旁悄悄对我说：打右派是有指标的，不打你，就打我了。说完马上就走开了。这使我感到一丝的宽慰：由于我成了右派，还保护了其他人！

我被突然划成“右派”，思想压力很大。有一天，我买了一瓶农药，回到家中，拿出纸笔给黄委会副主任赵明甫、秘书长陈东明写了一封申诉信。因为赵明甫是我见到的第一位解放区的革命干部，他知道我为什么参加革命工作，知道我近期的工作情况。我回顾了自己的历史，倾诉了自己的委屈。我把信仔细叠好，装进信封，然后，喝下了农药。

多亏了我的好妻子！她见我精神恍惚，一直观察我的言行，见我躺下，立即跑进屋里，知道我喝农药后，赶忙出去找人。邻居胡孝先急忙跑来救我，后与我的同事贾道亭一同把我抬到医院，进行抢救，我才活到今天。

在我精神蒙受巨大压力、最困难的时候，陶述曾老师给了我很大的精神安慰。他得知我被划成右派后，给我来信，安慰我一定要正确对待现实，鼓励我要好好改造自己，争取为人民治黄事业多做工作。读了老师的来信，我知道他这样做冒着很大的风险，对他的关怀我终生难忘。20世纪80年代，我见到陶述曾老师，向他提起这件事并向他表示感谢的时候，他说：你都打成了右派，我听了觉得不可思议呀。

1958年汛后，王化云从三门峡工程局回到黄委会主持工作。他了解到总工程师差不多都被打成右派分子，心里很难过，在一次党组会上，他说：把老总们都打成右派，我们治黄工作还搞不搞?！从此，给我安排的治黄工作逐渐增多。

三、调查护滩经验

1958年9月18日，中共黄委会党组决定：为适应根治黄河和全国“大跃进”的形势，将河南黄河河务局与黄委会工务处合并组成工程局，领导原来河南黄河各修防处、段的修防工作。黄委会秘书长陈东明兼局长，田浮萍、田绍松任副局长。

为了总结和研究黄河河道护滩固槽经验，为全面开展河道整治提供资料和建议，10月，新成立的工程局局长陈东明让我和原工务处的宋礼卿以及黄科所的杨春元、樊左英，组成调查组，对已有工程的现状和经验进行调查访问。我接到这个任务后很兴奋。因为我一直关注河道整治，极力推动这项工作。

新中国成立前，黄河很少修护滩工程，险工上提下挫，变化很大，每次大水即发生一系列的新险工，造成防守的被动局面。人民治黄以来，为了防止滩岸坍塌，控制河势溜向，争取防洪工程的主动性，以前于1950年即开始在山东河道内试做护滩工程。1951年春，我到山东调查河道，见到不少河段修了一些护滩工程，对控制河势有一定成效。在此启发下，向工务处马静庭处长建议说：古代治河即有守堤不如守滩之说，护滩固槽有利于河防，山东护滩工程有总结推广的必要。这一建议被采纳。1951年秋，工务处组织查勘组，由我任组长，高克昌、段芳芝、赵毓民等参加，会同山东河务局罗宏同志，选定山东章丘土城子到济阳葛家店子长9公里一段，作为整治河段，经测量和观察，勘定葛家店子、刘家园、何王庄、北店子和戴家等5处护滩工程。工程实施后，基本上控制了这段河势，成为黄河下游整治河道的第一个示范段。山东泺口以下的护滩工程，在1958年以前，已初步发挥了控制河道的作用。1958年花园口水文站发生22300立方米每秒洪水时，又经受了一次考验。

当时，山东全河护滩长度达54.2公里，为其河道长度的11.5%。其中自泺口以下至利津南北两岸，凡有控制性的滩岸，均修有护滩工程，计长47.9公里，为该段河道长度的22%。河南境内，由于河道宽阔，溜势紊乱多变，河槽极不稳定，过去护滩工程修做较少，自1956年汛后，才在东明温七堤、濮阳青庄和原阳黑石湾试做数处。

我们对已有工程的情况和经验进行了调查和访问。由于护滩工程多在泺口以下，因此除普遍了解外，特别对济阳、章丘、惠民、齐东、滨县和利津等6个县段的主要护滩工程进行了全面查勘。

护滩工程基本上有两种类型；一为连续式的；一为间断式的。护滩工程的结构也大致有两种：一为柳石结构；一为桩柳结构。经过洪水的考验，这两种工程已成为护滩工程所习用。潜水坝工程是1958年济阳修防段试做的。我们认为，功效很好，有发展前途。

我们对柳石堆、透水柳坝和潜水坝工程的做法、作用、造价等作了系统调查，并比较了优缺点。

柳石堆工程主要优点为：抗洪能力强，无论在边溜或主溜的滩岸上均可修筑；易修易守，旱工、水工均易操作，抢护时可随蛰随修；造价比透水柳坝低廉。柳石堆缺点为只起短丁坝的作用，不能落淤还滩。

透水柳坝的主要优点有还滩的效能，其缺点为：施工时打桩、编把、抛枕等操作麻烦，技术性高；抗洪能力差，不能修在主溜处，大水时易于倒桩、跑桩、断桩，尤其凌汛被冰凌撞损，抢守均感困难。透水柳坝达到落淤的使命后，即应加修固滩措施，否则平时溜势淘刷，新淤之滩即被冲走一部，如柳坝冲失，则新落之淤可全部无余。

潜坝工程除具有透水柳坝的优点外，尚能克服透水柳坝存在的缺点。此种工程可进可守，操作简易，造价较低。因此，我们认为柳石堆及潜坝是护滩工程中攻守相结合的有效措施。如再加以改进，在防洪及将来整治河道中更能发挥其作用。透水柳坝可在一定条件下作辅助工程。

我们将护滩工程的布置方法进行了归纳总结，认为：修筑护滩工程，必须慎重分析各种不同水位流量的河势变化规律和滩岸变化过程，统一规划，掌握时机，以决定进修和退守。有时河内滩嘴过于突出，形势不顺，须俟塌到相当程度才能维护。有时凹岸过于弯曲，又需向前伸展，才能挽回颓势，绝不可见塌修护，见湾即守，否则不但不能达到预期目的，而得相反的作用。如济阳周家护滩工程，因当时滩嘴未塌至一定程度，河湾不顺即行修护，结果因滩嘴兜溜，1958年大水时从护滩后部冲刷成沟，造成抢护的困难。有时就滩岸坍塌突出部分进行修护，使上下护滩工程不成一圆滑曲线，也会发生问题。如滨县赵四勿有两段柳石堆，因修做较为突出，1958年洪水时全部冲失，因而又行退修。又如章丘范家园护滩工程抢险，因退修30米，致使济阳张辛庄的险工下延。总之，护滩工程的布置原则，要掌握河势，统筹全局，进退兼施，平衡抗拒，才能达到控制河道的目的。

我们分析了山东河道护滩工程存在问题，提出了改进意见。

第一，关于柳石堆工程。在确定一段护滩的治导线上修筑柳石堆工程，对于它的方位和排列组合，需根据溜势情况、滩岸土质和河道弯曲度大小来考虑，以便合理确定工程的方位和间距，达到工程的应有效益。过去对这方面很少研究，多凭一般的经验来确定工程的位置，有的合乎自然水流情况，工程出的问题少，否则即在防护上造成困难。

为了确定不同土质、不同溜势修筑柳石堆工程的方位和裆距，我们进行了粗略测量及计算，并作了概括的比较分析。我们初步认为，在一般沙壤或粉沙土质的滩岸上，柳石堆迎水面与大溜成30度角，裆距30~40米为宜。在黏土质滩岸上修柳石堆，迎水面与大溜成30~40度角，裆距50~60米为宜，在大溜顶冲特别严重的地带，裆距可以适当缩小。柳石堆修做为抛物线形，迎水面长，背水面短，还是适宜的。

之后，我们分别对柳石堆在防御洪水时容易发生的揭顶、后溃、前爬、墩蛰等险情进行分析研究，也提出了解决方法。

第二，关于透水柳坝及潜坝。透水柳坝的长度以30~50米为宜，坝身过长不易守护。坝轴与水流所成夹角为45度，间距为坝头至滩沿垂直长的2~3倍比较适宜。透水柳坝实质上是起到潜丁坝的作用，山东河道透水柳坝的方位多为下挑形式，大水漫坝后，有一定的落淤效能，但中、小水位时，落淤效能较差。济阳所修的潜坝迎水及背水面落淤情况比透水柳坝好。因此，透水柳坝的方位及结构方面均有研究改进的必要。

关于护滩工程在整治河道中的运用问题，我们认为，山东河道较窄，水流集中，歧流不多，修筑许多护滩柳坝工程，为进一步缩窄河道已打下坚实基础。河南境及山东上段河道宽阔多变，歧流罗列，将来整治时，由数公里或达十数公里的宽河道，缩窄到治导的宽度，确是一个艰巨的任务。山东现在护滩工程，虽用在窄河道内，但是它的结构和作用在宽河道内还是能够应用的，不过它的工程长度和布局，可以根据宽河道的情况，作适当的变更。

整治黄河下游的主要关键，是由宽河变为窄河，由游荡变为规顺。要达到以上目的，在战略上应该是“截、导、攻、守”相互为用。在多快好省的原则下，发动广大群众以土法为主，利用现在黄河所常用的埽工、柳石工、柳淤工、桩柳工做成实体坝、潜坝和透水坝等轻型建筑物，先初步达到治导线的轮廓，然后在此基础上再结合洋法，做永久性的工程，以固定河槽而利养护。

整治河道应以沿河两岸平滩的水位流量为依据，以老滩及中滩作为整治阵地。在宽河道内要截堵歧流，塞支强干，为攻守开辟道路。对歧流叉沟进行调查研究，按治导意图作堵截的规划。堵截之法可在枯水时将所有较小的干沟，以淤土作锁坝，分段拦截，或用打单排编篱或双排桩填柳分段拦截，涨水以后，即可落淤断流。较大歧流，打桩难堵，采用杩槎工程，进行堵截。

在河道有特别弯曲的河段，需要裁弯取直，可采用适当的护滩工程措施，因势利导，使其逐渐裁弯取直，必要时也可开挖引河，以利导之。开挖引河后，在老河道内，应进行截流。截流之法，可用埽工进占，或打桩硬厢，以截拦老道，改入新河，并在必要处所修做防护工程。

缩窄河道要攻、守并施，但攻守的情况各有不同。在弯河段内，一为凸岸向凹岸进攻，凹岸固守，这比较容易；一为凹岸进攻，凸岸退守，这比较困难。守凹岸是为固定河湾，攻凸岸是为了顺直河道，其作用各异。有的河段需要两岸同时向凸岸进攻，以达到治导意图。弯河段与直河段均有相互关系，整治时必须因势利导。固定凹岸，可采用短丁坝形式的柳石堆或柳淤堆与潜坝相结合的办法。柳石堆用以推溜外移，潜坝可以漫溜落淤，控制深槽，以达固定滩槽的目的。凸岸进攻易于施修，因有环流的影响，凸岸易于落淤，可用潜坝或坠柳坝分期进攻的办法，俟达到治导线的宽度，再行固守滩岸。凹岸的进攻比较困难，可采用长潜坝或顺坝与格坝相结合的办法。在弯曲的滩岸以外，按照治导线修筑顺坝，顺坝与滩岸之间加修格坝，格坝间距以等于坝长的2倍为限，顺坝与格坝的高度，应高于低水位1~2米，大水时漫坝以后，可以落淤还滩。顺坝、格坝的做法与潜坝同。

凹岸前进后，凸岸发生冲刷，俟冲至需要宽度，即行防护。防护之法，可根据滩岸高低采取柳石堆及潜坝办法，必要时也可采用顺坝来防护。

对直河段缩窄河宽，在嫩滩上采用潜丁坝两岸进修，均以上挑形式为宜。在较高滩面上，可植活柳坝与潜丁坝相连。

对于局部凹岸，非大溜顶冲之处，用勾头丁坝或坠柳坝，以资落淤还滩。丁坝的做法，或打桩编柳，或用柳淤修筑。对于河道内的旧有险工，应与护滩工程互相结合、加以利用。

黄河两岸滩地的串沟很多，生产堤修筑以后，中常水位，串沟均不上水。为了改良滩地土壤，在大水时应引水入滩进行淤灌，滩岸洼地沟身应植柳林带，以起缓溜落淤之效。较大的沟身，可用打桩填柳堵截。

四、调查“树、泥、草”

在“大跃进”中，各地放了不少“卫星”，不断地创造着新经验。这种头脑发热或不好的风气也影响了治黄工作。

其间，黄委会仓促编制的《黄河下游综合利用规划》，主张在下游采取纵向控制和束水攻沙相结合的办法治理下游河道，计划在下游修建7座拦河壅水枢纽，设想从纵向控制河道游荡，保证灌溉引水，同时兼顾航运、发电，实现所谓“下游河道湖渠化，广大平原河网化”。河南、山东两省积极性很高，从1958年汛后就在下游滩区大力提倡修筑生产堤，并依托生产堤，主要用“树、泥、草”等当地材料修筑坝埽，用以导流护堤，设想通过“堤坝并举”和“树、泥、草”治河的办法，用“三年初控，五年永定”的高速度，将3~15公里宽的复式宽浅河槽，整治成为300~500米宽的窄深河槽，以实现束水攻沙和便利通航的目的。这种做法大大超越了实际，使我感到自己已经远远落后于时代的发展了。

不久，工程局派我及岳瑞麟同志再去调查一下，帮助总结“树、泥、草”的治河经验。我们从郑州到高村，调查了20多天，看了“树、泥、草”工程的结构和作用。小岳问我：你说我们的报告怎么写？我实事求是地说：依我的经验，这种工程防小水还可以，防大水不行。

调查还没有结束，工程局来电话说：濮阳出险，让你就近帮助抢险。我急忙与小岳同志告别，连夜赶赴濮阳工地。

五、患难见真情

到了濮阳，濮阳修防处苏主任和工程科郭文远科长对我很客气，没有把我当作右派分子，而是把我当成一个普通人、一名工程技术人员。我心里十分感动。

当时，12坝发生了跑坝险情。在我指导下，抢险人员先捆成0.2米直径的柳把，上下两层，中间放散柳1层，用签橛钉牢，成方格形，中填石头，铺成长宽各40米的沉排，作为铺底，然后上土，做成坝身，再抛石护坡，着溜后，水到沉排自然落入水下，因而险情得以控制，未成大险。在工员工都很兴奋，对这种抢险技术无不称赞。郭科长是黄河上的老职工，以前就和我很熟。当得知我出来主要是看“树、泥、草”工程时，他对这种工程做法也表示了忧虑，还安慰我不要背上右派的思想包袱。在当时环境下，能得到一句安慰的话，我已很满足了。

有一次，我和许招展、赵元思、高学亮、赵聚星等到濮阳查勘河势。在河滩上，我一边走，一边看着河势，走着走着，就落在了别人的后边。突然，我感到脚下糊满稀泥，举步艰难，情知不好，可能掉进了泥潭！我拼命挣扎，想走出泥潭，但越挣扎越往下陷，越陷越深。不一会，淤泥已淹没了我的腰部，情况十分危急，我大声呼喊。

高学亮听到我的喊声，急忙跑过来，情急之中，脱下身上的雨衣，让我拉住一头，他用力拉住另一头，慢慢地往后拉着，终于把我拖出了泥潭。高学亮在反右运动中，也被错划为“右派”，但他不顾个人安危救我脱险的行为，足以说明他是一位有高尚情操的人。

我爬出泥潭，浑身上下都是淤泥，嘴巴、鼻孔也塞满了泥浆，十分狼狈。站在远处的另外一个同事却“哈、哈”大笑，我心里充满怒火，一骨碌就从地上站起来。在我成为“右派”之前，此人对我十分尊敬，现在我成了“右派”，遇到了危险，他不但不救，反而嘲笑。真是世态炎凉啊！真可谓：“雪里送炭君子少，锦上添花小人多！”

这一年，我还参加了《黄河下游修防资料汇编》工作。这项工作开始于1953年，我是第一集资料汇编的主要完成人，因此对工作要求和程序比较熟悉，可谓轻车熟路。我还和苏冠军、刘松林、陈云生、宋忠勇等参加了《黄河埽工》一书的编写工作。黄河埽工是黄河防洪中独特的御水建筑物，具有悠久的历史。为了总结祖先创造埽工抢险堵口的丰富经验，古为今用，黄委会组织沿河有几十年实践经验的老河工，对埽工的修筑方法和作用进行了座谈总结。我们经过科学试验和计算，完成了编写任务。

六、三年困难时期

1959年12月17日，黄委会党组决定撤销工程局，恢复河南黄河河务局与黄委会工务处建制。我又回到工务处工作。

当时，三年困难时期已经开始。黄委会为了改善职工生活，开辟了菜园子。我每天除了扫厕所，还要掏厕所，把掏出的粪便拉到操场，再集中送到菜地。分配给我的厕所有男有女，扫厕所的活儿又脏又累，但我干得勤勤恳恳，认认真真。我一家9口人，老母亲身患重病，卧床不起，孩子们正是需要营养的时候。为了使老人和孩子们能够吃得饱一些，我每天早晨起来去扫厕所时，孩子们还没起床，我都以水代饭，饱饱地先喝两大碗水。妻子让我吃点干的，我总是让留给老人和孩子。

妻子为了补贴家用，出去打小工。但是那些人一旦知道我是“右派”，妻子当即就被解雇。有一天，我急火攻心，拉的粪车一步三摇，二女儿在后边艰难地推着粪车。当地群众见状说：你工作不错啊，我要写大字报表扬你。我急忙摆手，告诉他：我是右派呀。那年底，黄委会分菜，多给我分了100斤胡萝卜，我说什么也不要。管菜园的同志说：你就要了吧，咱们的菜园养分足，丰收了！于是，在好心人的关照下，我居然多领了100斤胡萝卜！在生活困难时期，这对于我的家庭的帮助真是太大了。

比起物质上的缺乏，精神上的痛苦更加难以忍受。我经常受到管教人员的无端训斥。有一次，一位管教人员无名火又起，说：你知道你是什么人？是反党、反社会主义的罪人。让你掏厕所就是让你把这个茅坑里的臭屎变成浇地的肥料。你要好好改造，洗清自己的罪恶。我正拉着粪车，听了这顿呛白，羞愧难当。我回想自己的过去，问心无愧，心里又不住问：到底我做错了什么？错在哪里？反党了吗？没有啊！反社会主义了吗？没有啊！我不住问自己，越问越糊涂。我不知道这种人不像人、鬼不像鬼的生活什么时候能够到头，我只想快死！死了是自己的解脱，也是家庭的解脱！我知道不仅自己有罪，还株连到了孩子们。想到这里，不禁两行眼泪滚落下来。

这时，母亲病危，我连给母亲买棺木的钱都没有，无奈只好与妻子、年幼的儿子一起，拉着睡觉的棕床到老坟岗市场，卖了22元钱。回家途中，恰巧碰上石海庭同志。他问我：干啥呢？我说：母亲病危，没钱买棺木，把棕床卖了。他回去向组织反映了我的情况，组织发给我20元补助费。就这样母亲去世后我用35元买了当时最便宜的棺木，料理了母亲的后事。当时，只有朱守谦一人到我家，安慰悲伤欲绝的我。他的真挚友谊，令我至今感激不尽！

1962年，我因为“思想改造”较好，被宣布摘掉“右派分子”的帽子，但是，“摘帽右派”仍是右派，就像古代囚犯在脸上刺的字一样。我不知道什么时候才能够回到没有刺字的普通人中！

第十一章　探索治黄规律

一、研究河势演变的规律

从1960年三门峡水库首次使用，到1962年3月，1年半时间，水库已淤积泥沙15.3亿吨，远远超出预计。潼关高程抬高了4.4米，并在渭河河口形成拦门沙，渭河下游两岸农田受淹没和浸没，土地盐碱化。为此，1962年2月，水利电力部将原来的“蓄水拦沙”运用方式改为“滞洪排沙”，下游洪水、泥沙没有多大变化，结果原来的一套设想都被打破了。由于实行大漫灌，有灌无排，下游两岸大片耕地盐碱化，修建拦河壅水枢纽以后，使枢纽上游河道严重淤积，对防洪、排沙也十分不利。因此，1963年破除了花园口、位山两座枢纽的拦河土坝，泄洪闸等枢纽建筑物被废弃。“树、泥、草”治河工程也大部分被冲毁。

面对这次治黄道路上的严重挫折，围绕治黄出现了很多争议，大家都在积极探索今后的治黄方向。在黄委会工务处处长田浮萍及副处长汪雨亭的领导下，我也努力研究黄河下游河势演变规律，探索和总结河道整治的经验教训，为进一步科学合理地开展河道整治工作献计献策，并于1964年2月发表了题为《从黄河下游河势谈到河道整治》的文章。

我认为，黄河下游河道演变形式，一为纵向变形，表现河床纵剖面的冲淤变化；一为横向变形，表现河床在平面上的左右摆动。前者是由于纵向输沙不平衡所引起的，后者是由于横向输沙不平衡所引起的。造成横向输沙不平衡主要是环流的作用。环流是与河轴垂直的横向水流。当环流发生时，其表面水流斜向一岸，河底水流斜向另一岸。因表面水流含沙量小，河底水流含沙量大，这样就产生横向输沙不平衡，致使一岸冲刷为河湾（凹岸），另一岸淤成滩嘴（凸岸）。因此，在自然界河流中没有绝对的直河，无论属于哪一种类型的河流，它都具有弯曲这一基本特性。

黄河下游在河南省境的游荡河段内，虽然河势很乱，但从基本流路上看，它仍具有一定的弯曲性，主流总是靠近凹岸，而且湾湾相连，有控制溜势的作用。清代治河名人康基田看出了河道上下河湾相互变化的关系，曾总结出这样几句话："河流随湾而行，上湾溜势移改，一湾变而湾湾皆变。"河湾在发展过程中，由于环流影响和河流本身重力的推移作用，每处河湾在横向发展的同时，还向下游纵向不断推进，若无人工加以控制，则河湾有连续下挫的趋势。

河湾不断下挫的过程，也就是河势不断摆动的过程。河湾下挫，一般有两种形式：一种是突变，在洪水时，因主溜趋中，水流比较顺直，能使河湾有剧烈的下挫趋势。如1949年大水期间，洪峰持续时间较长，在山东泺口以下有7处险工均发生严重的下挫现象，8处险工经过这次洪水后，就完全脱河。在河道中有些河湾天然裁弯取直，也属于突变形式。另一种是渐变的形式，在中、小水时期，水流顺着中、小水的迂曲河槽，河湾逐步下挫。如山东济阳县上下河段，1894年在大河西南关一带坐弯，由于河湾逐年下挫，到1949年，河湾下挫至董家道口约4公里，同时在下挫过程中，也体现了溜势逐年向右岸不断的摆动。从郑州京广铁路桥到中牟赵口一段河道来看，自1949~1960年的12年间，共有两条基本流路，第二条流路左岸第二个河湾的形成，就是同岸第一条流路第一个河湾逐步下挫的结果；第二条流路右岸第三个河湾的形成，也就是同岸第一条流路第二个河湾逐步下挫的结果。以此类推，则第二条基本流路，也即第一条流路各河湾逐步下挫的总结果。从该河段12年来的河势情况看，由于河湾下挫，而使主流南北易位，摆动幅度是很大的。根据历史河势分析，河湾连续不断下挫，有其一定的周期性。我们常常看到某处险工脱河后，经过几年又重新着河，可能就是这个道理。

黄河下游河势变化，一般呈上提下挫现象。从上述情况分析，河势岂不是就没有上提的可能了吗？不是的。黄河河势小水上提，大水下挫这一规律，是在流量变化过程中的必然现象。因流量大时，河湾所要求的曲率小，河势即有下挫趋势；流量小时，河湾所要求的曲率大，河势即有上提趋势。这种上提下挫是暂时的现象，局部的现象，而自然河道中河湾总的下挫趋势，是基本的现象。

根据以上分析，我认为在黄河下游河道中，由于环流的影响和水流的推移作用，使河湾连续下挫，是造成主溜摆动的重要原因之一。当然，河湾的变化不是孤立的，它与来水、来沙和两岸边界条件是有密切关系的。另外，在游荡河道内，由于边滩、江心滩的变化或叉流的影响，也能使主槽发生摆动，但有时这是局部或暂时的变化，经过一个时期，仍将循其基本流路进行演变。

二、河道整治的方向

关于河道整治的方向，我认为，黄河下游河道因河势不断下挫，主槽摆动不定，给防洪工作造成很大被动。主槽摆动的过程，也即河道两岸滩地不断坍塌的过程。据1961~1964年统计，自花园口至范县彭楼长235公里的河段内，总计塌滩41.6万余亩。一般是冲走了老滩换成低滩。这不但大量失去了整治河道的有利基地，而且扩宽了河道，增加了水流的游荡幅度和泥沙补给。更严重的是，某处滩地塌尽后，就形成了临堤险工。从历史河势来看，花园口至中牟辛寨长约35公里，为栉比相连一字长蛇阵的临堤老险工，这就是因河势不断下挫、塌没了老滩所形成的。自新中国成立以来，下游因此而出现的临堤新险工不下10余处之多，严重地威胁大堤安全。

从下游两岸现有新老险工的形势来分析，这些险工对控制溜势的作用，大都不是很理想的，主要由于沿河堤线与大河流路的自然曲率，是不可能一致的。一旦主溜濒临大堤，因没有迂回的余地来顺乎河势的自然曲率，当河势顶冲时，如一时抢护不及，即有冲决的危险。但河道两旁有比较宽阔的河滩，由于环流的影响，往往能冲成适应于河流自然曲率的弯道，若能因势利导，加以人工控制，即可起到稳定河势的良好作用，同时防守上也比较主动。如清代治河名人刘成忠看到保留滩地对于维护堤防的好处，曾经说过："溜力之轻重，因乎水势之深浅，愈深则愈重，渐浅则力渐轻。比如中港之水，深有二丈，滩比堤低一丈，河水逾滩而上，仅一丈之水力耳。若外无此滩，则堤前水深三丈，而攻堤之溜，挟三丈之力矣。以三丈之溜力，视一丈之溜力，其守之难易为如何也?"这种看法，也是从多年的观察提出来的。

黄河下游在山东位山以下，自1950年以来，在河道两岸滩地的主要河湾均有计划地修筑了控导工程。这些工程加上原有险工的总长度，约占位山至前左河道长度的66%，因而基本控制了主流，稳定了河势。该河段未出现新的险工，取得了防洪的主动。而在位山以上河道，因两岸控导工程稀少，尚未得到基本控制，主溜变化幅度较大。如1963年汛后郑州花园口及马渡险工，河势均分别下挫2公里余。中牟辛寨险工及黑石湾工程，行将全部脱河；开封黑岗口险工河势下挫2.5公里。在完全没有控制的河段，如东坝头至东明林口，河势变化更大，两岸塌滩严重。另外鄄城的桑庄、范县的李桥、郓城的徐码头和梁山的刘山东等河湾，1963年均普遍塌滩后退，给河势造成不利形势。事实证明，为了减少和防止主槽的摆动，争取防洪的主动，除了继续加强堤防外，必须对河道加以整治。

河道整治应在有利于防洪的前提下，以逐步固定中水河槽为目标，先将对河势有控导作用的河湾，进行工程控制，利用环流关系，使深槽固定于凹岸。因河道演变是水流与边界条件相互作用的结果，在河湾上有了工程控制，边界条件固定后，限制了主溜的平面摆动，水流比较集中，所以在适宜的条件下，能使河床发生冲刷，加大主槽的排洪能力，有利于防洪。

为了达到防洪排沙的目的，黄河下游河道整治是一个长期而艰巨的任务，既不能操之过急，又不能坐失良机；既不能全面开花，又不能孤立进行。根据当前治河需要，应在位山以上宽河道内，选定一段能控制上下游的重点河段，在总结位山以下治河经验的基础上，加以整治，先做出样板，取得经验，再逐步推行。在整治前，要深入而周密地进行调查研究，分析河势的变化规律和预估将来的演变趋势，根据因势利导，上下游、左右岸统筹兼顾的原则，进行全面规划。在统一领导下，齐心合力，团结一致，有计划、有步骤地进行整治。以集中优势兵力打歼灭战的办法，要完成一处，巩固一处，整治一段，巩固一段，由点到线，逐步固定中水河槽，为将来全面整治河道打下有利基础。

三、参加黄委会规划组下游查勘

1964年北京治黄会议以后，水利电力部党组于1965年1月向党中央写了一份《关于黄河治理和三门峡问题的报告》，对新中国成立以来治黄的经验教训，主要是围绕三门峡工程展开的治黄大论战的情况，作了比较系统的总结。报告将当时的治黄争论集中归结为"拦泥"和"放淤"两派之争，实际上就是指王化云主任和长江流域规划办公室（简称长办）林一山主任的两种治河思想的争论。

根据周总理关于暂不作结论、分头作规划的指示，水利电力部成立了由钱正英为组长，张含英、林一山和王化云为副组长的规划领导小组，规划工作紧张有序地开展起来。

林一山带领的长办规划组来到郑州后，随即奔赴下游河南、山东两省开展工作。同时，黄委会的规划也迅速开展起来，从全河抽调125名技术干部，成立了以王化云为组长的黄委会规划组，并分设水文组、综合组、下游组、中游组等4个组。王化云指派我为下游组的组长。

规划开始前，1965年3月，张含英副部长率领水利水电科学研究院院长谢家泽、武汉水利水电学院副院长张瑞瑾、泥沙专家钱宁等查勘黄河下游。我参加了这次查勘。

张含英老先生长期从事黄河的研究与治理，与黄河结下了深厚的情谊。在我1935年参加治黄工作以前，他就是国民政府黄委会的秘书长兼副总工程师。新中国成立后，1949~1950年，他曾任黄委会顾问，我们在同一个政治学习小组，每天早晨学习都见面。我工作中也常常受到他的教诲。在查勘途中，他告诉我：起初查勘人员名单没有你，是我让加上的。我心有余悸地告诉他：反右时我被划成了右派。他说：我记得你政治学习很积极呀，怎么成了右派？他鼓励我不要背包袱，让我在查勘后积极主动地发言。

我陪同查勘组由郑州一直查勘到济南。张老对下游一些著名的老险工和重要的决口，都能追述到险工的演变情况和决口堵口时的前因后果，这说明他确是半个世纪以来治黄的见证人。

4月8日查勘组回到郑州，12日进行座谈。张老首先讲话。他说：这次没想作报告，作结论，主要是看看黄河当前存在的问题和有什么路子可循。做调查研究，大家谈观感和意见，主要几个问题：一是洪水处理2万、3万流量，也可能更多一些；二是巩固堤防，整治河槽；三是治理黄河与发展两岸地区的生产问题。关于减少泥沙在河道淤积问题，这次看的不多，大家谈谈看法，虚实都可以，意见可能都不成熟。

因为张老鼓励我积极发言，所以在钱宁教授讲完后，我作了发言。我说：第一个是防洪问题。北金堤、东平湖两个滞洪区的主要矛盾是分的问题，不及时是主要矛盾。石头庄分洪问题不少，究竟能过多少，还是个未知数。防3万立方米每秒流量的大水，必须用石头庄，但如何能使石头庄多过水，120万人口是个大问题，也不好落实。东平湖分洪也存在不少问题，特别是扒口的地方有很多问题不落实，必须做到有十分把握。我认为在东平湖建闸好，有了闸门的控制，利用的机会就会多，扒口不是根本办法。在石洼修裹头，利用沉排铺底，在大堤上建闸，结合扒堤，可以解决不少问题。东平湖围坝需要加强一下。如果有闸门控制，可能就不会出现夺溜问题。第二个是河道整治问题。河道问题乱得很厉害，1958年大水，老滩坍塌严重，大水以后河势变化很大，滩上情况变化很大，三门峡水库改变运用方式后，又要面临自然淤积问题。现在两岸不开展河道整治工作不行，只靠滩和险工，河势很难控制，治河困难很大。但是开展河道整治工作，申请的经费和计划不能够很好地落实，成了部里的核减对象。我同意钱宁同志的意见，河道整治要把好五道关：一是花园口，二是东坝头，三是青庄，四是苏泗庄到王密城，五是李桥以下邢庙等。我认为利用潜坝进行河道整治很有前途，护滩高程应与滩面平，主槽不变，漫水也不可怕，现在主要问题是石头缺乏。现在堤防标准问题解决了，但质量问题还没解决，堤身与堤基都存在问题。可以利用抽水洇堤的办法解决堤身质量问题，利用放淤解决堤基质量问题。但是对于大规模放淤，我是想都不敢想。

张老走后，规划工作正式开始。对于这一规划，黄委会很重视，计划半年准备，一年调查研究，半年综合编制，最后提出以三门峡水库为中心的治黄规划报告。参加规划的同志信心很足，都决心通过一段时间的研究和试验，进一步摸索黄河治理的方向，同时在实践中辨明各种不同治黄主张究竟是否可行。周总理对于这次分头做规划也寄予了很大希望。可惜规划开始不久，就是“四清”运动，接着就是“文化大革命”十年动乱。这次规划夭折了。

第十二章　在动乱的日子里

一、残酷揪斗

1966年，为编制《黄河禹门口至潼关段河道整治规划》，我先后与王长路、张实等到北干流河段进行实地查勘。当时，“文化大革命”运动已经发动。我与王长路总工查勘的那次，见到学生到处揪斗学校领导和教师，社会秩序开始出现混乱。我们没有受此影响，仍然按照原定计划，完成了查勘任务。但与张实查勘的那次，见到各地大字报铺天盖地，运动已经发展到抄家、打人、砸物，许多知识分子、民主人士和干部遭到批斗，工作普遍陷于瘫痪、半瘫痪状态。在这种情况下，我们尽力开展工作，工作之余，也对运动的发展感到担忧。我想：自己是右派分子，怎么会不被揪斗呢？

果然，我回到郑州就受到了冲击。“文革”时期，黄河上的广大技术干部受到了残酷迫害，一大批热爱党、热爱社会主义祖国，对治黄事业有贡献的工程师和科技人员，都被当做了专政对象。

我起初被关押在黄河科学研究所（以下简称黄科所）的地下室里，和我关在一起的老领导、老同事有田浮萍、朱守谦、陈玉峰、赵毓民、赵天玺等。我们一群“牛鬼蛇神”经常被拉出去批斗。

批斗会场上“打倒”、“批判”的口号声不绝于耳。我们低头站在台上，在运动初期，每人脖子上还要挂一双破鞋。在批斗会场，一些昔日与老领导关系号称不错的人，也跳上台来揭发老领导的所谓“罪行”，进行污蔑和侮辱，甚至拳脚相加，人身攻击。对于这种落井下石的人和事，我心里不住地问：难道这就是他们的阶级觉悟吗？

批斗结束后，我们还要被押着游街示众。街道两旁的人高举着拳头，呼喊着口号。我不敢抬头，唯恐让别人产生误解，罪加一等。可是有一次，我猛一抬头，看到了夹在人群中的自己的孩子，那悲伤的小脸，让我心如刀绞一般。我一路走，一路不住地自责，暗自落泪。我想：这些年来，我一直忙于工作，没有给孩子太多的关心，现在又让孩子成了“牛鬼蛇神”的家属，是自己连累了他们！

那天晚上，天寒地冻，我们被关在地下室里冷如筛糠。没想到我的孩子给我送来了棉衣和妻子做的一双新布鞋，顿时一股暖流涌上心间。与我关押在一起的一位难友很羡慕地和我开玩笑说：老徐，看来你的家属没有跟你划清界线呀！我就悄声问这位同志：你参加革命早、觉悟高，我还把你当成我的榜样呢。他听我这样说，赶忙摆手止住我，说：你也不看报纸，这次运动的重点是整党内走资本主义道路的当权派。你是死老虎，是陪绑的。我这才明白为什么这么多老领导、老同事一下子都成了专政对象。

我们被关在地下室里，写检查、交代问题。看守喊吃饭，我们才能出来；忘了喊，我们就饿着。看守喊谁的名字，那不用说又是拉出去挨批斗、游街示众，所以我们都害怕看守喊到自己的名字。

二、“斗、批、改”

1969年，按照河南省革命委员会的安排，黄委会驻郑单位职工从1月5日起赴河南省淮阳县郑集公社进行所谓“斗、批、改”运动，于3月20日告一段落返回郑州，历时75天。

郑集公社位于淮阳县城西，抗战时期我为筹集抢险料物曾来过此地，这次来可以说是重返故地，不过已物是人非，我变成了专政的对象。

我们一到郑集，天降大雪。鹅毛般大雪从天飘落，把大地染成一片白色，屋顶上、树枝上、道路上，到处覆盖着一层厚厚的白雪。我们这些“牛鬼蛇神”除了被斗争、批判外，每天早晨必须起来扫雪。在扫雪的队伍里，我看到了李赋都先生的身影。他是我国近代著名水利专家李仪祉先生的侄子，曾在德国留学，1935年创建了我国第一个水工试验所并任所长，新中国成立后担任黄委会副主任兼黄科所的所长，提出过许多重要的治黄意见。他长我10岁，当时已经60多岁，我一直把他当做老师看待，对他很佩服，也很尊敬。我见他不住咳嗽，扫雪却依然那么认真，就加快了扫雪的速度，不一会赶上了他。我一边扫雪，一边问他：你老也来了？他咳嗽一声，点点头。我说：你身体不舒服，应该休息。他说；不让呀。我尽量帮他多扫一些，他的脸上充满感激。扫完雪后，他对我说：还是你身体好。没想到我一转身，听到他说一句：

直等待雪飞六月，亢旱三年呵。我知道这是《窦娥冤》里的句子，心想：我们一心为治黄，现在成了斗争对象，真是冤啊！

“斗、批、改”运动以“大批判”、“清理阶级队伍”等为主要内容。所谓“大批判”，就是批判所谓“刘少奇的反革命修正主义路线”。新中国成立后17年的人民治黄工作，被作为修正主义治河路线全盘否定。当时对17年的治黄工作罗织了许多“罪名”。如：水土保持工作成了“单纯拦泥，不问生产”；下游修防工作被说成是“只管一条线，不管两大片”；把尊重知识、尊重人才说成是“专家治河”；把按劳付酬诬蔑为“物质刺激”、“金钱挂帅”；把多年行之有效的管理制度诬蔑为“管、卡、压”，等等。我们这些“牛鬼蛇神”成为批判的所谓“活靶子”。这种颠倒黑白、混淆是非的大批判，使大家的身心受到严重的摧残，造成了极其严重的恶果。

所谓清理阶级队伍，按当时的说法，就是把混入革命队伍里的叛徒、特务、走资派以及地、富、反、坏、右分子，反动学术权威等清理出来，做到阶级阵线分明。在这场运动中，株连了许多领导干部和无辜群众，造成大批冤狱。1948年新中国成立前夕，河南修防处部分职工和其他几个总段的段长均随当时的黄河水利工程总局南逃，而我则带领南一总段全体员工参加了革命。这段历史，我一直引以为荣。但在“文化大革命”的形势下，我被怀疑为潜伏下来的国民党特务，他们问我为什么要留下来，没有南逃。后来我听大女儿说还让她揭发我的特务行为。在这种形势下，我一次又一次地被要求交代所谓历史问题。我一次又一次地回顾自己的人生道路，在“逼供信”面前，能够做到对自己实事求是，对他人也实事求是，没有为了争取所谓“宽大处理”，诬陷别人，落井下石。

三、下放农村

1969年我全家下放农村。这一年由刘振三、胡天增领导，黄委会共80余人下放中牟。我被分配到河南省中牟县刘集大队第二生产队落户。和我家一起去刘集落户的还有郝步荣副总工、陈玉峰科长等。

对于有些人来说，可能下放农村是变相的惩罚，但我心中却有一种莫名的愉悦。孩子们到了农村，那清新的空气、绿色的田野迷住了他们。农村的孩子都是真诚而热情的，我的孩子很快就融入他们之中。我每天按时上工，与贫下中农同劳动、同学习，很快建立了感情。那年我58岁，村里老年人都唤我老徐哥，年轻的叫我徐大伯。为了减轻我的劳动量，队长让我工余给大家读报纸，说：老徐哥，你给俺们读书念报，俺也给你记工分。读完，你就可以下工。我说：我还能够干得动呢，多劳动是件好事。我坚持与大家一同下工。每到晚上大家常到我家聊天，我也受到不少教育，学了不少农业常识。

后来县里认为黄委会下放的干部不能仅从事体力劳动，就把我们中的一些技术干部组织起来，成立一个调查组，沿黄查勘，拟具了中牟县引黄淤灌规划。当时的中牟县革委会还特地表扬了我们。接着县水利局叫我带领一个小组，到大孟村蹲点，从事修桥和开渠建闸等工作。和我一样，曾被错误批判和斗争的广大干部群众，在身心遭受严重摧残的情况下，都尽可能地为祖国和治黄作出自己力所能及的贡献。如在山东齐河修防段下放劳动的田浮萍，和该段职工一起大胆钻研，土法上马，建成了黄河上第一只吸泥船，开创了治黄工作人工淤背固堤的先河。

1972年底，形势有所好转，为纪念毛主席视察黄河20周年，由胡天增、邓修身提议黄委会将我调回机关写书。于是，我结束了3年的下放生活。这3年，使我受到了锻炼。在与中国人数最多、最普通、最善良的劳动群众朝夕相处中，我更加体会到治黄工作的重要性。至今我与刘集的刘漳喜等农民朋友都还互有联系，相处甚好。

在1957年反右斗争中和“文化大革命”初期，我受到了冲击，经历了一段坎坷的道路，但我从不耿耿于怀，和许多同志一样，都以党的事业和治黄工作为重，兢兢业业，始终如一，搞好自己的岗位工作。正如王化云主任在《我的治河实践》中指出的那样：“可敬的是，治黄战线上的广大干部、群众和知识分子，即使在遭受如此残酷迫害的情况下，也没有动摇对党对社会主义的信心，在极其恶劣的环境中，仍然努力工作。实践证明，他们不愧是党和人民的宝贵财富，是完全而且应该信赖和依靠的新黄河的建设者。”

第十三章　参加规划工作

一、新的治黄规划

1975年，开始新的治黄规划工作。规划任务书要求1976年提出规划报告。规划工作由治黄规划领导小组领导，下设规划办公室主持日常工作，并分为7个专业组。我被分在下游组。

在此期间，我查阅了大量历史资料，并根据自己长期从事黄河下游治理工作的经验，主要对沁河入黄口问题进行了分析和研究。

我认为，沁河入黄口的位置，是随着黄河的变迁而不断变化的。据史书记载，沁水古入卫，后入黄，在元至元年间（公元1271~1294年），郭守敬曾在沁河开渠，引沁水经延津过新乡，至汲县入卫河，达于临清。明代正统十三年（公元1448年），河决荥泽孙家渡，大河南流，沁河即由武陟以下经阳武、封丘、商丘于徐州入黄河。据《归德府志》记载："沁河在府城北三十里，源出自绵山，自武陟经本府合流于徐。"到明嘉靖年间，孙家渡断流以后，黄河又纳沁东流。据《武陟县志》记载："沁河……穿太行达济源，会丹水，绕武陟县城北，由东而南入黄河，然性善变迁，往由詹店东入河，后由本店西南入河，去县四十里。”明万历十八年（公元1590年）水涨，沁水由武陟南贾直入黄河。

根据光绪十五年（公元1889年）、1934年和1937年的历史河势图以及新中国成立以来历年河势图分析，我认为，沁河口一带变化，与黄河的河势变化密切相关。一般不外两种情况：一是黄河在右岸汜水孤柏嘴以上着大溜，左岸温县赵庄以下大河紧临大堤，为北圈河。这时沁、黄交汇口位于北圈河河湾的下部，如1889年及1933年均是这种河势。二是黄河在右岸郑州官庄峪以上着大溜，左岸沁河口以下为北圈河，顶冲姚期营上下，沁、黄交汇口位于北圈河河湾的上部，如1934年、1937年及1952~1958年都是这种河势。远在1724年(清雍正二年)，也出现过这种河势。黄河在以上两种河势情况下，沁河都在武陟南贾以南直入黄河，历时较长。

自1958年黄河大洪水后，大河渐向孤柏嘴以上着河，左岸在温县赵庄以南滩岸上（距大堤3~5公里），逐渐坐弯，导使大河向官庄峪以下发展。沁、黄交汇处的河势，从20世纪60年代以来，逐年外移形成大滩。沁河的流路，随着黄河河势的外移，也逐渐向下延伸，到1962年沁、黄交汇处延伸到京广铁路桥附近，1965年曾延伸到原阳盐店庄入黄，约下延10公里。1974年在温县赵庄修筑护滩工程，河湾有了一定控制；官庄峪河势继续下延，沁河口处黄河滩岸，经历年洪水漫滩淤高，以致沁河不能在南贾直入黄河。由于人民胜利渠的长期引水，对沁河起到一定掣溜作用，导使沁河沿黄河滩低洼沟道塑造河型，调整比降，自找入黄出路。今沁、黄交汇处，已移在京广铁路桥以下，这是1958年以来的新变化。

这段时间，对有关沁河资料的系统学习、研究，为我后来提出沁河“杨庄局部改道”方案做了必要的准备。

二、“杨庄局部改道”方案

1975年8月上旬，淮河流域发生了一场罕见的特大暴雨，暴雨历时虽短，但强度很大，一时间山洪暴发，库坝失事，河堤溃决，给国民经济和人民生命财产带来了严重损失。

这次水灾给黄河再次敲响了警钟。据气象资料综合分析，这样的暴雨完全可能降落到三门峡以下的黄河流域，这一严重的现实，引起对黄河洪水的重新认识。1975年依据实测洪水、历史洪水和海河“63·8”、淮河“75·8”特大暴雨资料，经过综合分析，采用多种方法推算，确认三门峡至花园口区间有发生特大洪水的可能，花园口洪峰流量将达55000立方米每秒，12天洪水总量约200亿立方米。因为这类特大洪水主要发生在三门峡以下地区，故三门峡水库对它的控制作用不大，即使利用三门峡水库关闸控制中上游来水，花园口洪峰流量仍可达46000立方米每秒。由此看来无论是洪峰或洪量，都远远超过下游防洪工程体系的防御能力。

一旦发生此类洪水，黄河怎么办？成为治黄工作者关注的重要问题。

淮河“75·8”洪水发生后不久，河南河务局规划组组长程致道（河南局总工）向治黄规划领导小组提出让我到河南河务局规划组，协助制定河南河段的防洪规划。经研究同意，我到河南河务局规划组工作。对此，我非常高兴，因为程总不仅技术高超，而且为人正直。当时，河南局规划组还有于强生、马荣增、庞致功、李建荣等。我们都全身心地投入规划工作，关系非常融洽。

1975年12月，为落实防御黄河特大洪水措施，我们对黄、沁河作了全面调查。沁河洪水的特点是来猛去速，善淤善决，素有“小黄河”之称，历史上曾发生流量为14000立方米每秒的最大洪水。沁河的防洪，主要是解决“黄沁并溢”的防洪措施。黄沁并溢多发生在沁河北堤武陟木栾店以下至武陟黄河北岸马营一带。据历史文献记载，明成化四年（公元1468年）沁河决马曲湾（在木栾店以下）入卫河；清嘉庆二十四年（公元1819年），黄沁并涨，在武陟黄河北岸马营决口。沁河在木栾店上下长750米的河段内，堤距宽仅330米（沁河一般堤距宽850米），而木栾店险工河势坐弯，大溜顶冲，临背河悬差5至7米，是历史上著名的险要堤段。当黄河大水时还会倒灌于此。尤其是1968年在此修有双曲拱桥一座，占河道断面21%，当沁河小董水文站流量3000立方米每秒时，很难在此通过，形成了沁河“肠梗阻”的河段。

为解决这一问题，规划中提出了三个处理方案。其中我提出的方案是把这一河段的老南堤作为北堤，老北堤作为二道防线，迁移南岸武陟老城，从杨庄起修一道新南堤，改沁河经武陟老城区，东南流3.5公里接入旧河，使河道展宽为800米，同时放弃老桥，再修一座新桥。这样基本上可解决这段河道的卡水问题，木栾店老险工也可废除。这一方案被称为“杨庄局部改道”方案。

1980年汛后，河南河务局按此方案进行设计。为此，拟定在木栾店进行裁弯取直，把这一段老南堤作为北堤，将老县城迁移，再修新南堤一道，使河道展宽为850米，把老桥放弃，另修新桥，这样木栾店老险工就可以化险为夷。因在武陟杨庄开始裁弯，故称“杨庄改道工程”。

1981年开始实施杨庄改道工程。1982年8月，就在杨庄改道主体工程建成的第12天，沁河下游发生了清光绪二十一年（公元1895年）以来最大的一次洪水，武陟小董水文站流量4130立方米每秒，超过了设防标准。上泄下壅，六七天时间，沁河右岸堤防有16公里长堤顶与洪水位齐平，五车口附近洪水位高于堤顶0.2米左右，经抢修子埝才免予漫溢，新修改道工程经受住了洪水的重大考验。

三、“杨庄局部改道”方案的思路

1983年3月，我在《从历史上谈沁河杨庄改道的必要性》一文里，回顾了当时提出“杨庄局部改道”方案的思路。

沁河为黄河的主要支流之一，发源于山西省沁源县，由河南济源五龙口出山之后，进入下游冲积平原，流经沁阳、博爱、温县、武陟，于京广铁路桥附近汇入黄河（原在武陟方陵入黄）。自五龙口到入黄处，河道计长90余公里，左岸有支流丹河汇入。当时沁河的堤防，左岸以防小董7000立方米每秒为目标，右岸以防小董4000立方米每秒洪水为目标。

沁河多年平均含沙量为6.9公斤每立方米，最大含沙量达103公斤每立方米。由于河道不断淤积抬高，在沁阳以下河道，已呈明显的“悬河”，同时受黄河大水倒漾的影响，自木栾店（现为武陟县城所在地）以下至沁河口河段淤积较为严重。从1957~1978年，这段河道主槽淤积1.2米，年平均淤积0.06米，基本上与黄河河床淤积同步上升。从小董到木栾店河道比降为4‰，而木栾店到沁河口为1.9‰。

沁河下游河道堤距宽一般800~1200米，平均850米，在沁阳水北关及木栾店有两处卡口，有碍行洪。水北关卡口的堤距宽为260米，并在沁河上修建有公路桥一座，但卡口在丹河口的上游，左岸又有天然滞洪区，当洪水时水位壅高，可自然倒灌滞洪区，起到一定的调蓄作用。而木栾店卡口，在丹河口以下，堤距宽330米，卡口段的长度约750米，左岸为木栾店，右岸为武陟县老城，两岸堤防夹峙，又是河道急剧转折之处，临背河悬差很大，滩地高于木栾店背河地面一般5~7米，最大达8米以上。当沁河小董发生3000~4000立方米每秒洪水时，据计算木栾店卡口处能壅高水位0.6~1米，回水影响可达4~5公里。若遇黄河涨水倒灌，情况更为严重。1933年黄河涨水，已倒灌至木栾店，当时木栾店洪水位比背河地面高达9~10米，所谓“千户居民，俱在釜底”。尤其是1968年在木栾店卡口处又修有双曲拱桥一座，该桥桥桩入土深为16米，这里的河床土质有9~11米厚的细沙层，不耐冲刷，木栾店险工坝头前根石冲刷深度即达10米以上。经计算，当洪水冲刷后，桥桩的有效入土深仅为6米，如溜势集中，有可能把桥冲垮，则堤防难保安全。

木栾店是沁河上著名的老险工，历史比较悠久。明万历十六年（公元1588年）潘季驯治河时曾奏称：“查得沁河发源于山西沁州棉山，穿太行，达济源，至武陟县而与黄河合，其湍急之势不下黄河。两河交并，其势益甚。而武陟县之莲花池、金圪垱（在木栾店险工下首），最其冲射要害之地，去岁（公元1587年，即明万历十五年）沁从此决，新乡、获嘉一带俱为鱼鳖，今幸堵塞筑有埽坝矣。但系浮沙，恐难久持，且堤内为商民辐集之处（指木栾店），烟爨不下千余家，以堤为命，关系不小。”又据历史文献记载，原来太行堤的起点即在木栾店，清代康熙、雍正、乾隆年间，曾多次加修太行堤，为防守黄、沁河的二道防线，因年久失修，堤已废圮。乾隆二年总河白钟山治河时，“将武陟木栾店埽工，改归黄河同知就近兼管”。每年由官方设立长夫30名，驻工加意防守，现仍有白钟山的石碑立在木栾店险工下首，说明木栾店险工为历代治河者所重视。1890年（清光绪十六年）木栾店抢过大险。《许公敏督河奏议》中指出：“这次沁河一日水长一丈八尺，大溜几与堤平，木栾店寨，即借堤为墙，居民住寨内者，不下数千家，形同釜底”。当时“日夜大雨如流，堤岸纷纷崩塌……积年料石，一旦用罄，无济于事”。曾传谕“居民非保堤则不能保寨，非保寨则不能保命，与其将房屋尽付东流，何若拆木石，以救奇险”。于是居民纷纷拆屋，“从事抛石加土”，经三日抢护，才化险为夷。新中国成立后，由于木栾店险工位置重要，这一带沁堤的标准修与黄河大堤相同。

从历史资料分析，自清道光三年（1823年）到1947年，在木栾店卡口以上至大樊10公里的河段内，由于行洪不畅，两岸堤防共决口13次，而左岸即达11次之多，其中大樊决口6次，老龙湾决口3次。这11次决口，淹没范围在武陟、新乡、获嘉、修武、汲县等县境，溃水均以卫河为归宿。1947年大樊一次决口，淹武陟、修武、获嘉、新乡等县土地面积400平方公里，被灾村庄120余个，到1949年才堵合。木栾店4000立方米每秒流量的洪水位，约比新乡市地面高出30余米，一旦沁河发生洪水，在木栾店上下决口，再遇到黄沁并涨，即有夺沁入卫河的危险，其后果则不堪设想。

因此，从沁河防洪长远观点出发，经国务院批准，于1981年在沁河杨庄进行局部改道，以改变木栾店卡口的不利形势，是及时的，也是十分必要的。这一工程实施后：第一，木栾店河宽由原来330米扩宽为800米，可以消除洪水时壅水的威胁；第二，改道后把原来在4公里长的左岸老堤变为第二道防线，新河道左岸背河地面比新河道高出5米左右，彻底改变了历史上河湾陡转临背悬殊的险恶局面，可确保木栾店一带的防洪安全；第三，左岸新修的护岸工程，曲度平缓，依附于老滩岸上，易于防守。从1982年防洪的实际情况看，杨庄改道工程对沁河防洪已发挥了很大作用，达到了预期效果。

四、对“三堤两河”方案的不同意见

1975年淮河发生特大洪水后，经推算，同类型暴雨如果降在黄河流域，经三门峡水库拦蓄、北金堤和东平湖水库滞洪，至陶城铺时流量仍达15000立方米每秒，大大超过山东窄河道的防洪能力。为了解决山东窄河道的排洪问题，有人提出“三堤两河”的治河方案。即在山东陶城铺左岸大堤之外，另筑一新堤，使新老堤之间形成一条宽5公里、长约400公里单独入海的分洪道，与老河道平行，构成三堤两河的形势。

遇有大洪水时，可由分洪道分洪入海，以增大洪水的出路；将来老河道淤积严重，还可将分洪道改为主河道。由黄委会提出，后以水利电力部与河南、山东两省共同向国务院报送的《关于防御黄河下游特大洪水意见的报告》提出的措施也包括“加大下游河道泄量，增辟分洪道排洪入海”的内容。

但我经过认真研究认为，在下游采取分洪道的措施，必要时分泄洪水，确保大堤安全，是必要的。但黄河下游已开辟了两个滞洪区，若再开辟一条分洪道，是否需要？同时把分洪道作为将来的主河道，是否能彻底解决下游防洪和河道淤积问题，是值得认真加以研究的。在当时政治形势下，我表达自己的特别是相反的学术观点存在很大风险，但是经过反复考虑，我还是提出了自己的认识和看法。

第一，我分析黄河下游河道形势，认为下游河道上宽下窄，并不是偶然的。

黄河下游自孟津到河口长约870公里，高村以上河道比降约为六千分之一，高村至艾山河道比降约为八千五百分之一，艾山到利津以下河道比降约为万分之一，总的情况是上陡下缓。

黄河自孟津出山之后，骤入平原，洪水时期，水势湍急，故宽其堤距，使有缓冲余地。流入山东境，因沿程河槽储蓄，水势渐缓，故窄其堤距，加大流速，寓有束水刷沙之意。过去黄河明清故道，由于夺淮入海，也是上宽下窄的形势。据《禹贡》记载，大禹导河经孟津至大伾，分为二渠，一为漯川，自大伾之南分出一支，东北行经千乘（今山东利津境）入海；一为大河流经临漳、内黄，至大陆泽（今河北巨鹿境）

播为九河，然后又同为逆河入海。从《禹贡》记载来看，远在大禹治水时，先在浚县一带分一支漯川，作为分洪道；中间播为九河，是为了宽其河道，用以消杀洪水；最后“同为逆河”，是并九河为一河，集中水力，逆潮流输沙入海。这样很适应黄河洪水量大沙多这一特点。看来像黄河这样的多沙河流，在下游河道形成上宽下窄，并不是偶然的。但是由于窄河道内，特大洪水排洪能力不足，故在明清两代治河时，曾在当时江苏桃源和安徽砀山一带，都修有减水坝，遇有大洪水，河道难容，即从减水坝溢出，使归槽之水常盈，无淤塞之患；出槽之水得泄，而无他溃之虞。

第二，我分析历史资料，得出4点认识：一是现有下游河道的输沙能力是相当大的；二是铜瓦厢改道后黄河初夺大清河时为地下河，但几十年后由地下河逐步变为地上河；三是清末考虑过在山东窄河道分洪措施，因遭到地方反对，一直未能启用；四是新中国成立后开辟分滞蓄洪区，对削减艾山以下洪水起到重要作用

黄河下游现行河道，在山东陶城铺以上河段，堤距宽5~20公里，陶城铺以下河段堤距宽0.4~5公里，宽窄相差悬殊。但下游河道的输沙能力是相当大的，每年由利津输入海的沙量，约占年输沙量16亿吨的70%左右。据1974年分析资料来看，1952~1960年9年的统计，高村以上河道淤积29.14亿吨，高村至艾山淤9.92亿吨，艾山到利津河道冲刷1.67亿吨。在黄河枯水系列的1969~1974年的6年当中，因受三门峡水库滞洪排沙运用的影响，河道淤积较严重。高村以上到花园口河段淤20.57亿吨，高村至艾山河段淤3.35亿吨，艾山到利津淤

2.96亿吨。但在这6年的汛期洪水期间，高村以上淤18亿吨，高村至艾山淤2.34亿吨，而艾山以下冲刷0.48亿吨，说明窄河道有一定束水攻沙的作用。虽总的趋势还是不断淤积的，但淤积是缓慢的。

1855年铜瓦厢改道以前，山东大清河原宽不过10余丈，为地下河。在铜瓦厢改道后，黄河初入山东境夺大清河，那时河身宽达30余丈。到1871年（清同治十年），山东巡抚丁宝桢奏称："大清河自东阿鱼山到利津河道已刷宽半里余，冬春水涸，尚深二三丈，岸高水面又二三丈，是大汛时，河槽能容五六丈矣。"这10余年间，由于艾山以上，北金堤以南约25公里宽的河道，黄河自由泛滥，除了菏泽、东明一带民埝不断决口外，1868年及1887年，又在荥泽、郑州先后决口，因此入大清河的水量和沙量均比较少，河道无大淤积。自1875年（清光绪元年）以后，两岸逐步筑起堤防，河道日渐淤高。1896年（清光绪二十二年），山东巡抚李秉衡奏称："迨光绪八年桃园（在山东历城县境）决口以后，遂无岁不决……虽加修两岸堤埝，仍难抵御，今距桃园决口又十五年矣。昔之水行地中者，今已水行地上，是束水攻沙说，亦属未可深恃。"说明光绪元年以后的20余年，大清河已由地下河逐步变为地上河。

光绪十二年，张曜在山东任巡抚时，鉴于山东两岸堤防不固，河道很窄，行洪不利，水涨易于漫决之患，乃提出分洪的措施。曾在齐河赵庄、刘家庙和东阿陶城铺，各建减水坝一座，计划涨水时分洪，并将分出之水由徒骇河分流入海。因遭到地方反对，一直未能启用。

1949年中华人民共和国建立以后，为了解决窄河道的防洪问题，分别在陶城铺以上两岸，开辟了北金堤分洪区及东平湖滞蓄洪区。1954年及1958年洪水时，经东平湖自然分洪，对削减艾山以下洪水起到了重要作用。

第三，我认为“三堤两河”的治河方案，既不能解决陶城铺以上的防洪问题，又不能解决下游的泥沙淤积，是不可取的。

黄河下游在历史上人工分流，有两种情况。一种情况是“分后又合”，即分出之水仍回归原河道。如乾隆四十六年(公元1781年) 兰阳左岸大堤青龙岗决口，久堵不塞，当时大学士阿桂提出把原来的右堤改为左堤，再距左堤千丈之外另筑一道新堤，作为右堤，新老堤之间作为新河道。挑引河200余丈，于商丘七堡约85公里处，把老右堤开宽200余丈，导使大河由此回入原河道，将青龙岗口门改在二坝寨进堵成功。新河道开放后，大溜湍急，不断扩宽，河底冲深达一丈到一丈数尺，凡大河偎堤或顶冲坐弯之处，均随时抢修埽工，加强防护，逐渐形成新的险工。但这一新河道形成后，到1855年为时70多年，临背河悬差已达5~7米，又变成了地上河。

另一种情况是“分而不合”，即分出之水，另挖新道，直接入海。如明万历二十三年总河杨一魁提出“分黄导淮”的治河措施，曾在当时江苏黄河左岸桃源开黄坝新河，至安东五港灌口挖150余公里的新河道引黄入海。当新河放水后，不断决口，又在新河道之外，修筑遥堤各一道，但新河不久即淤塞，大河仍循原河道入海。清康熙三十五年，总河董安国，因海口淤垫，下流宣泄不畅，乃于云梯关下马家港挑挖引河

1200余丈，导河由南潮河东注入海，老河道修御黄坝予以堵塞。但不到5年时间，新河道淤塞，乃将御黄坝拆除，大河仍由老河道入海。以上两次开挖分流河道的治河方法，均是不成功的。

再者，我认为分洪道分洪与大堤决口不同。大堤决了口，泛滥范围无限制，可以大面积淤积。但从原河道分洪，其分出之水，局限于分洪道两堤之间，淤积速度较快。因无一定的河槽，水流奔腾横流，势必险工丛生，抢不胜抢，防不胜防，甚至还有决口之患。将来分洪之后，如改为主河道，沿河防洪工程，势必进行重建。由于泥沙不断淤积，几十年后新河道即又变成地上河，这在历史上已有先例，因此修建分洪道这一设想，除了要占用百十万亩土地，并关系到几个县城和十几万人的迁移，投资巨大外，从效果上看，既不能解决陶城铺以上的防洪问题，又不能解决下游的泥沙淤积，不是解决下游防洪的根本措施。从下游防洪工程现状出发，对北金堤及东平湖两个滞蓄洪区的运用，尚有一定的潜力，如何在原有基础上加以改建，以充分发挥滞洪蓄洪的功能，是近期防洪比较切实可行的有效措施。分洪道的方案，是不可取的。

五、明清故道查勘

为研究利用明清黄河故道分泄部分洪水，以减轻东坝头以下洪水压力，黄委会规划办公室于1975年组织查勘自兰考至响水黄河故道堤防、河道及大沙河、南四湖、骆马湖等。

1977年4月，黄委会规划办公室又组织对分洪进口和退水河道进行补充调查。我参加了这次查勘。

此次故道查勘，上自河南省兰考三义寨，下至江苏省沛县大沙河入湖口，长270余公里。查勘的主要任务是进一步了解从三义寨闸向故道分洪1000立方米每秒、分洪量6亿立方米左右、为时5~6天时，能出现什么问题，如何解决。在调查中，我们除向各县水利局了解故道的现状外，还沿故道访问了21位年龄55岁到85岁的老人。通过他们的回忆，了解到1933年黄河在兰考小新堤决口时，溃水通过故道的实际情况。又查阅了国民政府黄委会《1933年黄河水灾调查报告》中的记载，小新堤决口后“口门宽近百丈，大溜旁趋，循槽东注，到江苏之砀山县（今属安徽）北折入大沙河，入昭阳湖。故道南北两堤，宽广十余里，改道以后，久已开科成田，不虞竟被水患，积水数月不消，秋种亦废，苏境丰、沛两县亦有漫淹，幸来源旋绝，损失尚不甚巨。”根据以上访问和历史资料分析，1933年流入故道最大流量为1500立方米每秒左右，一般未漫出老河槽；从8月11日决口后，水头到达沛县境不过6天左右，分水量5亿立方米左右；溃水全部退入昭阳湖计20天左右。按照分洪的要求，行水时间可能要比1933年长一些。

从兰考三义寨闸到仪封农场，故道长约24公里，规划作为利用黄河故道的进口河段。通过查勘，我们按当时情况估计，分洪流量最大达900立方米每秒，满足不了1000立方米每秒的要求，提出必须对干渠进行清淤，加强两岸的束水建筑物的补修和加高等，并做好防洪和抢险的准备工作等措施。

从兰考仪封到虞城的王安庄，河道长约142公里，比降万分之一点五，已有明显的河槽，河槽一般宽800~1000米，深一般3~4米。1958年以后，商丘地区为发展滩区及农业灌溉，利用这段深河槽，共修建5座河道水库，可蓄水1.4亿立方米，水源由三义寨闸引取。规划作为利用黄河故道的进库河段。通过查勘，我们估计分洪1000立方米每秒，河水不致出槽，但左岸老堤比较残缺，需要加强防护。因故道还有排涝任务，这些水库在汛期都要腾空库容，泄水闸不能适应分水1000立方米每秒的要求。分洪时，应破除壅水建筑物，并对泄水闸、靠水的老险工和沿堤的分水闸门等重点加以防护。

自虞城王安庄出库后，至丰县蟠龙集故道河段，长约42公里，比降万分之一点二，河槽宽500~1000米，深3~4米，两岸均有宽滩，堤防比较残缺。规划作为利用黄河故道的出库河段。通过查勘，我们认为1933年黄河水经过该河段均未出槽，但河道内有果园、林场、芦苇等，特别是公路横过河身，路面高出河底4~5米，过水能力还达不到分洪的要求。将来分洪时，需根据情况临时采取爆破等措施。

自蟠龙集以下至南四湖有大沙河，共长约62公里，比降万分之一点七，规划为退水河段。1851年（清咸丰元年）黄河在蟠龙集决口，大溜趋向东北，冲为大沙河。1852年及1853年蟠龙集口门曾两次堵而复决。大沙河实际行水4年之久，为一次黄河的局部改道，到1855年铜瓦厢决口后，大沙河才断流。1933年小新堤决口，溃水入故道从大沙河退入南四湖。当时，两岸堤身多残破，大沙河为一排涝河道，入湖口常受湖水影响；有3条公路横过河身，路面高出河底3~4米，过水能力小；丰县河道内，自1962年以来，造林面积已达6万亩，这些障碍物对将来分洪退水都有一定的阻水作用。此外，还有北京通往上海的电话线路横跨河身，线杆埋深仅1.5米，分洪后有被水冲倒的可能。根据查勘，我们认为，当故道分洪1000立方米每秒，经过河谷储蓄，到大沙河的流量势必削减，但考虑涝水的影响，仍应按通过1000立方米每秒的流量设防；两岸堤防应采取加高等措施；对于公路等阻水工程，在必要时，根据情况随时爆破；对重要电话线杆应事先用石料护根，保证分洪时通话无阻。

通过这次查勘我们感到，充分利用故道输水，发展两岸农田灌溉，受到故道两岸各县的普遍欢迎，是大有可为的。因此建议结合黄河下游防凌，研究向故道分水的措施。既能减少三门峡水库的防凌库容和减轻山东凌汛威胁，又可发展故道两岸水利，达到一举三得。

这次调查研究，加深了我对明清故道的印象，特别是在查勘及撰写调查报告过程中，我阅读和学习了大量关于明清故道的历史资料，对我开展黄河下游明清河道和现行河道演变的对比研究有很大帮助。

六、荆江大堤查勘

1977年8月，我与席家治、李鸿杰、庄积坤等一同赴荆江大堤进行查勘。荆江，指枝江（上距湖北宜昌约58公里）到洞庭湖的城陵矶（岳阳境）长425公里的长江河段，其中枝江至藕池为上荆江，藕池至城陵矶为下荆江。俗话说：“万里长江，险在荆江。”由于泥沙不断沉积，荆江河床已高出两岸平原，成为“地上河”，这一点与黄河下游很相似。因此，我很早就关心荆江大堤的修堤和加固情况以及防汛抢险等经验。这次到荆江的现场查勘，使我开阔了视野，增强了对荆江防洪抢险的感性认识。通过调查研究，特别是通过对荆江大堤与黄河大堤对比研究，开拓了我对黄河下游明清河道和现行河道演变对比研究的思路，对提出黄河下游不需要人工改道的观点很有启发和帮助。

上荆江长183公里，属于微曲蜿蜒型河道，自上而下，由涴市湾（右岸）、沙市湾（左岸）、公安湾（右岸）、郝六湾（左岸）等4个反向河湾组成。平均河宽1400米，平均水深12米，河槽平面摆动较小，两岸堤距宽2~5公里，几乎平行。二外滩较窄，平均不足200米宽，最窄只有10~15米，局部无滩。下荆江长242公里，河道蜿蜒曲折，极不规顺，有10处大弯道，河道曲折系数最大达3.57，最大曲率半径达840米，是长江著名的“九曲回肠”河段；平均河宽1100米，平均水深11米，两岸堤距最宽达15~20公里，外滩较宽，平均达6公里，河道横向摆动较大，有“三十年河东，三十年河西”之说。

荆江河段汇入的支流有清江（右岸）和沮漳河（左岸）。荆江自然分泄入洞庭湖有4个口：一为松滋口，是现在注入洞庭湖的主要分泄口，1954年松滋分泄流量为10130立方米每秒；二为藕池口，1954年分泄流量为14790立方米每秒，自1954年以后，河道淤塞，分流大大减少；三为虎渡口，仍可分流3000立方米每秒；四为调弦口，原来分流1400立方米每秒，入湖处已建有控制闸。另外荆江分洪工程，位于上荆江右岸公安县境，最大分洪流量为8000立方米每秒。

荆江两岸都有堤防，左岸从江陵的枣林岗起到监利县的城南全长182.35公里，叫荆江大堤。

荆江在东晋以前原无堤防，自东晋成帝太宁年间（公元325年）开始，先后在江湖之间筑堤为堤垸，据《江陵县志》记载：当时有“大垸四十八，小垸一百余”（垸即民垸），但各成系统，互不相连。南宋时期，荆江还有“九穴十三口”，南岸有4穴4口，北岸有5穴，9穴4口合为13口，故称“九穴十三口”。当江水上涨时，分流于穴口，穴口注流于两岸的湖渚，湖渚泄流于支河，用以分杀水势。明嘉靖二十一年（公元1542年），宰相张居正提出舍南救北的治水方针，堵口并垸，连为一线，形成了荆江大堤。总起来说，荆江大堤的发展，可以概括为肇始于东晋，拓于宋，成于明。

自明弘治十年（公元1497年）到清道光二十九年（公元1849年）荆江大堤共决口24次，其中沙市一带决了5次。清乾隆五十年（公元1785年）万城以下到御路口溃决口门20多个，洪水冲开荆州城，水深达3~4米。1935年江陵得胜寺及马布拐决口，淹死人口12万，损失惨重。

荆江大堤是当前江汉平原的主要屏障，它保护着江陵、监利、潜江、洪湖、沔阳、天门、荆门、汉阳、汉口等县（市）约500万人口、1000万亩农田安全，保卫着重要工业城市——武汉市和南北交通大动脉——京广铁路的安全。

新中国建立至1954年以前，荆江的堤防标准是按1949年沙市最高洪水位44.49米（吴淞标高）超高1米，堤面加宽到6米，进行全面加高培厚。1954年以后，堤顶高程按1954年沙市洪水位44.67米超高1米，堤面加宽到7.5米，最宽的达20米。

大堤临河边坡1:3，背河边坡堤顶以下3米为1:3，3米以下为1:5。1969年以来，为进一步提高大堤防御能力，按沙市洪水位45米超高2米，堤面加宽到8米，当时这一工程尚未最后完成。自1949年到1975年荆江大堤共完成土方5800万立方米，石方360万立方米。由于堤防不断加固，已战胜了1954年、1962年和1968年不同类型的长江洪水，保证了江汉平原的工农业生产。

我们除对荆江情况作一般了解、收集有关资料外，还重点对荆江大堤加固措施和经验进行了调查研究。我们将其进行归纳总结，主要包括：

第一，荆江大堤堤身一般垂直高度为8~12米，最高达14~16米，有50公里的险工堤段，滨临大江，迎溜顶冲，堤外无滩或少滩，洪水淘刷，就有崩滩溃堤的危险。如1946年江陵郭家渊发生一次崩滩，长达180余米，宽30多米，几乎决口。为了保滩护堤，采取守点顾线、护脚为先、逐年积累、不断加固的原则，以抛石为主与抛枕、铅丝笼、竹笼、沉排相结合的办法，进行护岸工程。原先抛石水下坡度为1:1，仍不断崩塌，后改为1:1.5，还有局部坍塌。1955年开展了荆江河段观测研究工作，逐步加大坡度到1:1.75~1:2，特别地段达1:2.5，基本无崩岸现象。护石在枯水以下，有5~10米平台，平台以下抛石坡度1:2，洪水时凡有不足1:2坡度的，随时加以抛护，枯水位到高水位间距约14米，均用块石加以维护，每年汛期抛石约20万立方米。

第二，荆江大堤在历史上决口较多，堤背原有大小渊塘51处，水深一般在16米左右，最大达29米（监利谭家渊）。荆江地区地表覆盖深厚，表层6米左右为沙壤土或黏土层（少数仅2~3米），向下6~18米为纯沙层，18~110米为卵石层，有强烈的透水性。1954年特大洪水，背河地面发生严重的管涌、翻沙鼓水、散浸和堤坡滑动等险情。过去对管涌、翻沙，主要采用导渗的方法，所修的反滤层，二三年后即失效，经改用导渗沟，时久亦失效。1963年又改作减压井，间距10~20米，深6~18米，头两年效果较好，以后亦被淤塞，钢管锈蚀严重。以后由导渗改为填压措施，填塘坡度1:20~1:30，平台宽50~120米，最宽达300米，平台高出背河积水面1米左右，经验证明，用填压的办法效果较好。绝大多数堤段都已进行过填塘。1969年以后，还采用放淤填塘，但荆江（沙市）年平均含沙量为1.1公斤每立方米，江陵县观音寺曾利用闸门引江水自流放淤，10年以后，已淤土200万立方米，该淤区长4.5公里，宽500~900米，现最深淤2米，一般1.4米，最浅达0.3米。1975年开始，在江陵祁家渊试用荷兰4600马力1400立方米每小时的挖泥船吹填淤背，有效吹程可达2公里左右，1975年填土50万立方米，1976年130万立方米，1977年完成150万立方米。在堤基处理上，虽进行了以上加固措施，但每遇汛期，江水位高出背河地面7~14米，堤基覆盖与江水浮托，仍处于管涌临界状态，险情尚未彻底根除。

第三，过去白蚁为荆江大堤的心腹之患，自1959年以后，即开始研究白蚁活动规律并进行普查，采取锥探灌浆的措施进行防治，截至1975年已消灭白蚁隐患达7600余处，獾洞及其他隐患亦基本消除。堤身已进行了普遍锥探灌浆，堤身外滩也进行了锥探普查，今后仍继续重点锥探加固，进一步消除白蚁和其他新的隐患。为了防止白蚁活动，荆江大堤堤顶及堤坡均不植树，堤身均有草皮保护，临河堤脚以外，大量种植杨柳防风林带，背河堤脚以外50米内植育材林，叫“一堤两林带”。树木由当地生产队管理，林木收入三七分。社队分七成，修防单位分三成。

第四，上荆江，结合固滩护坡工程，对河道有了一定的控制。下荆江河道由于曲折过甚，行洪不利，自1949年以来，除了两处自然裁弯取直以外，又在中洲子、六合垸进行了人工裁弯取直，从而缩短了河道长度80公里。由于比降增大，水流畅顺，使沙市一带水位下降0.5米，也为航运创造了有利条件。为了防止河走老道，修做一些整治工程，进一步固定河势。

总之，荆江大堤主要采取前护、后压、中锥探灌浆的加固措施，同时整治河道，使堤防进一步巩固，河道行洪有所改善；在特大洪水时，又有一系列的分洪措施，对防御洪水有了一定的保证。

七、荆江大堤与黄河大堤

荆江大堤查勘结束后，我根据对荆江的调查，作了荆江大堤与黄河大堤的对比研究。

荆江是位于冲积平原上的河流，江水携带有不少的泥沙，沙市一带年平均输沙量为4.3亿立方米，宜昌至汉口段由于水流平缓，成为泥沙淤积河段。在荆江设有堤防以前，两岸湖泊星布，号称“千湖之国”，由于江水南北游荡，多被淤平。

古时荆江北岸为云梦泽，现已变为江汉大平原，土地肥沃。荆江大堤形成运用已430多年。新中国成立后，据观测资料分析，荆江同水位相比每年河床平均抬高0.02米左右，现临河滩面一般高出背河地面2~6米，常年水位都高出背河地面2~5米，汛期在沙市的三层楼上，可以凭眺长江波涛，最低枯水位亦与背河地面相平，这说明荆江也是一条地上河。

我认为，荆江与黄河不同之处是，黄河水少沙多，河道淤积快；长江水大沙少，河道淤积慢。从长远来看，荆江和黄河河道是异步同趋，都是不断向淤积抬高方面发展，堤防还要继续加高。但荆江大堤与黄河大堤相比：

第一，现在荆江大堤，堤顶比背河地面高8~16米，防御洪水位高出地面7~14米，因堤防尚未达到规划标准，将来还需加高1米。黄河大堤河南曹岗险工是临背悬殊最严重的堤段，按1983年修堤标准，堤顶高出背河地面为14.70米，设计洪水位高出地面11.68米；山东泺口大堤，按1983年修堤标准，堤顶高出背河地面为11.95米，设计洪水位高出地面10.71米，说明黄河大堤完成1983年的修堤标准后，尚没有荆江大堤的险象严重。

第二，荆江大堤堤顶宽度比黄河略窄，超高也比黄河小，而背河边坡较黄河平缓（1:5），但黄河险工堤段均修有后戗或加宽堤面，亦可增强抗洪能力。

第三，荆江大堤的修堤土质为沙壤土，近似黄河地面的两合土，其修堤质量干幺重为1.45吨每立方米，比黄河修堤干幺重1.5吨每立方米略低。荆江修堤土料困难，因前无宽滩，后无土源，需从对岸用船运土，每方单价3~5元；黄河两岸滩面广，修堤取土比荆江条件好。

第四，荆江大堤堤基在地表18米以下为卵石层，比黄河沙层堤基透水性强烈得多，影响较大，防守比黄河困难。

第五，荆江在洪水时期，水深可达到50米左右，险工河段以护岸为主，坝垛很少，每遇洪水崩岸，直接伤及堤身，抢护困难；黄河洪水时期，水深最大不到20米，险工堤段，以坝垛挑溜外移，抢护时有缓冲余地。

第六，荆江洪水时，沙市到郝穴镇水面比降为0.7/10000，两岸滩面基本无横比降和大的串沟；而黄河洪水比降和滩面横比降都较大，滩上又有大小串沟和堤河，洪水漫滩冲刷堤身，比荆江严重。

第七，荆江的宽滩地区，为了保护滩区生产，修有不少围垸，当做大堤的第一道防线，但对防洪阻碍较大的围垸，也进行了破除；黄河滩区生产堤有碍行洪，并易形成二级悬河，对堤防不利，因此应坚决放弃生产堤，争取一水一麦。

根据以上情况对比和荆江大堤的修防经验，我认为黄河大堤若在1983年修堤标准的基础上，再加高2~3米，还是能够防守的；如果积极地加速淤背工作，情况更为良好。但滩面的串沟和堤河，必须重点加以整治，为防御特大洪水创造有利条件。

第八，荆江大堤已经过1954年、1962年和1968年洪水的考验，当时沙市水位分别为44.67米、44.35米及44.13米，水头超出背河地面13~14米。其中1954年大洪水，沙市超过警戒水位43米达24天，超过保证水位一天；监利县超过保证水位达40天之久。每次洪水，经大力防守和抢护，都化险为夷。而黄河洪水的特点是猛涨猛落，高水位持续时间比荆江短，一般3~5天。

第九，荆江大堤最薄弱环节即堤基渗漏。为了防止发生严重的管涌，通过实践，主要在背河堤脚以外，采取填塘的办法，目的是相对抬高地面高程，加大盖重，以制止渗流。由于荆江土源缺少，引江放淤又缓不济急，除了试用挖泥船吹填以外，主要还是用人工填塘，任务非常繁重。荆江大堤险要堤段都进行了填塘工程，由堤顶到填塘的平台一般保持9米的高度，可基本上控制渗流的发展。黄河上淤临淤背是一项具有战略意义的措施，并已制定了实施计划，与荆江的填塘是相似的，但黄河比荆江的条件好得多。黄河淤背，主要采取引黄放淤和挖泥船的办法，土源丰富，效率又高，既可淤得厚，又可淤得宽。从当前时的情况来看，淤背工作进展不快，尤其河南境内有些险要堤段引水条件不好，淤背工作尚未开始，有的开始了尚未淤到计划标准。因此提出黄河的淤背工作必须有计划、有步骤地进行，从而进一步加强堤身强度，这是百年大计，万万不可忽视。

八、黄河下游不需要人工改道

自1970年以来，不少人提出在黄河下游实行人工改道的设想。黄河下游东坝头以下的现行河道，已行河一百余年，但还能维持多久?当时，在认识上还不一致，有的认为已经达到了改道前夕。这个问题，对于黄河下游规划来说，很有研究的必要。所谓改道前夕，究竟是什么标准?很难确定。为此，我在调查研究基础上，开展了比较系统的研究，于1979年2月发表了题为《黄河下游明清河道和现行河道演变的对比研究》的论文。我认为，若从下游情况来看，河床高于两岸地面，已有“悬河”之称，黄河无论在那一岸决口，居高临下都有改道的可能。若和明清故道作比较，把铜瓦厢决口改道前的南河故道情况，作为改道前夕的标准，现行河道还没有达到这一程度。

新中国成立初期，王化云主任就主张采取有效的综合措施，把“黄河粘在这里”。我的这篇文章发表后，他非常重视，鼓励我要多开展这方面的研究。后来，他在《我的治河实践》中指出：“建国后，有人认为现行河道已走河100多年，快到晚期了，应尽早考虑有计划的人工改道。事实上黄河下游河道现状并非如此，潜力还很大。据徐福龄高级工程师研究分析，现行河道的淤积发展状况，还没有达到明清故道那样严重的程度，主要表现在明清故道长度比现行河道还长80多公里，临背高差大3~4米，纵比降也比现行河道缓。随着科学技术的进步和黄河防洪工程体系的建立，以及全河综合治理的发展，现行河道维持更长的时间是完全可能的。”

黄河下游河道在兰考东坝头以南有明清时代的河道，简称为明清故道，也称“南河”。清咸丰五年（公元1855年）以前，经过河南商丘、虞城，山东曹县、单县，江苏丰县、沛县和安徽砀山至徐州合泗夺淮，经涟水由云梯关东注黄海。1855年在兰阳铜瓦厢改道后，经河南长垣、濮阳、范县，山东菏泽、梁山县夺大清河，经济南由利津东注渤海，即为现行河道。而东坝头以上到沁河口这段河道，既是明清故道的上游河段，也是现行河道的上游河段。黄河这段河道无论过去走“南河”和现在走“东河”，对东坝头以上河段都有着不同的影响。

首先，我对河南武陟沁河口至东坝头河道演变情况进行了研究。

在南宋建炎二年（公元1128年）以前，河道原走阳武（今原阳县境）以北，东经延津以北（河北岸为获嘉、新乡、汲县境）至浚县西南（南岸为滑县境）折向东北入海。1128年，东京留守杜充扒开黄河，阻止金兵南下，从此大河南徙，自泗水入淮河。

金明昌五年（公元1194年）河决阳武光禄故堤，大河改走胙城以南，这时汲县境内无河。

元世祖至元二十五年（公元1288年）大河又决阳武，出阳武南，新乡县境内无河。

明洪武二十四年（公元1391年）河决原武（今原阳县之原武镇）黑羊山，正河走开封北（距城2.5公里）。明正统十三年（公元1448年），河大决，北决新乡八柳村，由延津经封丘抵寿张入大清河；南决荥泽（今荥阳境）孙家渡，大河移在开封以南，由涡河入淮。明景泰期间，大河又回开封以北，距城5公里。明英宗天顺五年（公元1461年）河徙，自武陟入原武以南，这时获嘉境无河。

明成化十五年（公元1479年），在延津西綦村决河南徙，入封丘境，而延津境内无河。

从以上大河历史的演变情况来看，自1128年以后，黄河从汲县境内逐渐南移，最后演变成现在的河道形势。

元、明两代治河，以确保漕运为最高原则，故河南、山东境内修筑堤防重北轻南。明弘治三年（公元1490年）白昂治河时，筑北岸阳武长堤，自原武经仪封（今兰考境）至曹县，以防大河进入张秋运河；南岸引中牟决水经淮阳由涡河、颍水入淮，修汴堤浚汴河下徐州入泗。上述原武至曹县大堤的兰考以上堤段，即现行河道北岸大堤的前身。明弘治八年（公元1495年）刘大夏治河，又在北岸自延津以下至江苏沛县，加修了太行堤，作为二道防线，以防大河北侵。

沁河口到东坝头河段，中经武陟、郑州、开封、兰考，河道长130余公里，已行河500年左右。在明、清时代，该河段两岸滩槽高差较小，尤其清嘉庆年间以后洪水漫滩的机遇很多。同时滩面有串沟堤河，每到汛期河水涨发，串沟过水，堤河行洪，不断出险。如清道光十五年（公元1835年）北岸阳武汛三堡一带，由于串沟分溜下注，几乎掣动全河，当时紧急抢险达40昼夜。南岸祥符（开封）下汛到陈留（现属开封县），堤长30余公里，地势低洼，伏秋盛涨，堤根水深达八九尺。自明初到清末该河段两岸决口计有36次。1855年铜瓦厢改道东流之后，东坝头以上，由于河道的溯源冲刷，河槽下切，滩槽高差增大，低滩成了高滩，一般洪水多不出槽。如光绪年间刘成忠所说："河由山东入海，下游宽广，因而豫省河面低于道光年间四、五、六尺，虽当伏秋之盛涨，出槽之时颇少。"（《豫河志·刘成忠河防刍议》）又据光绪十二年成孚调查："黄河北徙已历30余年……干口门之南（指老故道），积年沙滩挺峙，现高出水面二丈余尺至三丈余尺。"（《再续行水金鉴》）近百年来，北岸除1933年大水在武陟詹店曾一度漫溢外，其余堤段均未决口。南岸除荥泽决口一次，郑州决口两次外（包括1938年扒口），其余堤段也未决口。开封到兰考交界长约40公里的老滩，为明清时代决口较多的河段，近百年来未上过滩。这说明铜瓦厢决口改道以后，沁河口到东坝头河段的滩岸，比明、清时代漫水的机会少。当时分析东坝头以上河道比降为1/7000，尚未发展到1855年以前的那种局面。

其次，我研究了明清故道的演变情况。

明清故道由兰考东坝头以下至废黄河口（黄海）约长738公里。自东坝头到徐州河段，过去右岸堤防不完备，黄河分由颍、涡、濉河入淮，流路不定。明嘉靖二十五年（公元1546年）以后，南流各支河先后淤塞，右岸堤防才逐步建成，对河道有了一定约束。清乾隆四十六年（公元1781年），仪封(今兰考境）青龙岗决口，久堵不塞，曾在兰阳（今兰考）三堡改河85公里，把老南堤作前北堤，另修一道新南堤，使大河在商丘境仍返原河道。这一段河道称为清故道。由徐州以下到废黄河口，是过去黄河夺泗入淮的河段。泗水、淮河原来均为地下河道，两岸无堤防，明代隆庆、万历年间才逐步修建堤防。

徐州、宿迁、泗阳（原为桃源县）过去均在泗水之滨。清江、淮安、涟水（原为安东县）均在淮河之滨。自黄河夺泗入淮之后，这些县城都逼临大河，形成卡水段，常常决口被淹。如徐州在明天启四年（公元1624年），于奎山堤东北决口，城中水深1.3丈；宿迁在明万历四年（公元1576年）黄河冲啮县城，相传有“洪水暴发，一宿迁城”之说，现县城在马陵山脚下。泗阳老城在清康熙六年（公元1667年）于烟墩决口时，黄水侵城，四面浮沙淤高5尺，城内如井。县城西迁后，老城一片积水，当地称为“锅底湖”。过去黄河绕淮安城北而过，形成U形大湾，明万历元年（公元1573年）在草湾裁弯取直后，淮安才离开黄河。上述县城，均为过去黄河沿岸的老险工。

徐州以下老河道多弯曲，古谚有“十里黄河九里弯”之句。河道的曲折系数约为1.39，其中泗阳县杨庄至北沙河段为1.42，经过疏治后，河道的曲折系数减为1.23。

在明代万历年间，潘季驯治河时主张“筑堤束水，以水攻沙”，除提倡修筑遥、缕、格、月四种堤防外，为防御特大洪水，曾在宿迁以下左岸（泗阳境）设四处减水坝，洪水时分洪由灌河入海。同时，还利用微山湖、骆马湖调蓄洪水。遇黄河暴涨，则分流入诸湖，黄河消落，则湖水随之归黄。又在徐州以上的濉河东岸修归仁堤，导使濉水入黄，冲刷河道；并利用洪泽湖，蓄淮河水，“借淮之清，以刷河之浊”（《明史·河渠志》），使黄淮二水并力入海。

洪泽湖原名富陵湖，唐时才有洪泽之名。在元、明以后，黄河夺淮，洪泽湖扩大，遂成巨浸。淮水会湖出湖口与黄河交汇处叫清口，也是里运河入黄之处。东汉陈登曾在今洪泽湖东部修有湖堤，称为高家堰，用以捍淮东注。在明永乐年间陈瑄对高家堰又进行增筑。明代万历初年，黄淮大决，淮河决高家堰东注，黄河倒灌入洪泽湖，清口淤填。潘季驯治河时，认为“清口乃黄淮交会之所，运道必经之处……欲其通利，须会全淮之水，尽由此出，则能敌黄，不为沙垫，偶遇黄水先发，淮水尚微，河沙逆上，不免浅阻，然黄退淮行，深复为敌，不为害也”（《河防一览》）。于是堵塞决口，大筑高家堰，“逼淮注黄，以清刷浊”，使淮水全会清口，黄淮大治。淮河入洪泽湖的年水量300多亿立方米，以后有淮水三分济运、七分刷黄之说。在高家堰湖堤上修有仁、义、礼、智、信各减水坝，遇到黄淮并涨或淮水特大时，可由各减水坝分泄淮水入江。现在的三河口闸，即以前礼坝的旧址。

自明末到清初南河失治，常遭决口。清康熙十六年（公元1677年）靳辅治河以后，曾堵口21处，修复了两岸堤防，并在丰县境北岸李道华楼至徐州大谷山约45公里高地，筑大谷山减水坝和苏家山减水闸各一座，以泄洪水入微山湖。在砀山至淮阴间，凡在卡水河段的上游两岸，共增修减水闸坝10余处，相机启闭，以防盛涨，而由南岸分出之水，经过沿程落淤，泄入洪泽湖，还可助淮刷黄。以上这些措施，对当时治河起到一定作用。

黄河故道两岸的天然湖泊和分洪闸坝，由于河道不断淤积，在清乾隆年间有的已失效用。到嘉庆年间以后，决口频繁，河道淤积，而分洪闸坝分洪量增大，更促使河道淤积严重，工程失效甚多。同时使原来的水系亦遭到破坏，如大谷山到苏家山一带高地，原无堤防，系留作入微山湖的分水口，到清乾隆八年（公元1743年）已淤为平陆。由于微山湖的淤积，使原来泗水入湖后的出路不畅，扩大了南四湖的面积。清乾隆二十二年（公元1757年）因河道淤高，濉河已不能入黄，改入洪泽湖。嘉庆四年（公元1799年）淮河涨水，洪泽湖蓄水过多，清口（洪泽湖入黄河处）一带受黄河顶托，出水不利，曾在淮阴吴城七堡临湖的河堤上掘开，泄湖水入黄。道光五年（公元1825年）河督张井奏称："洪泽湖现在水深一丈二尺八寸，较量现在黄河水面，尚高于清水五尺二寸，以致……通局受病，全在黄高。"（《皇朝经世文编》）自道光五年以后，淮水基本不入黄河。道光二十七年（公元1847年）黄河涨水，淮阴告急，再次掘开吴城河堤，分黄入湖，使淮阴脱险。道光二十九年（公元1849年）黄河盛涨，下游河道不能通过，第三次掘开吴城河堤分洪入湖，这时洪泽湖已失去蓄清刷黄的作用，变为黄河的调洪水库。在枯水季节（12月底）一般湖水高于黄水。到道光五年，黄水高于湖水，清水已开始不入黄。由于黄河河道不断淤积，使湖水位也不断抬高。自清康熙年间到乾隆年间平均每年升高0.023米，由乾隆到道光年间平均每年升高0.029米，自河道北徙之后到同治九年（公元1870年），实测洪峰张福口、高良涧一带湖心，比黄河河底低1~1.6丈。自清口为黄河所阻，从而扩大了洪泽湖区，致使淮河水不能向东畅泄，颍上、寿州、泗州和盱眙等州县频遭水淹。

过去淮河两岸土地肥沃，有"走千走万，不如淮河两岸"的谚语。自黄河夺淮后，明清两代决口频繁，沿河两岸计有30多个州县，每个县都决过口，有的一个县决口达数次之多。由于黄河不断决口，大量泥沙排泄于河道两岸，原来较好的土地多被泥沙覆盖。如徐州市内在新中国成立后建筑部门挖地基时，在地下4.5米发现老街道和房基；涟水县在城外挖深3~5米才是原来老地面。据了解淮河会黄后两岸的地面普遍淤厚2~5米，等于进行了大面积的放淤。决口是个坏事，但对减少河道淤积和降低大堤临背悬差，却起一定作用。这仅是一个方面，可是另一方面，由于黄河每决一次口，口门上部河段侵蚀下切，而老河道内就有一次淤积。淤积部位集中在口门以下河段，而且特别严重。所以“凡是断流之正河，皆为停淤之高地”。如康熙十五年，黄淮并涨，奔腾四溃，正河几乎断流，次年总河靳辅奏称：“查清江浦以下，河身原阔一二里至四五里，今则止宽一二十丈；原深二三丈至五六丈者，今则止深数尺；当日之大溜宽河，今皆淤成陆地，已经十年矣。”（《治河方略》）这一年在清江浦以下疏竣河道150余公里。嘉庆二十四年（公元1819年）兰阳八堡决口，当时大学士文孚调查后奏称：“由兰阳八堡漫口查至睢州上汛八堡河长五十余里……其间淤垫情况厚薄不等。查自兰阳八堡至仪封三堡河身计长十六里有余，淤垫虽厚，循复间露河形……自仪封三堡至五堡，约及将四里，滩面与堤平，漫沙一片，无复堤形。自仪封三堡至睢州上汛八堡，约长二十一里，河身亦为泥沙淤平。”（故宫档案）咸丰元年（公元1851年）丰县蟠龙集决口，老河身亦淤与滩平，屡堵屡决。按河道的一般规律是“下流则上通，下淤则上决”，往往一次决口，能引起上游的连锁反映，有时一处决口，堵而复决数次。过去决口除特殊情况外，一般都是上年决口，次年汛前或汛后堵塞。每当合龙后，口门以下河段在未冲刷至原河道的过洪断面时，到汛期来一次大洪水，因河槽泄洪不畅造成塞水，就可能又在上游决口。所以有时在某河段一处决口有连次上移的情况。过去靳辅治河曾说过：“夫河决于上者，必淤于下，而淤于下者，必决于上，此一定之理。”（《治河方略》）从明清故道的历史演变来看，河道愈决愈淤，愈淤愈决，因河身受病日深，如不及时进行全面整治，最后就形成了决口改道。

明清故道的河口治理，主要采取筑堤束水入海的办法，河口延伸也相当严重。在1677年云梯关外（原来淮河入海处）未修缕堤之前，每年向海延伸0.29公里。1677年在云梯关外修堤之后，平均每年向海延伸1.09公里。又据清乾隆二十一年（公元1756年）大学士陈世倌估计，这一时期每年向海延伸1.01公里。两数相差不大。自1700~1804年的104年，因1764~1804年云梯关外缕堤放弃不守，平均每年向海延伸0.48公里，比有堤防时有所减少。说明海口修筑堤防工程，加上以清刷黄，有一定束水攻沙作用，河口延伸速度较快，但河水入海比较通畅。到嘉庆十三年（公元1808年）以后，继续修复和接长了海口堤防，一直到道光年间多次查勘海口，都认为河口通畅无阻。在明清时代海口附近有两次人工改道，第一次在明万历二十三年（公元1595年）于北岸黄坝改道，新河长150公里由灌口入海；再一次是清康熙三十五年（公元1696年）在云梯关外马家港改河，由北岸南潮河入海。这两次向北改河，都不久即淤，没有成功。

据历史文献记载，明清故道在清代中期已受病日深。道光五年（公元1825年），河督严烺当时分析全河病源时曾奏称：“今受病之河，不在尾闾（即河口）而实在中隔，则当兼河身。溯查嘉庆十八年睢州漫口，至二十四年马营堤及兰仪又先后漫口，以致豫东西两岸河身几成平陆。是豫东近来

河底之高，实因溜势旁泄所致，尚非海口淤垫，下游顶阻之故。”（《皇朝经世文编》）

从这段分析中，可以看出明清故道在江苏河段内，主要由于河道“中隔”（所谓“中隔”，即指清口以下到八滩约100公里淤积严重的河段），河口延伸比降变缓（约千分之零点七）；洪泽湖基本失去蓄清刷黄的作用；河势多弯水势不顺，以致河道日益淤垫。到道光二十七年及二十九年两次涨水，清口以下河道洪水不能通过，曾两次掘堤引黄入湖，以解危局。根据1955年江苏省水利厅对清江市以下老滩河身的锥探资料来看，自黄河夺淮六七百年间，清江市以下淮河河底计淤高10~12米之多，而故道的上游豫东一带河道，由于嘉庆年间大堤多次决口，主溜旁泄，到道光二十一年及二十三年又先后在开封、中牟两处决口，开封、兰考间河道淤积亦很严重，致使上下河道壅塞失治。道光二十三年（公元1843年）魏源对当时河道又作了全面分析，他说：“今日视康熙时之河，又不可道里计，海口旧深七八丈者，今不二三丈，河堤内外滩地相平者，今淤高三、四、五丈，而堤外平地亦屡漫屡淤，如徐州、开封城外地，今皆与雉堞等，则河底较国初必淤至数丈以外，洪泽湖水，在康熙时止有中泓一河，宽十余丈，深一丈外，即能畅出刷黄，今则汪洋数百里，蓄深至二丈余，尚不出口，何怪湖岁淹，河岁决。”他最后推断：“使南河尚有一线之可治，十余岁之不决，尚可迁延日月，今则无岁不溃，无药可治，人力纵不改，河亦必自改之……唯一旦决上游北岸，夺流入济（即大清河），如兰阳、封丘之已事，则大善。”（《魏源全集·筹河篇中》）他认为南河已到大改道的前夕。到1851年（清咸丰元年），黄河决口丰县之蟠龙集入昭阳、微山二湖，屡堵屡决达4年之久，口门以下到徐州的河道已淤成平陆。因下游淤塞，行洪不畅，当咸丰五年（公元1855年）乘洪水盛涨之机，又在蟠龙集上游北岸铜瓦厢决口，造成清末一次大改道，从此“南河”之局告终。铜瓦厢旧属兰阳三堡，今属兰考县，那时大河自西向东到此急转直下，形成兜湾，溜势顶冲，甚为险要，为明代以来著名之险工段。清嘉庆二十四年（公元1819年）曾在此决过口，后因上游马营决口，铜瓦厢始断流堵合。这次改道，由此夺溜而出，夺大清河入海，正不出当年魏源之预断。

第三，我对东坝头以下现行河道演变情况进行分析。

1855年铜瓦厢（即现在东坝头）决口后，溃水先向西北又折而东北至长垣境，溜分三股：一股由赵王河东注，两股由东明县南、北分注，至张秋三股汇合，穿运河夺大清河入海。由于当时封建统治者镇压太平天国农民革命运动，维持其摇摇欲坠的封建王朝，咸丰皇帝下谕：“现值军务未平，饷情不继，一时断难兴筑……所有兰阳漫口，即可暂行缓堵。”（《再续行水金鉴》）从此一直到光绪元年（公元1875年）历20余年，任黄河自由泛滥，不加治理。

铜瓦厢决口后大河东注，北岸只有北金堤作屏障，南岸无堤防。如遇水涨，一片汪洋，河宽自5公里至15.2公里。1867年（清同治六年）决赵王河东岸红川口，1871年（清同治十年）及1873年（清同治十二年）又决东明石庄户，均波及昭阳、微山等湖。到1875年（清光绪元年）开始创修东平以上至兰考南岸大堤，于1877年（清光绪三年）初步建成。北岸于1877年以后开始在北金堤以南筑民埝，东自东阿西至濮县；南岸西起濮县李升屯，东到梁山黄花寺，两端均与大堤相接，类似缕堤，原有北金堤和南岸大堤，类似遥堤（过去这一河段的民埝，即现在的临黄大堤）。1857年在位山以下两岸，民间已开始修筑民埝。到1893年东阿至利津兴修大堤，北岸计长249公里，南岸东阿、平阴、肥城三县界，依傍山麓地势高亢未设堤防。自长清至利津修堤长165公里，两岸大堤各距水四五百丈，堤距1000丈左右。但当地群众仍守临河民埝，以后由于民埝和大堤之间"城郭村舍相望，田畴相接"，故只守民埝，不守大堤，逐步把民埝变为大堤。

1855年以前，山东大清河原宽不过10余丈，为地下河。铜瓦厢决口后，黄河初入山东境，大清河河身宽30余丈，到1871年（清同治十年），"大清河自东阿鱼山到利津河道，已刷宽半里余，冬春水涸尚深二三丈，岸高水面又二三丈，是大汛时河槽能容五六丈。"（《历代治黄史》）说明这10余年间，由于溃水自由泛滥，除菏泽、东明一带河水不断南注外，于1868年及1887年又在荥泽和郑州先后决口，因此入大清河的水沙都比较少，河床淤积不甚严重。自1875年以后，东坝头以下两岸堤防已初步建成，河道有一定约束，进入大清河的洪水泥沙增大。1896年（清光绪二十二年）山东巡抚李秉衡奏称："迨光绪八年桃园（山东历城境）决口以后，遂无岁不决……虽加修两岸堤埝，仍难抵御，距桃园决口又十五年矣，昔之水行地中者，今已水行地上，是以束水攻沙之说亦属未可深恃。"（《再续行水金鉴》）说明光绪元年之后，大清河才逐渐由地下河变为地上河。

东坝头以东到河口现行河道长649公里，自东坝头到艾山河段，北岸有天然文岩渠自濮阳大芟河入黄河，南岸有大汶河经东平湖由梁山庞口入黄河。这一河段的河道曲折系数为1.15~1.33。艾山以下到河口堤距较窄，南岸有玉符河从济南入黄河。由于两岸已有工程控制，因而河湾不能充分发展，河道曲折系数1.21。

近百余年来，东坝头以东现行河道不断决口。仅1912~1945年的34年中就有17年发生决溢，决口达100余处。艾山以上北岸决口未越出北金堤，溃水最后由台前张庄归入黄河。南岸决口入南四湖。艾山以下北岸决口未越出马颊河，多由徒骇河入海，南岸决口顺小清河入海。

为了防御特大洪水，东坝头以下左岸长垣到台前北金堤与临黄堤之间划为滞洪区，分洪闸设在濮阳渠村；右岸有东平湖蓄水区，其上也有闸门控制。艾山以下窄河段内在齐河及利津境内有两处堤防展宽工程，以备分洪减凌之用。

现行河道在河口的尾闾河段，一直处于淤积、延伸、摆动、改道的循环演变之中。1855年改道后，黄河夺大清河经铁门关至肖神庙东之牡砺嘴入海，叫铁门关故道。自1890年(清光绪十六年)、1897年（清光绪二十三年）逐渐由铁门关故道向南摆动，由丝网口入海。自1904年（清光绪三十年）到1925年逐渐改由铁门关故道向北摆动，分别由老鸹嘴、面条沟、大洋铺、混水汪、滔二河入海。到1926年又返回铁门关故道入海。在71年内，完成一次大三角洲的走河循环。1929年开始再向铁门关故道以南摆动，由宋春荣沟和甜水沟入海。新中国成立后先在南部甜水沟入海，而后趋中经神仙沟独流入海。1964年在罗家屋子破堤转向北部入海。1976年改由南部清水沟入海，亦是循环摆动的方式。以往河口摆动的范围以宁海为顶点，北到徒骇河，南至支脉沟，海岸线平均每年向海推进0.12公里。现在顶点下移渔洼，摆动范围北到草桥沟，南到小岛河，海岸线缩短为30多公里。由于摆动范围缩小，河口延伸加速，1964年到1973年海岸线平均每年向海推进1.45公里。由于河口延伸的结果，使河口以上河道比降变缓。

最后，我对比了新老河道并估计了现行河道的发展趋势，提出黄河下游河道不需要人工改道的论述。

第一，现行河道东坝头到垦利河口和明清故道东坝头到废黄河口，在河道外形上有相似之处。

(1)以东坝头为起点，故道总长为738公里，现行河道总长为649公里，故道比现行河道长89公里。

(2)新老河道纵比降相比，都有上陡下缓的特点。但故道的纵比降比现行河道平缓，而愈向下游愈平缓。新老河道的滩面横比降都是上缓下陡，趋势基本相同。

(3)故道与现行河道相应河段的堤距亦基本相似。

第二，从新老河道的大堤情况相比，故道的大堤高度一般比背河地面高7~10米。现行河道的大堤高度按1983年标准加高后，一般比背河地面高9~10米。故道大堤临背差一般7~8米，现河道则为3~5米。

第三，故道和现行河道，在防洪措施上基本相同，不外培堤整险、闸坝分洪、放淤固堤、河道裁弯取直等。其不同之处，即故道有洪泽湖蓄淮刷黄，每年水量约达200亿立方米（淮河年水量300多亿立方米，七分入黄，三分济运），对清江浦以下河道有一定的稀释作用。但到清嘉庆以后，河道淤积过甚，以淮刷黄逐渐失其作用。现行河道有东平湖注入黄河年水量为10亿立方米左右，虽远不如洪泽湖淮水刷黄作用大，但至今汶水仍注入黄河，到蓄洪时放出清水，对冲刷河道仍有一定的作用。

第四，明清故道河口段的治理采取筑堤束水，使黄河一气入海，不使外溢。现行河道的河口段治理，主要采取人工改道的办法，根据河口演变的有利时机，改由近道入海。改一次道有缩短流程和增大比降，降低水位的作用。

第五，明清故道决口频繁，使河道冲淤变化很不平衡，形成愈淤愈决的恶性循环。自新中国成立以来保证了黄河不决口，虽大部泥沙淤在河道内，但上下河道冲淤变化比较规律。由于水不旁泄流势集中，洪水时期有利于冲刷河道。如1958年大水，河南、山东黄河河槽都普遍有所冲刷。历史上某个时期，因注意修防遇到洪水时大堤无决口，也有冲刷河槽的现象。如清雍正三年因大修两岸堤防和各险工段，到雍正四年六月实测河道中涨，自武陟至商丘的长距离河段，河道中泓比雍正二年冲刷的幅度自二三尺到八九尺。当时田文镜形容河槽冲刷情况奏称："崖岸日高，水行地中。"（《行水金鉴》）

根据以上情况分析，从河道淤积发展状况看，现行河道还没有达到故道的那样严重程度。首先，故道比现行河道长89公里，今后河口岸线最快的延伸速度如按每年1.4公里

（1964~1973年河岸线平均延伸数值）计，尚需60年现行河道才能达到故道长度。其次，现行河道临背差一般4米左右，故道临背差7~8米，新旧河道临背相差3~4米。河滩按每年淤积0.06米计，现行河道淤到故道的情况也要60年左右。

目前黄河大堤和荆江大堤相比，荆江大堤堤顶比背河地面高8~16米，防御洪水位高出地面7~14米。因堤防尚未达到规划标准，计划还要加高1米。黄河大堤按复堤计划加高后，堤顶一般比背河地面高9~10米。临背差悬殊较大的局部堤段，如河南曹岗险工附近堤高也只14米（防洪水位高出背河地面11米），山东泺口附近堤高13米（防洪水位高出背河地面11米）。大堤高度和承受水头还没有超过荆江大堤。荆江的堤防，经过1954年、1962年及1968年历次洪水的考验，水头超过背河地面13~14米，有的堤段超过保证水位达40天之久，经大力抢护均化险为夷。而黄河洪水的特点是猛涨猛落，高水位持续时间不过3~5天。因此，黄河大堤只要搞好防冲措施和淤背工程，堤身再加高3~5米或者更高一些是可能的。

自新中国成立以来黄河下游的堤防工程，经过历年培修加固，又进行了河道整治，堤防抗洪能力空前强大。上游三门峡水库对洪水有了一定的控制，沿河百万人防大军是确保黄河大堤不决口的主要后盾，这是过去历代治河所不能比拟的。尤其今天在党中央提出了新时期总任务，黄河建设加快了步伐，黄河下游堤防加固和河道整治工程正在大力开展，上中游大规模的水土保持工作亦在积极进行，干支流大、中型水利枢纽将相继兴修，随着国民经济的大发展，治理黄河工作已开始向现代化进军。展望前景，恐用不了60年的时间，黄河洪水泥沙即可进一步得到控制，下游河道将随之有所改善。只要对黄河立足于“大治”，现行河道就会向好的方面转化，维持的年限也不只是60年的问题了。

第十四章　黄河水利史研究

一、《黄河水利史述要》出版

我青少年时期就阅读过一些古代的治河典籍，被悠久的治河历史和丰富的治河经验所吸引。参加工作后，更加注重结合本职工作进行黄河水利史的学习和研究，不断从治河典籍中汲取营养，对黄河演变规律的认识逐步加深。我认为，作为一个治黄工作者，应该知古通今，全面了解黄河，吸取前人有益的经验，发展创新，才能提高治河的技术水平。早在2000多年前，我国伟大的历史学家司马迁在《史记》一书中就记述了上自大禹治水、下至元封二年（公元前109年）黄河瓠子堵口长达2000余年的黄河水利史，感受到水利和社会发展之间的密切联系，感叹道："甚哉！水之为利害也。"我想他开创水利史研究的意义可能就在于此。

为适应从1974年开始的"批林批孔"，以及随后进行的"评水浒"等政治运动的需要，黄委会也成立了写作小组，对治黄历史资料进行收集、整理，试图用历史资料说明在漫长的治黄历史过程中也存在着两条路线的斗争。其中，正确的是法家，错误的就是儒家。这种分析问题的方法与当时的政治形势分不开，是形而上学的。但是，通过这个阶段的工作，对治黄历史资料比较系统的整理，对黄河水利史知识的普及和今后的研究工作也是有益的。由于我对黄河历史情况略知一些，因而也被安排参加了部分工作。

期间，为查阅资料和改写书稿，我曾去过北京两次。记得是在1976年，当时书稿定名为《春满黄河》，是与朱兰琴、仝琳琅等同志合写的。我为编写这本书，到水利部图书馆查资料，与张含英先生不期而遇。张老也在查资料，并一个字一个字地进行摘抄。我说：张老，我帮你抄吧。他说：你看我这精神，用别人帮吗？那年他已经76岁了，但是仍然心系黄河，刻苦研究黄河水利史。以后我才知道，他那时是在为后来出版的《历代治河方略探讨》和《明清治河概论》做准备呢。

《春满黄河》已交付印刷，但由于政治形势变化等原因，没有出版。粉碎“四人帮”以后，在水利部倡议下，黄委会决定编写《黄河水利史述要》一书。1977年我又参加了编写该书的工作。1979年冬天，《黄河水利史述要》接近完稿的时候，编写组人员集中在北京，在中国水利水电科学研究院水利史研究室的帮助下修改书稿。水利史研究室的前身是成立于1936年的“整理水利文献委员会”，是我国唯一专门研究水利史的科研单位，人才济济。我们每天都认真听取专家的意见，补查文献资料，修改文稿，有时要忙到夜里。

为方便工作，黄委会的我、王质彬、杨国顺、林观海4位同志，后来王涌泉同志也参加，一同住在中国水利科学研究院招待所1间有4张床、两张桌子的小屋内。虽然当时条件有限，我们挤在一起，但大家相互关照，一起排队打饭、打开水，一起言笑，一起工作，充满朝气和快乐。

在《黄河水利史述要》一书初稿出来后，我和王质彬、林观海同志到复旦大学与杭州大学，分别向谭其骧先生和陈桥驿先生征求了意见。

在《黄河水利史述要》一书快要交付出版的时候，根据中央文件精神，我的“右派”问题得到了彻底平反。听到这个消息，我的心里就像打翻一瓶蜂蜜，甜极了。大家也都向我表示祝贺，晚上，写作组的十几位同志到我家为我庆贺。虽然当时家里面积很小，大家很拥挤，有的坐在床上，有的坐在小板凳上，但是大家都十分高兴。我也破例买了好酒，与大家畅饮。那天，我似有醉意，二十几年的酸甜苦辣都融化在这种醉意当中。

在大家的共同努力下，《黄河水利史述要》一书四易其稿，于1982年由水利电力出版社正式出版。全书共分10章，比较系统地阐述了历代黄河流域发生的水旱灾害、黄河河道的变迁、治河活动、治理方策、著名治河人物的观点、农田水利工程、水利技术、航运事业等内容。中国书法家协会主席舒同为该书题写了书名。王化云主任一直关心该书编写和出版工作，他在该书序言中这样写道：

“黄河是中华民族的摇篮，我国文化的发源地。几千年来，这条桀骜不驯的大河既为我国政治、经济和文化的发展作出过巨大的贡献，也给我国人民带来过深重的灾难。

为了驯服黄河，造福于人民，早在四千多年前的原始社会末期，先民们对水旱灾害就进行过艰苦的斗争，大禹治水的传说，至今仍在到处流传。到了春秋战国时期，随着社会生产力的发展，黄河大堤，人工运河，大型灌溉工程，先后在黄河流域修建。秦汉以来，广大人民前赴后继，经过长期的治黄实践，在防洪、灌溉、航运等方面都有较大建树，名人辈出，治河方略也不断得到发展、创新。尽管漫长的封建社会曾经对治理黄河起过阻碍和破坏作用，未能解决严重的黄河灾害问题，但毫无疑问，我国古代治河所积累下来的经验是十分丰富的，科学技术方面有着显著的成就，在世界文化遗产中占有光辉的一页。

由于治理黄河的历史悠久，古代治黄典籍之繁多，更为中外其他河流所少见，这是前人留给我们的一份宝贵遗产。现在，黄河水利委员会的同志编写了这本《黄河水利史述要》，试图以马列主义历史观为指针，总结我国人民治理黄河的历史经验，分析历代治河成功和失败的原因，作为当前治河工作的借鉴，我认为这是很有意义的一件大事，对于今后的治黄工作和学术研究，是极为有益的。同时我也希望，国内学术界、水利界更多地关心黄河问题的研究，在不久的将来，能有更完善的黄河水利史、更多的治黄专著问世。”

该书后来获全国优秀科技图书奖，并于2003年由黄河水利出版社再版。

1980年，我被选为郑州市第七届人民代表大会代表。

二、结识姚汉源

在水利史研究室，我有幸结识了姚汉源先生。他是山东巨野人，和我同年出生，1937年毕业于清华大学土木系。我认识他时，他刚从华北水利水电学院调到中国水利水电科学研究院水利史研究室工作不久，受水利部的委托，与水利史研究室的朱更翎先生等一起对《黄河水利史述要》一书的主要史实进行校核。一经接触，我就知道姚先生是位性情耿直、学识渊博、治学严谨的学者。由于年岁相当、经历相似、兴趣相投，我们有一种相见恨晚的感觉。他认为“中外学者虽有些水利史著作，但多半是附带研究，很少把它当做一门学科。特别是把一个国家的水利发展史当做一门学科进行专门研究。中国是农业大国，也是水利大国。历代治河防洪积累了大量经验，还有许多水利专著，这些都为中国水利史的研究提供了优越的条件。我国历史持续数千年，将来万年永昌，水利事业与之共长久，所以不能忽视对水利史的研究。”对于他这一观点，我很感赞同。我也给姚先生讲一些黄河上的历史故事，经常互相探讨一些治黄和水利史研究方面的问题。

由于编写《黄河水利史述要》，我还与水利老专家郑肇经，以及水利史专家周魁一、郑连第、黎沛虹、郭涛等结下了难忘的友谊。

1982年4月，中国水利史研究会成立大会在著名水利工程都江堰召开。在这次大会上，姚汉源先生被选为中国水利史研究会会长，我被选为副会长。第二届大会在黄委会举行，我俩又连续被选为会长和副会长。以水利史研究会成立为标志，中国的水利史研究进入了一个新阶段。研究会每年开1次年会，我共参加6年的年会，每次都有论文发表。

1988年由于年龄关系，我俩不再继续担任水利史研究会的领导职务，但我们继续开展水利史方面的研究，仍然经常保持着联系。每当姚先生的学生到郑州，总要登门拜访我，带来姚先生的问候，令我十分感动。

三、参加两部百科全书编撰

1982年我担任《中国农业百科全书·水利卷》防洪篇的副主编，这本书的主编为刘德润；以后又担任《中国大百科全书·水利卷》防洪篇编写组成员，撰写了防洪堵口部分，这本书的主编为洪庆余，副主编为程致道。山东河务局总工包锡成、牟玉玮等也参加了这两部百科全书的编撰。这两部百科全书，不仅是中国也是世界上规模较大的百科全书，是国家先后组织上万名专家学者，历时10余载编制完成的。出版后，深受学术界和广大读者称赞，曾荣获国家图书奖。

与此同时，我结合多年的实践，先后开展了黄河下游河道历史演变、历代治河方策演变、河南确保堤段防洪问题、潘季驯治河方策等研究工作。

四、黄河下游河道的历史演变

历史上，黄河下游河道改道频繁，但究竟有多少次大改道，长期以来，说法不一。在清代已有不少学者，根据不同历史时期的黄河演变情况，提出不同的见解。胡渭在《禹贡锥指》中指出，黄河自大禹到明代凡五大改道。过去一直以胡渭5次大改道为依据，加上铜瓦厢改道，共为6次大改道。各家所提的几次大改道，彼此出入不大，其共同特点是黄河决口改道，到演变成较固定的新河道，才算一次大改道。新中国成立后，黄委会在1956年出版的《人民黄河》一书中，提出历史上黄河下游共发生26次改道，数十年来，不少书刊发表文章均引用了这个数字。另外，1990年科学出版社出版的《黄河下游河流地貌》一书中，又提出黄河下游共有7次大改道。

针对这种情况，我经过研究，认为黄河河道变迁与下游冲积平原的地质构造、地貌改造和沉积物不同分布有关，并进一步提出形成大改道的条件。

黄河下游河道变迁，在先秦时期，因无堤防约束，是自然演变。战国以后，黄河堤防逐步形成，河道有了约束，泥沙淤积限于两堤之间，河床高出两岸地面，形成“悬河”，到一定程度，遇有大的洪水，即有决口改道之患。黄淮海大平原，由于鲁中南低山丘陵区的阻挡，分为南北两部分，北部为河北平原（即海河平原），南部为黄淮平原。从公元前2000年到现在的4000年中，从宏观上看，黄河下游演变基本上有两个泛流区，一是战国以前到西汉、东汉、唐宋时期以及现行河道，均在河北平原演变，注入渤海，有3000多年；二是北宋末到1855年铜瓦厢改道前，黄河河道均在黄淮平原演变，注入黄海，有700多年。这些变化与邙山逐步退蚀和杜充决河有关。

我认为，黄河决口后，另走一条较长的流路入海，并逐步形成了固定的新河道，不再回归原河道，才算一次大改道。属于下列情况之一者，不能算是大改道。

（1）黄河决口后，不加堵塞，任其泛滥，只是造成了广大面积的黄泛区，并没形成固定的新河道，有的泛滥时间很长，最后经过堵塞，又回原河道。

(2) 原河道分出一道支河，流一段距离又回原河道，虽然分流时间较长，但原河道并未断流，应是局部河道变化，或者尾闾河段改道，因距河口很近，只应认为局部改道。

(3) 原河道分出一道支河，并行入海，说明原河道仍走河，这只能说是两河并行，并非完全改道。

(4) 南宋建炎二年（公元1128年），杜充掘河改道后，黄河南泛夺淮，虽然大河迁徙无常，经常分数道并行，彼此迭为主次，但最后归宿到淮河。实际上黄河自杜充决河后，在江苏徐州以下400多公里的河段，并无大的变动，一直是由淮河入于黄海，因此这一历史阶段只是黄河在某一河段有几次大的变化，不能说是大改道。到明代潘季驯治河后，河归一槽，这就是常说的明清故道。

按照以上改道条件的研究，我对26次改道等说法提出自己的看法，认为历史上只有5次大改道，其余多是决而复堵，不能算是改道。这5次大改道是：

(一) 公元前602年（周定王五年）河决宿胥口。

根据《禹贡》记载，禹河道是："东过洛汭（今河南巩县洛水入黄处）至于大伾（一说在荥阳，一说在浚县），北过降水（今漳水）至于大陆（大陆泽），又北播九河，同为逆河入于海。"其大致流路，经今河南孟津、荥阳、武陟、原阳、浚县、滑县、内黄和河北省广宗至巨鹿北（所谓大陆泽），分播九河由今静海入于渤海。周定王五年河徙浚县古宿胥口，这是清人胡渭下的结论（这个问题，在史学界仍有争论）。从此大河自宿胥口以下，东至濮阳向东北，经今内黄、清丰、南乐及河北省大名、馆陶东至黄骅入渤海，逐渐形成了新的河道，即西汉大河。公元前132年（汉武帝元光三年），河决濮阳瓠子堤，溃水流向东南，会泗入淮，于公元前109年（汉元封二年）才堵合。公元前17年（汉鸿嘉四年）清河一带河决，久而不塞，使馆陶以下河道泛滥纵横20余年。当时“河从魏郡以东，北多溢决，水迹难以分明”（《汉书·沟洫志》），说明河道失治，又有决口改道的危险。

（二）公元11年（王莽始建国三年）河决魏郡。

该年黄河在魏郡决口（在今濮阳西），当时王莽执政，认为“及决东去，元城不忧水，故遂不堤塞”（《后汉书·王莽传》）。元城（今河北大名东）乃王莽祖坟所在地，黄河东决后，其祖坟不再受河患，故决而不堵，造成了这一次大改道。原西汉故道称为“大河故渎”，也称“王莽河”。改道后的基本流路走山东聊城以东，大清河以北，而濮阳以上仍是西汉的原河道。自濮阳以下，大河自由泛滥近60年，至公元69年（汉明帝永平十二年）王景治河时，才筑堤导使大河经今河南濮阳、范县及山东高唐、平原至利津一带入海。历经魏、晋、南北朝及唐、宋时代，到晚唐及宋代初期黄河在澶州（今濮阳）、滑州（今滑县）之间，决溢比较频繁。

（三）1048年（宋仁宗庆历八年）河决濮阳商胡。

1034年（宋仁宗景祐元年），河决澶州横陇埽，溃水经今高唐、平原，会于原河道的分支赤、金、游三河入海，久而不塞。到1048年（宋仁宗庆历八年）黄河在濮阳商胡埽决口向北改道，大河基本流路自今濮阳以东经馆陶、清河、冀县东到乾宁军（今青县境）入海，宋代称为“北流”。1060年（宋嘉祐五年）黄河在魏郡第六埽（今南乐西）决口，分出一支岔河叫“二股河”，经高唐、平原，至利津北入海，宋代称为“东流”。先是北流、东流并行入海，后因防辽的军事需要，曾进行三次回河东流，均遭失败，直到北宋灭亡。

（四）1128年（南宋建炎二年）杜充决河。

南宋赵构王朝，为了阻止金兵南进，由开封留守杜充，在河南滑县以西决河，造成很大危害。自决河以后，“数十年内，或决或塞，迁徙无定”（《金史·河渠志》），河分数股入淮。1194年（金章宗明昌五年）河决阳武（今原阳），当时大河流路大致经今原阳、封丘、长垣、砀山到徐州入泗夺淮入黄海。元、明两代治河，以保漕运为主，在堤防方面，重北轻南，15世纪初，大河在郑州以下南岸分出四路入淮。1495年（明弘治八年）于黄河北岸又加修了遥堤，上自河南胙城（今延津县）下到江苏丰县，以防大河北犯漕运，名曰太行堤。自此河势益形南趋，使一淮受黄河全河之水。1546年（明嘉靖二十五年）以后，自开封至砀山修建了南岸堤防，大河有了固定的河道，经今兰考、商丘、砀山、徐州、宿迁、涟水入于黄海。这一河段，即现在的“明清故道”。自黄河夺淮700多年间，江苏淮阴以下之淮河淤积严重，决口更加频繁。

（五）1855年（清文宗咸丰五年）河决铜瓦厢。

清咸丰五年汛期，兰阳（今兰考县境）铜瓦厢险工河势下挫，险工以下无工之处，发生险情，因抢护不及，而冲决成口。当时正值太平天国农民运动，咸丰皇帝下诏，暂缓堵合，从此黄河夺大清河由山东利津以下入渤海，造成清末的一次大改道。在决口后，铜瓦厢以下，尚无一定河槽，黄河泛滥达20余年。北岸尚有古金堤作屏障，而南岸则漫延至山东定陶、单县、曹县、成武、金乡等县，到1877年（清光绪三年）以后，铜瓦厢以下沿河道两岸的堤防逐渐建成，与铜瓦厢以上到孟县的河道堤防相连，形成了黄河下游现行河道。

根据上述研究成果，我撰写了《黄河下游河道的历史演变》一文。该文在1987年“中美黄河防洪措施研究讨论会”上进行了学术交流。我在该文中，还对黄河下游河道的演变趋势等问题进行了探讨，认为：“我们现在的治河手段，已远远超过历代王朝，今后随着科学的发展和上、中、下游的综合治理，现行河道将长期保持下去，为两岸人民兴利。”以后，我还发表了《黄河下游河道的五次大改道》等文章，进一步阐述了上述观点和认识。

五、历代治河方策演变

黄河的特点是多沙善淤，下游河道因泥沙的淤积形成了地上河，一旦堤防决口，黄河水居高临下，就有改道的可能。因此历代治河，多以黄河下游为重点，提出多种治河方策和措施。我对这些方策和措施进行整理分析，并于1991年3月发表了题为《历代黄河治理方策的演变概况》的文章。这篇文章以历代治河方策和措施为导引，概述了几千年治河历史的发展过程，其中对这些方策和措施的评析，是我多年学习和研究黄河水利史的心得。

（一）疏导九河。

在公元前21世纪前的尧舜时代，传说在黄河流域发生大洪水。为了制止洪水泛滥，尧召集部落首领会议，举鲧负责平息洪水灾害。鲧采用水来土挡的办法，把居住地区围护起来，以御水患，结果治水九年，没有成功。舜继尧位，又举鲧的儿子禹继承父业，他接受前人治水的教训，在全面考察的基础上，按照水的特性和天然地形的高下，采用因势疏导的治水方法。联合伯益、后稷等部族，居外十三年，三过家门而不入，专心治水，终于把洪水疏导为九河入于海，平息了水患。

据说九河最北的一道为徒骇，约在沧州一带；最南的一道为鬲津，约在德州一带。两河之间的九河区，南北相距100余公里，不可能九道河，分别单独入海，可能是到海口附近汇集了九河，引导到低洼处把洪水和海边渍水，迎着海潮畅流入海。相对地说，那时禹河道也可能是上宽下窄的形势。

大禹治水，虽是传说，但对后世治水有很大启迪作用，使人们知道治理江河，一定要全面调查研究，遵循水流运动的客观规律，树立因势利导、因地制宜的治河思想，同时要依靠群众，以艰苦卓绝和人定胜天的忘我精神，才能取得治水的丰功伟业。

（二）宽立堤防。

黄河下游远在西周时代，为求得生产发展，就有了堤防。春秋时期“齐桓之霸，遏八流以自广”（《尚书·中侯》），把大禹疏导的九河，堵塞了八支，来扩大齐国的垦地，不使大河在广大平原上纵横漫流，说明那时防御黄河洪水的堤防，已较普遍。《管子·度地篇》中，已对堤防横断面、修堤时期、取土方式、修守办法等有了规定。公元前651年，齐桓公“会诸侯于葵丘（今河南民权县境）”（《史记·齐世家》），订立盟约，其中有一条规定是“无曲防”（《孟子·告子》），规定各诸侯之间，禁止修筑以邻为壑的堤防。西汉时贾让说，黄河下游有连贯的堤防，始于战国，诸侯国修堤时，各以自利，与水争地，那时大河从孟津以下流向东北，脱离禹河故道。齐与赵魏以河为界。齐国在东，地势较低，先受洪水之害，于是距大河12.5公里筑一道堤防，以防洪水。赵、魏在西，地势较高，由于齐国修堤后，洪水威胁着上游，于是赵和魏也都距大河12.5公里修筑了堤防。这样黄河两岸堤距宽25公里，黄河下游形成了一条宽堤距的河道，使河水有所游荡，“宽缓而不迫”（《汉书·沟洫志》）。

（三）不与水争。

战国时代的宽河道，每遇河水盛涨时，漫过两岸的河滩，不断落淤，逐渐把滩区变成了肥沃土地。为了便于垦种，沿河许多群众搬进滩区安家落户。汛期大水时，群众在滩上筑起围堤，保护田园。年复一年，到西汉时，已成地上河。那时黎阳（今浚县）、内黄、白马（今滑县）各县境大堤以内数十里宽的滩地上，层层筑起了堤，把河道缩窄。从现在滑县、浚县一带的古堤来看，这里堤距最窄，而且在黎阳至濮阳东这段不到百里的河道，已形成5个顶冲的河湾，使黄河不断在此决口为患。公元前7年（汉成帝绥和二年），皇帝征求各方面的治河意见，贾让应征上书，提出治河三策，可谓黄河下游第一个治理规划。

这三策，一是“徙冀州之民当水冲者，决黎阳遮害亭，放河使北入海，河西薄大山，东薄金堤，势不能远泛滥，期月自定”。主要采取人工改河的措施，因为河出孟津，刚由山区骤入平原，水势比较湍急，而位居河道上段黎阳一带的堤防，特别狭窄而且多弯，形成一个卡口段，洪水到此壅塞不畅，势必造成决堤之患（如公元前132年瓠子决口使16郡县尽成泽国，公元前29年决东郡淹了4郡32县）。贾让为了改变黎阳一带卡口河段的形势，考虑到要有计划地进行改河，提出决开黎阳大堤改河使北入海。他这一人工改道计划，并不是漫无限制地把冀州全部淹掉，任水横流，而只是牺牲冀州“当水冲者”。其范围是“西薄大山，东薄金堤”。可能西到黎阳以西善化山一带山脚下的高地，不能理解为西到太行山；所谓“东薄金堤”，即东到原来河道的西堤；北边是以漳河为界。改道之后，新河道通过漳水回入原河道北入渤海，可扩大排洪能力，有利于下游防洪。估计当时河道所经地区，主要是冀州的魏郡和清河郡，“当水冲者”多是大河和屯氏河的故道地区，又是背河低洼地带。贾让认为“如出数年治河之费，以业所徙之民”，则可“河定民安，千载无患”，故谓之上策。

二是“多穿漕渠于冀州地，使民得以溉田，分杀水怒”，这是在上策不能实施的情况下，采取分水的措施，从而兼顾灌溉、放淤、分洪、漕运的综合效益。他调查，黎阳遮害亭一带河岸土质坚实能抗冲，故提出从淇口以东石堤上多开水门，以便开渠引水。他说：“治渠非穿地也，但为东方一堤，北行三百余里入漳水中，其西因山足高地，诸渠皆往往股引取之”。即在水门之东，向东北修一道150公里的至漳河的堤岸，把堤与西山高地之间，作为干渠并可在堤上分股引水灌田淤地。淇口所开水门，为渠首闸，“旱则开东方下水门溉冀州，水则开西方高水门分河流”，这样既可保黎阳以下河道安全下泄，又可淤改这一带盐碱洼地；此地区灌溉的余水和分洪后的退水，还可通过漳河下泄，回归原河道。由于沿河大堤之外，多为盐碱不毛之地，正像贾让所说：“水行地上，凑润上彻，民则病湿气，木皆立枯，卤不生谷。”若想改变这一带的贫苦面貌，可利用水门，开渠引水淤灌，使盐卤之地“填淤加肥”，变为肥田；同时也可改种粳稻，则“高田五倍，下田十倍”，大大增加农业产量；还能利用渠道“转漕舟船之便”。因此，可以富国安民，除害兴利，可支数百岁，故谓之中策。

以上两策均是针对当时堤防束窄河道，提出不与水争地、扩大排洪能力的措施。

三是“若乃缮完故堤，增卑培薄，劳费不已，数逢其害”。就是说若维持原来“百里之间，再西三东”的河道情况，每年劳费大量人力、财力对原堤进行加高培厚，仍不免决溢为患，是为下策。

当时贾让上、中两策均未能实现，故不到20年时间，于公元11年（王莽始建国三年），大河又在魏郡决口改道，西汉大河遂废。

贾让治河的上、中两策，当时虽未被采纳，但对后世治河有很大影响。黄河下游自明清以来，直到现在，河南境内两岸堤距宽一般保持10公里左右，最宽达到20公里，符合贾让上策宽河调洪的设想。在中策所提出的分洪、灌田、放淤等建议，今天在黄河下游已成事实。因此实践证明，贾让治河上、中两策的主导思想是正确的。（引文均自《汉书·沟洫志》）

（四）河汴兼治。

魏惠王九年（公元前362年），魏国由山西迁都大梁，次年开凿一条人工运河，名鸿沟。引黄河水，与淮河相通。汉时把这条鸿沟水系，改称蒗荡渠，渠至开封分为东、南两支，向南的一支，联濉水、涡水，通颍水，东南入淮；向东的一支，叫汴水，后称汴渠，经今商丘、徐州入泗，南达江淮，成为维系中原与江淮交通的骨干水道。

自王莽始建国三年（公元11年），黄河在魏郡决口，改道东流，任其泛滥达60年之久。因河水不断南侵，以致河、汴决坏，而汴渠成为洪水向南分流的主河道，不仅破坏了运道，而田园也被吞没。

汉明帝时政治上趋于稳定，经济好转，为恢复和发展被灾地区的生产，在汉明帝永平十二年（公元69年）决定治理河、汴。该年四月兴工，次年完成。当时动员军工数十万，费用百亿计，这是历史上规模较大的一次治河工程。

汉明帝命王景负责治理河、汴，主要目的是使“河汴分流”，从而防止洪水泛滥，恢复汴渠运道，以利民生。王景在治河方面，自荥阳至千乘海口修筑千里大堤，使黄水就范，形成新的河道；在治渠方面，首先进行渠道的治理，因汴渠渠口，在荥阳广武山、敖山脚下，当时汴渠引水的水门，均被冲毁，所谓“水门故处，皆在河中”，必须重建水门。故王景“商度地势，凿山阜，破砥绩（指开凿渠口），直截涧沟（堵截山沟），防遏冲要（在渠首修筑防冲设施），疏决壅积（疏通渠道的淤积），十里立一水门（渠首采用多首制，十里立一水门），令更相洄注（水门可根据河势变化交递引水），无复溃漏之患”。（《后汉书·王景传》）

渠成之后，皇帝巡视河渠下诏说：“今既筑堤、理渠、绝水、立门，河、汴分流，复其旧迹，陶丘之北，渐就壤坟”（《后汉书·明帝纪》）。这就说明“筑堤”主要是“绝水”南犯，防止洪水横流；“理渠”主要是“立门”，重建渠首的水门，有计划引水，以利漕运，从而达到“河汴分流”之目的。通过王景治河，结束了60年的河水泛滥，固定了新河道，恢复了东南水系的运道，成就卓著。

自公元11年黄河大改道之后，流路缩短，比降增大，河水入海畅利，这是王景治河的基本有利条件。经王景修堤后，河道比较固定。据杨国顺同志对东汉河道的调查，从现存残堤来看，那时堤距一般在5公里上下，两岸过去还有不少低洼地区和湖泊，可以分滞洪水，再加上汴渠的分水作用，下游河道可能有一个时期的相对稳定。实际上经过三国、南北朝367年的战乱，河事很少记载，到了唐、宋时期，就有不少的河患发生。有的说王景治河800年无患，似有夸大之处。若说800年来没有大的改道，这是事实。若以大改道作为标准，则明清故道在1855年以前也有700余年没有大改道，不能说明清两代治河700年无患。至于王景修千里大堤一年完成，主要是军工，速度是很快的。但也要考虑到魏郡决口改道60年内，泛区群众为了保护生命财产，不可能不筑起民埝以自卫，因此王景修堤或许在民埝的基础上加以整修，这也是可能的。

（五）三次回河。

北宋初期，黄河下游河道大致和隋唐五代相同。由于这条河道（后称京东故道）自王景治河以来，行水时间很长，淤积严重，入宋以后河患频繁，多次南犯入淮。宋王朝对黄河的治理相当重视。黄河自宋仁宗景祐元年（公元1034年）到嘉祐五年（公元1060年）的26年间，计有3次较大变迁。一是景祐元年七月河决澶州（今河南濮阳）横陇埽，流入赤河经范县、东平、阳谷、东阿，北到长清境仍入原河道（京东故道）。在长清以上的河段，后称为“横陇故道”。二是宋仁宗庆历八年（公元1048年），河决商胡埽（今河南濮阳境），大致经今大名、馆陶、枣强、衡水等，由天津附近入海，是一次大改道，宋代称为“北流”。三是嘉祐五年（公元1060年），大河在魏郡之第六埽（在今河北省大名县境）向东分出一道支河，名曰“二股河”，大体经今冠县、高唐、平原、陵县、乐陵，在利津北入海，宋代称为“东流”。

在以上河道变化的情况下，当时治河者进行了三次回河东流，但均遭失败。

第一次回河。商胡决口后的第三年，北流于馆陶郭固口决口，河势壅塞不畅，北京（今大名）留守贾昌期主张堵商胡，使大河回归横陇故道；河渠司李仲昌建议先开六塔河，引水入故道。当时翰林学士欧阳修反对此举，曾上疏：“横陇湮塞已二十年，商胡决口又数岁，故道已平而难凿，安流已久而难回。”提出：“且河本泥沙，无不淤之理。淤常先下流，下流淤高，水行渐壅，乃决上流之低处，此势之常也”。接着又上第二疏，指责李仲昌议开宽仅50步的六塔河，“欲以五十步之狭，容大河之水，此可笑者”。他的上疏遭到一些朝臣的反对。宋嘉祐元年（公元1056年）四月，皇帝下令塞商胡北流，引黄河入六塔河，因河不能容，“是夕复决，溺兵夫，漂刍藁，不可胜计”，终于失败。

第二次回河。宋嘉祐七年（公元1062年）以后，北流不断决口，至宋熙宁二年（公元1069年）回河之议又起。命司马光督修二股河工事，七月二股通利，在二股河口修挑溜坝，逐渐扩大分流口，然后堵塞北流。这次回河王安石为相，他以为北流不塞，河患不止，对农业生产不利，主张回河东流。熙宁二年春（公元1069年）堵了北流，使大河尽入二股河。不久又决许家港。熙宁四年（公元1071年）及五年连续在大名一带决口，宋神宗赵顼，对治河已失去信心，拟“听其所趋”。王安石力主堵塞北流，熙宁六年（公元1073年）于大名第四、第五埽等处开直河，使北流回归二股河。这时黄河不断在澶州决口，于元丰四年（公元1081年）在澶州大、小吴埽先后决口，黄河北流御河，仍由乾宁军入海，又恢复了北流局面，回河东流又告失败。

第三次回河。元丰四年黄河北流之后，还不断决口，元丰八年（公元1085年）宋哲宗即位后，又决大名，河北诸郡皆被水灾。从元祐元年（公元1086年）开始，北流与东流之争又起。回河东流者主要是为了防辽（契丹）。回河北流派则认为，“塘泺有限辽之名，无御辽之实。”当时最高统治者举棋不定，终于绍圣元年（公元1094年）尽闭北流，全河之水，回入东流。不过5年时间，于元符二年（公元1099年）六月，黄河于内黄决口，东流断绝，又回北流。至此，回河之争结束。宋人任伯雨说：河为中国患，近二千年，自古竭天下之力以事河者，莫如本朝，而以人的主观愿望来改变大河的自然趋势，亦莫如近世为甚。这是他对北宋治河的总评价。

1127年（宋钦宗靖康二年）金军大举南下，遂陷汴京，北宋灭亡，同年宋高宗赵构建立南宋。南宋建炎二年（公元1128年），开封留守杜充为抗金兵，决河南犯。计有宋一代，三次改河，又有一次人工决河。治河的主导思想是“以河御敌”（因那时北方有契丹的威胁），不能因势利导来兴利除害，而金人反利用大河南行，“以宋为壑”。从此使黄河形成长期由淮入海的局面，持续700多年。（引文均自《宋史·河渠志》）

(六) 引黄放淤。

黄河流域引水放淤，远在汉代就有“泾水一石，其泥数斗，且溉且粪，长我禾黍”的记载。在北宋神宗时代，王安石辅政，推行新法，于熙宁二年（公元1069年）制定农田水利法，掀起了水利高潮。当时秘书丞侯叔献上书，提出汴河两岸沃壤千里，公私废田达二万顷，拟在汴河两岸设水门，泄其余水，以资溉田淤地。次年以侯叔献为都监丞，主持沿汴淤田，到熙宁四年，淤田已有一定成就，进行推广。至熙宁十年（公元1077年）六月已淤京东京西沿汴田地九千余顷。到元丰二年（公元1079年）引洛水通于汴，黄河水不再进入汴河，才停止利用汴河淤田。

在河北省一些多沙的黄河支流，也进行了较大范围的放淤工程。黄河中游陕西、山西地区，也有利用干支流水沙资源进行放淤改土，使新旧之田皆为沃土。

宋代在放淤实践中，积累不少经验，认为黄河“水退沙淀，夏则胶土肥沃，初秋则黄灭土，颇为疏壤，深秋则白灭土，霜清后皆沙土”（《宋史·河渠志》）。认识到夏季放淤，可用以肥田压碱、改土，发展农业生产。由于那时皇帝和宰相都大力提倡大放淤，故从熙宁三年（公元1070年）到元丰三年（公元1080年）这10年间利用黄河、汴河、漳河、滹沱、胡卢等河的水沙资源和中游涧谷山洪，引水淤田5万顷以上。

但是北宋时的放淤，也有很多问题。因当时帝相均大力提倡，各地为了赶任务，急于求成，乃一哄而起。对提出的一些不同意见，均遭驳斥。总的说，大放淤在事前缺乏全盘调查研究和规划，又缺少必要的技术措施，有些不需要放淤的高田，也盲目进行放淤，既费劳力，也损坏不少农田和庐舍。

（七）北堤南分。

1128年，杜充决河后，战祸连绵。那时黄河多股分流，到元代仍是多股汇淮入海。明代初期，黄河较长时间流经开封、商丘、徐州一带。当时山东境内大运河（即会通河）在徐州与黄河交汇，徐州至淮阴一段河道作为大运河的组成部分，称为“漕河”。明永乐年间迁都北京之后，治河的目的：一是保运，防止北决，以免影响漕运通畅；二是防陵，重点保证泗州、凤阳皇帝的祖陵和皇陵不遭水患。明弘治二年（公元1489年）白昂治河时，主张在南岸“宜疏浚以杀河势”。于北岸所经七县，筑为堤岸，以卫张秋。弘治五年（公元

1492年）黄河决封丘金龙口，溃仪封（今兰考）黄陵冈，溃水分多股，冲决张秋，俱入运道，以致漕运梗阻。次年命刘大夏为副都御史，主持治河，当时朝廷向他指出：“朕念古人治河，只是除民之害，今日治河，乃是恐妨运道，致误国计。其所关系，盖非细故。”为了确保漕运，刘大夏根据朝廷的谕示，采取固守北堤、分水南下入淮的方策。在开封以下分疏数道支河，使黄河水分沿颍水、涡河和归、徐故道入淮。由于上游分水，下游水势稍消，乃进堵运河张秋决口，漕运复通，最后堵塞金龙口等7处口门，并在北岸修起数百里的长堤。其中大名府长堤“起胙城（今延津境），历滑县、长垣、东明、曹州、曹县抵虞城，凡三百六十里”，名太行堤。荆隆等口的新堤，“起于家店，历铜瓦厢、陈桥抵小宋集，凡百六十里”。从此筑起了阻挡黄河北流的双重屏障，形成“北堤南分”的局面。（引文均自《明史·河渠志》）

（八）束水攻沙。

明初分流的结果是，到嘉靖三十七年（公元1558年），黄河在徐州以上分流达12支之多，曹县新集至徐州小浮桥故道125公里，全部淤塞。自此以后，“河忽东忽西，靡有定向”，漕运已无保证。隆庆六年（公元1572年），万恭总理河道，他批判过去治河的分流观点，认为黄河根本问题在于泥沙，治理多沙的黄河，不宜采取分流。从此治河思想有了新的转变。万历六年（公元1578年），潘季驯在第三次主持治河以后，进一步认识到黄河含沙多的特点，以“束水攻沙”的理论，来指导治河。

清代靳辅治河，基本上继承了潘季驯“束水攻沙”的治河方策，且有所发展。他提出“治河之道，必当审其全局，将河道、运道为一体，彻首尾而合治之，而后可无弊也”。他的治河措施，不外“筑堤以障其狂，减水以分其势，疏浚以速其宣”（《治河方略》）。他鉴于黄河上宽下窄的特点，在安徽砀山以下至睢宁狭窄河段，因地制宜地增建许多减水坝，如遇黄淮并涨之时，即开泄黄河北岸减水坝；若黄涨淮落，则南北两岸减水坝并开，把南坝分出的黄河水，经沿程落淤澄清，泄入洪泽湖，再从淮阴清口入于河，助淮以清刷黄。清代治河重点在洪泽湖清口一带。康熙皇帝曾告诫他的朝臣说：“洪泽湖水低，黄河水高，以致河水逆流入湖，湖水无以出，泛滥于光化、盐城等七州县”，漕运也受到严重影响。他说：“黄河何以使之深，清水何以使之出。”（《皇朝经世文编》）这是治河的关键。故有清一代，对清口的治理费了很大工夫，但到道光末年，洪泽湖已失去蓄清刷黄的作用，于咸丰元年（公元1851年）形成淮河改道入江的局面。

黄河下游河道是个复式河槽，在明清时代对河道和滩区即有治理的措施，如堵塞滩区串沟，严禁滩区居民培筑民埝，在河道出现横河，溜势顶冲滩岸，形成大河“入袖”之势时，采用“引河杀险”之法化险为夷。咸丰五年（公元1855年）铜瓦厢改道后，兰考东坝头以上河道，发生溯源冲刷，两岸形成高滩。在光绪年间，刘成忠在《河防刍议》中提出：“夫滩者，堤之藩篱也，滩存则堤固，滩去则堤危。”尤其“今日之河，与古尤异，上滩之时少，塌滩之时多，往往高于水五至七尺，大溜一至，塌卸不已，盖水之上滩，视水面之高低；溜之塌滩，则视溜头之向背，不能上滩者，未尝不能塌滩也，于滩留数武之地，即可为堤减数丈之水，即其上滩，亦不足患，况其不能也。”他鉴于一般洪水上不了高滩，但高滩坍塌又很严重的状况，强调指出：“今日之河，所以必以守滩为要务也。”光绪十三年吴大澂任河督时，在他的治河实践中总结出一条经验，于河南荥泽汛八堡黄河大堤上立一石碑勒文曰：“老滩土坚，遇溜而日坍；坍之不已，堤亦渐圮。我今筑坝，保此老滩，滩不去则堤不单，守堤不如守滩。”同时山东刘鹗在《治河五说》中也提出，在河滩上“宜筑斜堤，以澄淤填堤”的固滩措施，都认识到守滩固槽保堤、控制河势的重要性。现在河南黄河北岸武陟姚期营至秦厂，封丘之古城上下，南岸兰考夹河滩至丁圪垱等处的石护岸工程，均是清末时在高滩上修筑的。又如山东黄河南岸邹平的梯子坝，亦为当时固滩保城（那时齐东县城在河滩上）的工程措施。以上工程至今仍起保滩和控导河势的作用。同时在险工堤段，还进行了放淤固堤的措施。通过以上工程措施，进一步达到固堤刷槽，有利排洪之目的。

明清两代，也有提出在上中游进行沟洫治理和沟涧筑坝汰沙澄源的治河意见，但以当时历史条件所限，难以实施。

以上是黄河几千年来的治理概况。今天黄河下游的治理已初步形成“上拦下排，两岸分滞”的防洪工程体系，所谓“上拦”，即上中游蓄洪拦沙，进行水土保持；所谓“下排”即宽河固堤，开展河道整治，固定河槽，增大排洪排沙能力；所谓“分滞”即两岸设置分滞洪区，以防异涨。回顾过去的治黄历史，除了“上拦”，古代只提出一些设想外，其余“下排”和“分滞”的工程措施，古代已有先例，因此“上拦下排，两岸分滞”这八个字，已总结了几千年的治河经验，并正以现代化的治河手段，不断发展和创新。

六、关于河南确保堤段防洪问题

1991年，第七届全国人民代表大会第四次会议通过的《关于国民经济和社会发展十年规划和第八个五年计划纲要》，把黄河小浪底水利枢纽工程列入“八五”计划开工建设项目，黄河的治理开发将进入一个新的阶段。

这年，江淮流域降雨强度大、持续时间长，遭遇特大水灾。太湖出现了比1954年最高水位高0.14米的高水位。据统计，1991年，全国洪涝受灾面积36894万亩，成灾面积21921万亩，死亡5113人，倒塌房屋497.9万间，直接经济损失779.08亿元。

我关注着江淮流域的水灾情况，既为期盼已久的小浪底工程上马而欢欣鼓舞，又为黄河的防洪安全而忧心忡忡。如果黄河下游发生大洪水怎么办？黄河下游防洪中还应该注意哪些问题？这些问题常常萦绕在我的心头。

我认为，在建设小浪底工程的同时，黄河下游防洪除充分发挥现有防洪工程作用外，还要进一步强化堤防工程，加快蓄滞洪区及三门峡库区安全设施建设，并改善非工程防洪措施。尤其值得注意的是河南黄河的确保堤段，当发生任何类型大洪水时，都是首当其冲，风险最大，必须根据这一河段现有河道的排洪能力和防洪工程的实况，对防御超标准洪水，作出有效的预防措施，以期把确保堤段的防洪，建立在一个安全可靠的基础上。

河南省黄河防洪的确保堤段，是指现行河道武陟沁河口至兰考东坝头的游荡河段的两岸堤防。北岸大堤由武陟沁河口经原阳至封丘鹅湾，堤线长约130公里；南岸大堤自郑州保合寨经中牟、开封至兰考东坝头，堤线长约140公里。两岸堤距宽5~15公里，一般宽7公里左右。堤防防御标准，是当花园口水文站发生22000立方米每秒洪峰流量时，确保两岸堤防不决口。若遇花园口水文站30000~46000立方米每秒超过上述防御标准的特大洪水时，除充分利用东坝头以下北金堤滞洪区及东平湖分洪措施外，还要运用黄河北岸封丘大功临时溢洪堰进行分洪。但这些措施，主要是解决大功以下河道排洪能力不足的问题。而大功以上两岸堤防既是河南省防洪确保堤段，又有防御超标准特大洪水的严重任务，这不能不说是确保堤段中的风险之段。黄河下游河道为地上“悬河”，武陟沁河口一带滩面高程比新乡市地面高出25米，开封黑岗口一带滩面高程比开封市地面高出13米，大洪水时，万一在这一河段决了口，水位居高临下，一泄千里，其被灾范围最广，为害程度最大。这确是关系大局的关键河段，必须高度重视。

为了说明这个问题，我回顾和总结了历史上河南黄河改道、决口的情况及其特点。

从历史上看，河南省黄河在古代走现行河道以北时，黄河多次大改道，都在河南境内，如周定王五年（公元前602年）大改道，在浚县宿胥口；王莽始建国三年（公元11年）改道，在魏郡（今濮阳北）；北宋庆历八年（公元1048年）改道，在濮阳商胡，均入渤海。南宋建炎二年（公元1128年）

杜充决河，是在滑县李固渡。自此以后，黄河逐渐南移，夺淮由江苏安东（今涟水）入黄海，行河长达700余年。到清咸丰五年（公元1855年），又在兰阳（今兰考境）铜瓦厢决口改道，黄河夺大清河由山东利津入渤海，即现行河道。今沁河口到东坝头河段，即明、清河道在河南境的最上段。这段河道从明弘治初到1949年500多年间，1855年铜瓦厢改道前，北岸决口比南岸多，计北岸决口12年次，南岸决口7年次；铜瓦厢改道后，由于发生溯源冲刷，河道下切，北岸武陟到封丘鹅湾，南岸开封到兰考东坝头，均形成了高滩，一般洪水上不了滩，故北岸大堤除武陟詹店在1933年大水有一次漫溢外，决口多在南岸的险工堤段。

南岸黄河大堤决口的泛道主要是贾鲁河、颍河和涡河、淝河等。如果在中牟至开封上下堤段决口，泛水主溜多走涡河、淝河，均分道夺淮入黄海。在历史上河南发生过两次3万立方米每秒的特大洪水，均在中牟境内决口。一为乾隆二十六年（公元1761年）大洪水，当时与沁河洪水相遇，推算花园口洪峰流量32000立方米每秒，在中牟杨桥险工段决口，使豫、皖地区33个州县被灾；二为道光二十三年（公元1843年）陕州洪峰流量为36000立方米每秒，又在中牟九堡险工段决口，使豫、皖地区27个州县被灾。另外，还有道光二十一年在开封张湾决口，直灌开封城，被灾29个州县。尤其1938年抗日战争时期国民党军队在花园口扒口，豫皖苏三省44个县（市）被淹，受灾人口达1250万，死亡人口89万。所以1985年中央防汛总指挥部在《关于黄河、长江、淮河、永定河防御特大洪水方案的报告》中指出："黄河在南岸郑州至兰考东坝头一带决口，洪水泛滥范围，西起贾鲁河，东至涡河、沱河，南抵淮河，面积约28000平方公里，人口1500多万，开封等城市，将遭严重灾害，陇海路中断。”说明南岸决口为害最大。北岸堤防由于明代以后，为了保漕运在治河上重北轻南，北岸在武陟木栾店以下修太行堤作二道防线，故在明清两代，北岸堤防决口还有太行堤用作屏障，但也多次被溃水冲破封丘一带的太行堤，水至山东张秋，又穿过运河汇大清河入于渤海，有时溃水也分入卫河。现太行堤在封丘县境以上均残缺不堪，已无防洪能力，若一旦从北岸决口，失去二道防线的屏障，则泛水大有夺卫的可能。因此，黄河下游南、北两岸的堤防，也是淮河及海河的重要屏障。

同时，我还对河南黄河滩区情况、形成横河的原因及其危害进行了分析。

河南黄河两岸高滩，百余年来，洪水时期虽没有漫过滩，但不能说明今后防洪就没有问题。从历史文献资料分析，这些高滩在铜瓦厢改道前，属于二滩，一般洪水均可上水，滩面冲有不少串沟及支河，顺堤行洪，时常出险。如清雍正元年（公元1723年）河督齐苏勒奏称：“北岸阳武、祥符、封丘一带有岔河三道，各宽十五六丈，深六七尺，逼近堤根，绕行五十余里，始归正河。南岸清佛寺（在开封黑岗口东，已塌入河中）地方，有支流一道，宽一百余丈，深一丈四五尺，沿堤下注至四十里，始归正河。”到道光十七年河督栗毓美称：“道光十五年（公元1836年）到任后，秋水涨发原（武）、阳（武）两汛串沟，分溜刷成支河……当时分溜之始，汪洋浩瀚，拍岸盈堤。”道光十九年栗毓美又奏称：“北岸自黄沁厅之武陟汛至卫粮厅封丘汛，长二百余里地势低洼，堤前水沟宽深，久为隐患……南岸下南厅祥符下汛至陈留汛十四堡，工长六十余里（即今开封柳园口至兰考三义寨）地势低洼，伏秋盛涨，堤根水深至八九尺。”这些老支河和串沟仍遗留在高滩上，不能不说是潜在的隐患。由于河床逐年淤积抬高，老滩的滩唇多被塌尽，滩面高程相对降低，1982年花园口洪峰流量15300立方米每秒时，高滩仅高出洪水位0.5米左右，甚至部分堤段偎水；如发生两万立方米每秒以上的洪水，高滩将全部漫滩，两岸百余年来未经过洪水考验的老堤将全部着河，老串沟亦有分水夺溜、顺堤行洪的可能，如无预筹措施，亦有发生抢大险的可能。

沁河口至东坝头河段，河势游荡多变，近年来两岸虽然有不少河道整治工程，使游荡范围由5~7公里，缩减至3~5公里，但现有工程，远不能有效地控制这段河势，仍时常发生横河现象。横河的出现往往是含沙量较大的洪峰过后、水位骤落时，由于滩岸河湾内溜势急剧上提，即在河湾内向纵深发展，淘成兜湾，形成横河。有时是由于大溜在滩岸淘刷坐弯过程中，在河湾下部遇到坚硬黏土层，水流到此受阻，使水流急转直下，形成了横河。还有的因一股歧流发展为主溜，斜向对岸，而形成横河。凡是受横河顶冲之处，在横向环流的作用下，使对岸滩嘴不断向河中伸展，致使河面缩窄，单宽流量增大，这样大河就成了“入袖”之势。若溜头碰到滩岸上，即迅速塌滩不止，碰到险工段，立即发生巨险，一时抢护不及，就能造成决口之患。如清嘉庆八年封丘大功决口，即因横河顶冲，塌滩甚速，刷至堤根，抢护不及，造成一次决口。清咸丰五年铜瓦厢和同治七年荥泽冯庄等险工段决口，均是横河所造成。中华人民共和国建立以来，开封以上河段，因横河出险就有5次之多，其中1983年原阳北围堤横河抢险达53个昼夜，共动用石料30000立方米，柳料1500万公斤，计用人工16万工日，耗资达263万元。

横河出现，是宽河道河势变化的特点。东坝头以上南岸临堤险工林立，长达50余公里，占南岸堤线长的三分之一强。在险工段发生横河出险，因没有退守的余地，威胁最大，故不可不慎。

在对河南黄河防洪形势分析和对确保堤段发生超标准洪水可能发生问题预测的基础上，我根据自己从事防洪抢险工作的经验，提出了保证防洪安全的对策。

新中国成立以来，沁河河口至东坝头河段，已有通过花园口22000立方米每秒的洪水考验。历史上虽出现两次30000立方米每秒以上的洪水，但均未通过中牟河段即告决口。今天这段河道的堤防抗洪强度远比过去增强，但由于河道不断淤积和河势变化无定，能否通过30000立方米每秒以上的特大洪水，尚无实际考验。为了确保这一风险堤段的防洪安全，对于超标准洪水可能发生的问题，需要作多方面的考虑和预测，做到有准备有对策，才能立于不败之地。

武陟木栾店至人民胜利渠渠口的堤防，是防御特大洪水的关键堤段。该堤段临背差悬殊大，是沁河北堤与黄河北堤连结之处，形势甚为险要，若黄、沁河洪水相遇时，在这里决了口，必导致黄、沁两河同步改道，有夺卫河直趋津沽之险。清代康熙帝有鉴于此，曾下谕强调："北岸太行堤自武陟木栾店起至长垣止……关系黄沁并涨，并卫河运道重门保障。”令河南巡抚催承修各官，对这段二道堤防要一律修筑坚固，“如有迟延，听其指参”。自此以后，还多次进行加修。到乾隆年间，河督白钟山对沁河木栾店一带险工，“改归黄河同知就近兼管，每年由官方设立长夫30名，驻工加倍防守”。说明古代对这一带堤防修守甚为重视。清末以后，为了预防大河在南岸邙山坐弯，把全河之水挑向北岸，故在武陟唐郭以下至京广铁路桥北端，先后在滩岸上修筑石护岸工程。民国以来曾经多次大溜顶冲出险，进行抢护，已有一定根基。但因多年未靠大河，石工失修，石料被扒去。这段石护岸工程是大堤的前卫，必须补修加强，以免河势一旦在这里着河，致生巨险。同时，这段堤防更应加意防护，因这是防御特大洪水的第一道关口。

对老滩上水后的防守问题，要充分考虑。现在北岸原阳高滩上，除原有不少老串沟外，还有一些新的情况，如引黄幸福渠堤南干渠，纵穿高滩长60余公里，渠道两岸均有渠堤，把高滩分为两部分。当大洪水时，因渠道阻挡，滩面过洪面积减少，水位必致壅高。该干渠虽将一些老串沟截断，但洪水上滩后，如把渠堤冲开，则干渠将成一道人为的支河，有引洪夺溜的可能。另外幸福渠闸口以上北围堤，是大河经常坐弯之处，如将围堤冲开，由于滩面横比降大，堤根低洼，水将流向干渠以北，在黄河大堤与干渠之间即成了行洪道，有造成顺堤行洪的严重局面。因此，这一带高滩上水之后，一要防堤南干渠夺溜，二要防北围堤决口，三要防顺堤行洪。对北岸柳园口以下高滩，因老串沟多被沙埋，河水上滩之后，要注意滩面水势流向，做好防御临堤出险的措施。尤其这一带老堤，常有獾狐出现，平时要检查消灭隐患，确保堤防稳固。

南岸险工堤段，由于险工多，在洪水涨落过程中，河势上提下挫，均直接冲击险工坝岸，更要提防横河的发生。除了险工多备石料外，凡出现横河的河势，进行抢险时，则南北两岸都要注意河势变化，根据情势发展，采取在对岸滩嘴挖引河的办法，以改善河势。在清代遇到横河抢险，多采用此法，颇为奏效。现在还可采用挖泥船或爆破的办法，更能起事半功倍之效，争取抢险的主动性。

为了进一步做好确保堤段的修守工作，应对沁河口至东坝头河段作模型试验。通过各级不同类型洪水（25000~50000立方米每秒），观察河势变化和了解这段河道最大排洪能力。要配合三门峡水库运用，确定不同类型洪水，针对不同堤段的威胁情况，制定相应的防洪对策，达到心中有数，做好准备，保证防洪安全。

七、潘季驯治河方策的研究

潘季驯是历史上热爱黄河、了解黄河和尽心治河的著名水利专家，他四任总河，两次罢官，虽经历了漫长的坎坷道路，但从事河务“朝于斯、暮于斯，壮于斯、老于斯”，以坚韧不拔的决心，坚持真理，力排万难，为治河做出巨大成就。我一直把他作为自己学习的楷模。他的人生历程、治河理论和实践都给予我许多启迪。

为纪念这位中国河工史上和水利史上的杰出人物，1995年9月，在他逝世400周年之际，中国水利史研究会和黄河志编委会联合在山东威海召开了“潘季驯治河理论与实践学术讨论会”。我参加了这次会议，并撰写了题为《潘季驯治河方策之探究》的文章。

文章中首先回顾了潘季驯治河的历史过程。

明朝在洪武、建文时代，定都金陵（今南京）。永乐九年（公元1411年），成祖迁都京师（今北京）。为了沟通与江南经济发达地区的联系，朝廷极力恢复元代的京杭大运河，以达到南粮北运巩固明王朝之目的。明朝对京杭运河开发经营后，漕运事业趋向繁荣。200多年间，每年从江南向北京运粮达400万石，最高达580万石，使京杭大运河成为明王朝的经济大动脉。

明代黄河经今河南郑州、开封、兰考，山东曹县、单县，安徽砀山，江苏徐州、淮安至涟水云梯关入于黄海。京杭运河，出山东境由黄河北岸茶城入黄河，经徐州至淮安清口，转入苏北运河，从扬州境内注入长江。清口即为黄、运两河的交叉点，因此徐州至清口约600里的黄河河段，成为大运河的主要组成部分，称为“河槽”。若黄河在淮安以上决口，就直接影响到大运河的水源和漕运问题，故有明一代，对漕运十分重视。

治漕必先治河，第一要确保关系国计民生的漕运通畅；第二要保证泗州、凤阳皇帝的祖陵和皇陵不遭水患；同时还要保证百万淮民安全。明初黄河游荡多变，轮番从泗水、颍水、濉、涡河入淮，此淤彼通，时常影响漕运。弘治八年

（公元1495年），刘大夏主持治河，修筑了“起胙城，历滑县、长垣、东明、曹州、曹县抵虞城，凡三百六十里”的太行堤，形成阻挡黄河北流的双重屏障，实行“北堤南分”，使黄河分由颍、涡、濉诸水注入淮河，从而“遏黄保运”。至弘治十八年（公元1505年）以后，大河不断北移，靡有定向，至嘉靖四十四年（公元1565年），黄河在曹县至徐州之间，共分出支河达13道之多，使沛县以北的运河，屡被冲毁，入昭阳湖，以致漕河淤塞，严重影响漕运。在此情况下，该年十一月朝廷命潘季驯总理河道，这是他首次主持治河。当时，河漕大臣朱衡，对治理这段运河，主张在运河东岸另开一道新河；潘季驯主张开挖旧运河。两人的治河主张有分歧，最后达到协调，在昭阳湖西岸南阳至留城开挖新河140余里；留城以南至境山疏浚旧运河53里，使漕运一度畅通。潘季驯这次治河不到一年，适值他母亲病逝，便于嘉靖四十五年（公元1566年）十一月离职，归乡守制。

隆庆三年（公元1569年）七月，河决沛县，又遇淮北水系泛滥，运河决毁，漕运又遭严重威胁。隆庆四年（公元1570年）八月，朝廷第二次任命潘季驯总理河道，并授提督军务。九月间他刚上任，黄河又在睢宁县古邳镇决口，使黄河段的河槽淤塞180余里，有千艘运粮船只被阻。潘季驯力挽狂澜，于隆庆五年（公元1571年）六月堵塞睢宁决口，挑挖运道80里，并培修加固两岸堤防，千艘船只得以复航。后因运船入新溜多被漂没，隆庆六年（公元1572年）潘季驯被勘河给事中雒遵弹劾罢官。

潘季驯被罢官后，朝廷任命万恭为兵部左侍郎兼右佥都御史总理河道，提督军务。万恭一改过去治河“多穿漕渠，以杀水势”的分流观点，认为黄河根本问题在于泥沙，在治理上不宜采取分流的措施。他提出“水之为性也，专则急，分则缓；河之为势也，急则通，缓则淤”(万恭《治水筌蹄》)；黄河是多沙河流，只有用堤来约束其就范，水深溜急，才能使河道“淤不得停”，而畅通入海。这是在治河思想上由“分”到“束”的一大转变。他治河期间，着重修筑徐州至宿迁小河口370里的堤防，并修缮丰、沛境内的太行堤，加强管理和防护，使“正河安流，运道大通”。这时黄河基本上稳定在徐州以下汇淮入海，使黄运紧密联系在一起。万恭于万历二年四月被罢官。

万历六年（公元1578年)，黄河决崔镇，洪泽湖高堰湖堤多被冲决，淮阳、高邮、宝应皆为巨浸，淮河入黄处的清口也被淤塞，漕运严重受阻。当时执掌朝政的大学士张居正十分担忧，遂举荐潘季驯治河。该年潘季驯以都察院右副都御史兼工部侍郎总理河槽，提督军务，这是他第三次治河。经过两次治河的实践和吸取万恭治河的经验，潘季驯进一步认识到黄河“水少沙多”的特点，在治理上强调宜合不宜分，提出“以堤束水，以水攻沙”的理论，来指导治河；把治理黄、淮、运三河的关系，作为一盘棋，统筹规划。他治理的总体思想是“通漕于河，则治河即以治槽；合河于淮，则治淮即以治河；合河、淮同入于海，则治河、淮即以治海”。在此原则下，对黄河进行了综合治理。两年多里，他堵塞了崔镇等决口130处，筑遥堤以防溃决，筑缕堤以束其流，大筑高家堰，束水入清口，并借淮水之清，刷黄水之浊，使黄、淮二水并力刷沙入海。以上工程于万历七年（公元1579年）竣工，共用银56万两。他在《河工告成疏》中说："一岁之间，两河归正，沙刷水深，海口大辟，田庐尽复，流移归业，禾黍颇登，国计无阻，而民生亦有赖矣"。说明他这一任内，职权最大，治绩最著。万历八年（公元1580年）他调任南京兵部尚书，离开了黄河。不久，朝廷以"党庇张居正"的罪名将潘季驯罢官。

潘季驯调职后的8年当中，万历八年到万历十六年，黄河连年决口为患。为了收拾这一残局，万历十六年，68岁的潘季驯在工科给事中梅国楼举荐下，第四次出任总理河道。他到任以后，对黄、淮、运进行全面的调查研究，提出整治河南、山东、江苏三省的防洪计划，为培修大堤保证质量制定了各项措施，提出了"四防二守"等有关防汛工作的规章制度，并进行了堵口和多次抢险大工。最后以他的丰富治河经验总结编成《河防一览》一书，阐述了他的治河方略和经验，对后世治河有深刻影响。由于晚年体衰多病，潘季驯于万历二十年（公元1592年）正月被解除总理河道职务，万历二十三年（公元1595年）四月十二日因病逝世，终年75岁。

结合长期从事治河工作的研究和实践，我感到，潘季驯治河是根据黄河多沙的特点，以治沙为中心，治漕与治河并重，并且采取了以下治河思路。

(1) 束水攻沙。古人说："水无情，而有性。"水性就下，因势利导，勿违其性，这就符合治水的自然规律。潘季驯认为"治河者，必先求河水自然之性，而后可施其疏筑之功"。但黄河是个多沙河流，每年由上中游向下游输送大量泥沙，黄河携沙而行，水和沙互相制约，与其他河流不同，因此治理黄河不但要知水性，而且要知沙性，既要治水，又要治沙。潘季驯在治河实践中，认识到黄河这一特点，把治沙列入治河的范畴。他反对长期以来“分流杀势”的治河方法，认为治河“分流诚能杀势，然可行于清水之河，非所行于黄河也。黄河斗水，沙居其六。以四升之水，载六升之沙，非极迅溜湍急，则必淤阻。分则势缓则沙停，沙停则河饱，河饱则夺河，河不两行，自古记之，藉势行沙，合之者乃所以杀之也”。他认识到黄河“水少沙多”的特征，改变了过去分流的观点，树立了“束水攻沙”的治理方策。

束水的办法，是两岸坚筑堤防，束水就范，固定河道，集中水流加大携沙能力，输沙入海。“束”与“分”是相对的，所谓“束”，是束水纳于一槽，不是把两岸堤距束得很窄。明代黄河下游河道也是上宽下窄。根据这一特点，潘季驯说：修堤须遵照“贾让不与水争地之旨，仿河南远堤制，除丰沛太黄堤（即太行堤）原址遥远、仍旧加帮外，查有迫近去处，量行展筑月堤”；“仍于两岸相度地形，最洼易以夺河者，另筑遥堤，如此诸堤悉固，全河可恃矣”。过去不少人认为，不把两岸大堤束得很窄，怎能起到刷沙作用？殊不知黄河两岸的主堤，主要是防御洪水或大洪水的，如洪水到来，拍岸盈堤，坚守两岸的堤防不决口，导使大河走中泓，“则必直刷乎河底”。一般说，黄河下游在洪水期间，有80%左右的洪水流量集中在主槽，冲刷力最大，可达到长距离的输沙效果，说明潘季驯所修两岸堤防主要是约束洪水归槽，冲沙入海，这与人民治黄以来，在下游现行河道，采取“宽河固堤”

的治河方针是相吻合的。现在黄河下游两岸防洪大堤计长1400公里，经过多次培修加固和沿河险工石化，以及淤背固堤工程，大大加强了防洪能力。1958年花园口发生22300立方米每秒的大洪水时，拍岸盈堤，由于沿河军民严密防范，确保了堤无旁决，使河床发生长距离冲刷至河口。这场洪水，主槽冲沙达8.66亿吨。一般说，黄河下游河道，每年淤在河道的泥沙为4亿吨左右，其中约2亿吨淤在主槽。1958年一次洪水主槽的冲刷量，相当于主槽淤积量4年之和，从而说明潘季驯筑堤束水之真谛。近代水利专家李仪祉说："潘氏之治堤，不但以之防洪，兼以之束水攻沙，是深明乎治导原理者也"。（《科学》七卷九期）

黄河下游是个堆积性很强的河流，河槽两岸有宽广的滩地，主槽变化不定，由于泥沙淤积，河槽萎缩，往往与滩面相平。潘季驯说："大河之败，不败于溃决之日，而败于槽平无溜之时。"这时如遇洪水，溜势多变，势必旁挺横溢，即有决口之患。因此他特别强调"治河之法，别无奇谋秘计，全在束水归槽"，主要是固定中水河槽。他提倡在遥堤之外，河槽两岸修筑缕堤，遥堤、缕堤之间修筑格堤；水位高时，洪水可以漫溢缕堤，遇格即止，这样可以缓溜淤滩，固定河槽，起到淤滩刷槽的作用。他这一措施，20世纪30年代德国水利专家恩格斯曾评论说：潘氏所筑缕堤，"是用以范纳寻常水位之河流者也，如此之堤，则非堤的本义，而为固定中水河流之护岸而已……潘氏以遥堤防洪，以缕治槽，区别分明，则甚得也"（沈怡《黄河问题讨论集》）。恩格斯在这里对潘季驯的治河方略作了充分的肯定。我们现在黄河下游大规模的河道整治，是在“宽河固堤”的前提下，采取“因势利导”的原则进行的，已在河槽两岸相机修筑护滩控导工程181处，配合原有堤防险工134处，在控导有利河势、固定中水位河槽方面，已取得很大成效。这与潘季驯提出治河“全在束水归槽”这一设想是一致的。他用缕堤束水之目的，就在于固定中水位河槽，后来滩淤岸高，缕堤放弃。

(2) 借清刷黄。自南宋黄河南泛之后，淮河在淮安清口以下即被黄河所夺，洪泽湖承全淮之水，汇于黄河。而湖水又分流在清口以上，出运口，济苏北运河以通漕，即所谓“七分入黄，三分入运”。这样黄河、淮河、运河、洪泽湖四者之间关系甚为密切，清口成为治理黄、运之焦点。明永乐年间，陈瑄在洪泽湖东岸筑高家堰，主要防淮河东侵，成为苏北淮扬一带之屏障。明万历六年（公元1578年），黄淮大决，淮决高家堰，河蹑于淮后，流入苏北运河，清口大淤，漕运梗阻。潘季驯在第三任治河时，综合分析当时黄、淮、运、湖的形势，提出“借水攻沙，以水治水”的方策，于是尽塞淮河诸口，坚筑高家堰长达60余里，并在堰上修减水坝两座，利用洪泽湖作为平原水库，蓄全淮之水，抬高湖区水位，逼水从清口入黄，借淮水之清，释黄河之浊。使黄、淮二渎合流，并力刷沙入海，当遇到淮河大洪水，必要时可从减水坝相机分水东泄，以保高堰安全。同时由于淮水由清口畅入黄河，也可减轻湖区回水对泗州祖陵的威胁，他这一治河措施的实施，既可以“以清刷黄”，又可保淮南无水患，还可使漕运通畅，所谓一举三得。这是潘季驯因地制宜，因势利导，综合治理的一大成就。

人民治黄以来，考虑到黄河水源不足，从20世纪50年代起，就有向长江借水之设想。长江的水源丰富，年径流量9600亿立方米，为黄河花园口水文站年径流量560亿立方米的17倍之多，经调查研究，提出南水北调西线、中线、东线三条路线。由于黄河流域城市生活和工业供水不足，尤其黄河下游连年3~7月份发生断流现象，1995年利津断流时间最长，达110多天，泺口断流50多天，断流最上达河南夹河滩，不但影响两岸农业灌溉，而且使河道严重萎缩，后患很大。现在南水北调已提到治河的议事日程，正在做前期工作。西线引通天河、雅砻江或大渡河的水；中线从丹江口水库引水；东线从扬州抽江引水，每条路线均可引水100亿~200亿立方米。引长江水主要为黄河流域水土资源的开发利用，同时借长江水还可起到长距离增水减淤的作用。随着黄河干支流整体规划的逐步实施，下游河道可望达到水沙平衡，不再淤积抬高。

（3）分洪防溢。潘季驯在治河实践中，已认识到黄河下游河道上宽下窄，排洪能力不同，如洪水超过某河段排洪能力，即有浸堤决口之虞。根据当时河道情况，他在窄河道易于漫溢的堤段，倡修减水坝，“是防异常之涨，非以减平槽之水也”。当时选定“古城镇之下崔镇，桃源之陵城，清平之安娘城”土性坚实堤段，各修减水坝一道，坝顶低于堤顶二三尺，用石修护，防水冲汕。坝宽30余丈，“万一水与堤平，任其从坝滚出，则河槽者常盈，无淤塞之患，出槽者得减，而无他溃之虞，全河不分，而堤身固矣”。减水坝盈出之水，均由近海处之流口入海，损失不大，这是为防较大洪水所采用的牺牲局部保全大局减少损失的防洪措施，对后世防洪有很大启示。有清一代也仿照修了不少减水坝，以防盛涨，起到良好效果。

黄河自1855年铜瓦厢改道后到1949年，94年间黄河现行河道没有一处分洪工程，大洪水时常常决口，损失很大，现行河道总的形势也是上宽下窄。下游防洪标准为防御郑州花园口22000立方米每秒的洪水不决口，但山东河道孙口以下只能通过1万立方米每秒的洪水。据分析计算黄河还可能发生46000立方米每秒的大洪水。因此在孙口上下河段两岸，共设分滞洪区3处，一为大功滞洪区；二为北金堤滞洪区；三为东平湖滞洪区。除大功外都设置了通信预警、反馈系统和救护措施，分洪口均有闸、坝工程控制。其中北金堤分洪闸最大分洪流量为1万立方米每秒，为当世所仅有。遇到大洪水时，根据水情预报和不同洪水类型，与三门峡水库及支流水库联合运用，制订各级洪水分洪方案，做到各级类型洪水有准备，有对策，防患于未然。一旦大水到来，可以临危不乱，减少损失，使得黄河防洪措施更加完备和及时。

(4) 不弃故道。《明史纪事本末》中说："潘季驯之治水，唯求复故道而已。"他主要是为了维护运道和拯救丰、沛之患。万历六年由于高堰、崔镇决口尚未堵合，运道一时受阻，就有人力主勿塞决口，别开支河分水入海。以后偶有一决，即有弃故道觅新道的建议。潘季驯先后四次治河，一直维持故道，贯彻坚守堤防、束水攻沙的方策。他批判宋代欧阳修"黄河已弃之故道，自古难复"的道理，举出西汉瓠子决口及元代白茅决口堵塞、河复故道之成功经验。他指出："徐邳之间屡塞屡通，如以为故道不可复，则徐邳久为陆矣。"他根据黄河多沙的特点，认为“黄河何择于新故，故则淤，新则不淤，驯不得而知也”，从而驳斥当时弃故道而凿新河之主张。但自明代以来到现在不断有人提出弃故觅新人工改道的设想，历史实践证明潘季驯提出不弃故道这一论点，是有一定道理的。如万历二十三年总河杨一魁提出“分黄导淮”的治河措施，曾在黄河左岸桃源开黄河坝新河，到安东五港、灌口挖300余里的新河道引黄入海，但新河不久即淤塞，大河仍循原河道入海。清康熙三十五年（公元1696年），总河董安国因海口淤垫，下流宣泄不畅，乃于云梯关下马家港挑挖引河1200余丈，导河由南潮河东注入海，老河道修御黄坝予以堵塞，但不到5年，新河道淤塞，乃将御黄坝拆除，大河仍由老河道入海。

人民治黄以来，当代治黄专家王化云同志在主持治河时，提出“把黄河粘在这里，予以治理”，即把现行河道固定在这里，不同意人工改道，与潘季驯的治河主张是一致的。其中道理显而易见，因为黄河如改入新道，与大堤决口不同，大堤决了口，泛滥的范围无限制，可以大面积地淤积；但河走新道，局限于两堤之间，淤积速度较快，时间久了，又成为新的悬河。这就是潘季驯所说的“故则淤，新则不淤，驯不得而知也”。另外河改新道，还牵涉到占用大量土地，移城迁房、人口搬家等重大问题。

（5）先下后上。明代嘉靖以后黄河下游河道，与现行河道相似，也是上宽下窄。大致从河性来分，当时孟津至兰考东坝头，为游荡性河段；东坝头至徐州，相当于过渡性河段；徐州以至安东（今涟水）相当于弯曲性河段。潘季驯治理下游，根据河道情况，一方面为保证漕运通畅，必须先治徐州以下河段；另一方面从治理程序上来看，先易后难，也应先治弯曲性河段，再逐步上延治理游荡性河段。他说：“臣窃唯黄河防御甚难，而中州（河南）为尤难……自三门孟津以下地皆浮沙，最易冲刷……故自汉迄今，东冲西决，未有不始自河南也。”“黄河并合汴、沁诸水，万里湍流，势若奔马，陡然遇浅，形如槛限，其性必怒。奔溃决裂之祸，臣恐不在徐、邳，而在河南、山东也。缘非运道经行之处，耳目所不及见，人遂以为无虞，而岂知水从源决出，运道必伤。”这一段文字既说明了游荡性河段的难治，又说明为保运道，更不能忽视游荡性河段修守，因此在任内，他对河南南、北两岸的堤防和重要险工及沁河堤防，均进行大规模培修加固，并十分重视修堤的质量和防护。至于对游荡性河段如何进一步治理，他说：“河南虽非运道，经行之处，而河情水性与徐淮无异，则当以治徐淮者治之矣”，也即用束水归槽整治方法。这对游荡性河段来说，则需有一段艰巨的治理过程，潘季驯未能完成这一历史任务。

人民治黄以来，从20世纪50年代开始，已先在艾山以下弯曲性河段，进行重点河道整治，现在这段河道，已完全得到控制。70年代又开始整治艾山以上到高村的过渡性河段，现已基本得到控制。高村以上至孟津游荡性河段的整治，两岸已布设了不少节点工程。到90年代，游荡性河段的变化幅度虽已由5~7公里，减少到3~4公里，但仍未达到整治的要求，说明游荡性河段的整治的确十分艰巨。但从整治河道程序上看，与潘季驯是不谋而合的。

（6）导河浚海。明代黄河由江苏安东（今涟水）云梯关注入黄海。在潘季驯治河时，朝臣们常常议论，黄河多患，病在海口淤塞，应以浚海为上策。因此，潘季驯曾亲往海口作了视察。经过实地查勘，他了解到云梯关四套以下“阔七八里至十余里，深皆三四丈不等”，若用人力加以疏浚，工程艰巨，必不能成，故提出“海无可浚之理，唯当导河以归之海，则以水治水，即浚海之策也”；认为“今浚海之急务，必当先塞决以导河，尤当固堤以杜决”，只要“固守堤防，河不旁决”，“尽令黄淮全河之力，涓滴悉趋于海，则积沙自去”；“上流之淤垫自通，海不浚自辟，河不挑而深矣”。这就是“固堤即所以导河，导河即所以浚海”之真谛。潘季驯治河，两岸堤防只到云梯关四套，四套以下至河口附近已无堤防，主要利用水流之冲刷力，顺其自然，自身调整比降，奔流入海。后来他在《高堰请勘疏》内，提到采用此种措施，使“海口倍加深渊，此皆河、淮合流冲刷之明效也”，证明了当时固堤导河浚海所起到的作用。

现行河道自1855年铜瓦厢改道后，由山东垦利县入于渤海，在河口尾闾河段，一直处于淤积、延伸、改道的变化之中，计自1855年到1946年，河口一带改道入海达6次之多，每年黄河入海流路在三角洲范围内，呈现互不重复的循环演变。1946年以后到1993年黄河两岸大堤进行了3次大规模复堤，堤防抗洪能力增强，确保了50年黄河伏秋大汛不决口。因河不外溢，充分利用水力携沙入海，并在垦利以下河口三角洲内进行3次人工改道，调整河流比降，最后一次是1976年在垦利西河口改道，已行河18年。这与潘季驯治河所倡导的以水治水导河浚海之策如出一辙。20世纪60年代以来，由于黄河三角洲农、林、牧开发利用的需要，尤其胜利油田的发展以及城市供水的需要，主要用堤防稳定清水沟自西河口到孤岛的河段，用以束水导流刷沙，而在孤岛以下尾闾河段，仍要适当进行局部改道，来控制河道延伸，以免水位抬高，影响防洪。

潘季驯治河时，任务繁重，如“祖陵当护，运道可虞，淮民百万，危在旦夕”，同时他治河的范围又广，包括淮南、淮北、河南、山东、江苏的河防和运道。在此情况下，他在处理黄、淮、运三河的关系上，颇费心机。潘季驯的治河方策，不是凭空想的，而是在他长期的治河实践中，深入调查研究，并借鉴前人的治河经验，不断探索黄河水沙规律，不断分析总结，提高到理论，又从理论上来指导实践，因而提出的，既有科学性又有实用性，是经得起考验的。回顾400年来的历史，黄河下游的治理，基本上遵循了潘季驯“筑堤束水”、“以水治水”的治河方策，并不断有所发展和创新。潘季驯治河的丰功伟业，为黄河下游治理树立了历史丰碑。

我对潘季驯治河方策的认识主要体现在以下几点：

(1) 潘季驯在治河时期，重视调查研究，对所辖淮北、淮南和豫、鲁、苏三省的河务与漕运的情况，均进行全面查勘和深入的研究，可以说是胸怀全河。当然这个“全河”只限于黄河下游，对黄河水沙处理，也是着眼于下游。这是由于总理河道职权范围所限，只是治理下游，不可能从黄河全流域来考虑治理问题，因此他的治河，有一定的局限性。

（2）为达到“筑堤束水，以水攻沙”之目的，只要求河不旁决，束水攻沙，就想达到河道不淤，河口不延伸，历史实践证明，是不可能的。人民治黄以来，在宽河固堤的方策下，经过近50年的治理，伏秋大汛虽没有决过口，而下游河道仍不免淤积抬高。因黄河泥沙是来自中、上游，如不从上、中、下游全面治理，单从下游治理水沙，无法实现正本清源和水沙平衡的目标。

（3）借清刷黄，主要借淮河之水，但淮、黄洪水来源不同，如汛期淮河洪水先到，洪泽湖蓄满，水从清口出，有利于刷黄。如黄河洪水先到，则黄水从清口倒流入湖，占了洪泽湖库容，俟黄河水落，淮水和黄水才能相会并力刷沙。在此涨落过程中，清口上下和湖区泥沙淤积，在所难免。故有清一代，在清口以上湖尾地带开挖5~7道引河，时常进行清淤，后来在清口以下顺河修束水坝，引导淮水入黄。总之在当时清口没有水闸启闭控制，加以黄强淮弱，清口及湖区不免年年淤积。故万历十九年九月泗州大水祖陵亦未能免除水患。到清道光年间，淮水已不能起到刷黄的作用。

（4）总理河道为明代治河的最高官员，总河之下是各司道管河官；再下是各州县管河官，共负河防之责，使治河组织和修防管理制度进一步完善。潘季驯当时以工部尚书右副都御史衔总理河道，兼提督军务，总揽治河大权，由于总河事权统一，责任明确，分工合理，赏罚分明，故他提出的治河方略，能够贯彻执行。

（5）潘季驯前后4次治河共计27年，而实际治河时间仅有10年，每任相隔1~8年。这样的间断性治河，使他的治河方针政策不能连续贯彻实行。如连任27年，不断总结经验，其治绩可能更加辉煌。如当代治河专家王化云，他率领全河职工，连续治河40年，取得了空前的成就。

（6）从潘季驯治河以后这400多年的治河情况来看，虽尽最大努力，采取各种不同措施，下游洪水威胁还没有完全解除。现在有了三门峡水库，小浪底枢纽已开始施工，1997年可以截流，2000年可以建成。该工程完成后，配合三门峡水库运用，特大洪水的威胁可以减轻，使下游百年一遇洪水，到花园口洪峰流量减为16000立方米每秒，千年一遇洪峰流量可减到22000立方米每秒，说明下游仍有防洪任务，出现这样的洪水，还是十分严重的。同时清水下泄，河道下切，冲刷严重。再从下游历史演变来看，黄河中水流量出险较多，尤其1000~3000立方米每秒的流量，易于出现斜河或横河，直冲大堤。故在枯水时期，仍不免发生险情，因此黄河下游防洪任务是漫长而艰巨的，千万不能忽视。（文中除说明外，引文均见潘季驯《河防一览》）

八、研究黄河水利史的体会

作为一个治黄工作者，需要知古知今，既要了解黄河的现在，又要了解黄河的过去。所谓知古，就是要研究黄河的历史，研究治理黄河的历史，从中认识黄河发展变化的规律，分析研究各个历史时期的治河方略和经验、教训。知古的目的是在于寻求历史借鉴，为现实治黄服务。

黄河流域是中华民族的发祥地，有5000年的文明史。黄河中、下游地区，曾长期是中国的政治中心，上自三代，中历秦、汉、隋、唐，下迄北宋，诸多王朝均在这里建都。统治者出于政治、经济发展的需要，从公元前21世纪大禹治水起，没有不关心治理黄河的。禹疏导九河，平治黄河水患。商代为避河患也曾数迁其都。西周以后，黄河下游两岸陆续修筑了堤防，战国中期魏迁都大梁（今开封）后，开凿鸿沟，沟通了黄淮水系的漕运。秦、汉大一统天下，黄河得到统一治理，以关中为重点，大力发展农田水利，兴建了郑、白、六辅、龙首等渠以及内蒙古、宁夏地区的灌溉工程。在下游防洪和运河治理方面，亦有较大发展，提出了不少治河论说。如齐人延年和孙禁的"改道论"，冯逡的"两河分疏论"，关并的"滞洪论"，还有贾让提出的"治河三策"，等等。东汉迁都洛阳后，黄河下游治理的规模较大，王景自河南荥泽以下至千乘海口筑堤千余里，使河、汴分流，黄河从此出现了一个相对稳定的时期。隋代治河的重大成就就是沟通了海河、黄河、淮河、长江与钱塘江五大水系的航运。唐都长安，关中地区的农田水利又有较大发展。在黄河下游除防洪外，还大力发展河汴漕运。北宋建都开封，对黄河下游防洪极为重视，修堤、堵决工程不减于前代，且发展了卷埽的应用和堵口技术，以及浚淤器械的发明创造。王安石辅政时，制定了《农田利害条例》，大兴水利，利用黄河和支流的浑水，进行大规模放淤改土，发展农业生产。金泰和二年（公元1202年）颁发了《河防令》，共计11条，这是黄河最早的一部防洪法规。其中规定沿河州县管河的官员每年6月1日至8月底，轮流驻工防汛，9月1日还职。元至正三年（公元1343年）河决曹州白茅口，十一年，贾鲁采取疏、浚、塞综合措施，创造石船堤堵口法，取得了堵口的胜利。明清两代治河，重在筑堤防决以利漕运，提倡“束水攻沙”之说，在理论上作出了重大贡献。1840年以后，近代西方水利科学技术的引入和李仪祉上、中、下游并治方略的提出，在治黄理论和实践上，又大大地向前迈进了一步。

数千年的治河实践，积累了丰富的经验，留下了大量的著作。如《史记·河渠书》、《汉书·沟洫志》,《宋史》,《金史》、《元史》、《明史》、《清史稿》中的《河渠志》以及其他记载黄河地理变迁、治理活动的专著、专论等，计250余部，真可以说是汗牛充栋。这些治河典籍，是治河宝库中的珍贵遗产，应当继承和发展，其中汇集了大量有用的资料，系列长、内容多样而有连续性，尤须认真地进行研究。

因此，我认为，黄河水利史研究是整个中国水利史研究中的一个重要方面。从20世纪30年代中期开始，黄河水利史的研究工作发展较快，取得了很大的成就。从1936年至1949年的14年间，编辑了《再续行水金鉴》并刊印了其中的《河水》部分，共计107卷。新中国成立初期，又编写了《从历史文献了解黄河1843年大洪水》，并被黄河规划委员会采用作为确定该年洪水流量的基础资料之一。此后相继出版了张含英的《历代治河方略探讨》、《明清治河概论》，姚汉源的《中国水利史稿》，谭其骧主编的《黄河论丛》，中国水利史研究会主编的《黄河水利史论丛》，黄委会主编的《黄河水利史述要》，以及内蒙古水利厅陈耳东编著的《河套水利简史》等。从70年代中期开始，黄委会组织力量收集了古代治河文献专著10000余册，复印清代治河奏折23000余件。1979年《人民黄河》期刊又开辟了治黄史研究专栏，为进一步开展黄河水利史研究工作创造了更为有利的条件。发表的研究黄河史的论文研究面颇广，有评述和探讨历代治河方略的，有研究、调查黄河下游古河道的，有研究黄河下游河床冲淤演变规律、探讨现行河道行河寿命的，有研究分析下游河道整治的历史经验的，还有研究引黄淤灌的历史经验的。

此外，国外的一些学者，对研究中国水利史也甚为重视。如日本国就对中国历代水利研究颇多，有不少研究成果，尤其对黄河史的研究用力更多，设立了“宋史河渠志研究会”，专门研究宋代的黄河治理。中、日两国从事水利史研究的学者，曾多次进行互访。1986年日本学者森田明、西冈弘晃、藤田月敖、松田吉郎等，应邀参加了中国水利史研究会在桂林召开的年会，交流了研究成果，增进了中日两国人民的友谊。

研究历代治黄史，当前治理黄河能从中得到不少启迪。

譬如，关于历史洪水的研究。研究黄河历史上的大洪水，可以弥补水文资料系列短的不足，为治黄规划设计提供更加接近实际的洪水资料。黄委会比较集中地研究了两次历史洪水。一次是清乾隆二十六年（公元1761年）七月十八日的洪水，此次洪水祥符县属（今开封市北境）黑岗口共涨水七尺三寸，经研究分析，估算花园口洪峰流量为32000立方米每秒。此次洪水是由三门峡至花园口区间来水形成，属“下大型”类型洪水。另一次是清道光二十三年七月（公元1843年8月）的大水。此次洪水来自陕县以上，是“上大型”类型洪水。据渑池县东柳沃村碑文所载“七月十四日河涨数丈，水与庙檐平”分析，结合其他史料查证及陕县水文站历年水位涨落的规律估算，陕县洪峰流量为36000立方米每秒，其重现期约为千年一遇。以上两次历史洪水的研究，为制定治黄规划和确定黄河下游防洪标准，提供了依据。

再如，关于治河方策的借鉴。明代潘季驯提出的“以堤束水，以水攻沙”的治河方案，是治黄史上重要的治河方略之一，至今仍有值得借鉴的地方。其具体措施是修筑遥堤和缕堤，遥堤、缕堤之间修格堤，“遥堤约拦水势，取其易守也”；“缕堤拘束河水，取其冲刷也”（王锡爵《印三潘公墓志》）。格堤的作用是由于黄河多沙，洪水漫滩，必然落淤，万一缕堤冲决，横流遇格堤即止，可免泛滥，大河水落后格堤间的水仍可归槽，“淤留地（滩）高，最为便益”《河防一览·河防险要》）。滩高于河，“缕堤有无，不足较矣”（《总理河槽奏疏·条议河防未经事宜》）。其目的是使滩地淤高，集中水流，冲刷河底。20世纪30年代早期，德国水利专家恩格斯曾说：潘氏的缕堤是“用以范纳寻常水位之河流者也……为固定中水河流之护岸物而已……潘氏以遥堤防洪，以缕堤治槽，区别分明，则甚得也”。说明了潘氏治河是力图通过滩区治理来固定中水河槽的，大水时集中水流，加大主槽的泄洪排沙能力，再加上“蓄清刷黄”的措施，以达到借水攻沙、以水治水的目的。恩氏固定中水河槽的方案，明显地从这里得到了借鉴。现在黄河下游防洪，还是主要依靠两岸的堤防。为了固堤，除加强堤防本身以外，大力进行河道整治，淤滩防串，主旨也是为了固定中水河槽，以利输沙入海。我们今天的“淤滩刷槽”的治理准则，就是在潘季驯治河方策的启示下发展起来的。

又如，引黄放淤利用泥沙的经验。早在汉代，黄河流域的干、支流上就已利用浑水淤田了。所谓“泾水一石，其泥数斗，且溉且粪，长我禾黍”（《汉书·沟洫志》），就是利用多沙河流的浮游质来淤地肥田的。北宋时利用黄河及其支流的浑水泥沙进行大面积放淤，并取得了很好的效益。清乾隆年间冯祚泰提倡在黄河下游放淤，认为“盖留沙之利有四，地形卑洼，籍以填高，一利也；田畴荒瘠，籍以肥美，利二；堤根埽址，籍以培固，利三；日淤日高，以沙代岸，利四”。清代胡定还提出在黄河中游的沟涧中建坝，汰沙澄源，这实际上就是修建淤地坝。我们现在上中游进行的引洪漫地、修建淤地坝，在下游进行的放淤固堤、淤地改土等措施，都是在总结历史经验的基础上而逐步提高的。

至于有关研究下游决口的启示，则更具有重要意义。黄河下游历代堤防决口很多，一次洪水决口多达十几处或几十处。如1761年一次大洪水，自河南荥泽到山东曹县两岸决口27处；1819年一次洪水，从开封到兰阳（今兰考县）之间50多公里河段，两岸决口8处；1933年一次洪水，河南、山东两省堤防决口36处。从历史决口的地点分析，险工堤段决口少，而平工堤段决口多。因为洪水时溜向取直，河势下挫，常常使平工出险，以致决口泛滥。归纳平工决口的原因，可分三种：一是滩面串沟走溜，顺堤行洪；二是滩岸塌尽，顶冲大堤；三是堤身存在隐患，发生漏决。研究决口位置与决口泛滥范围的关系，发现有口门愈靠近上游、泛滥的范围就愈大的规律。现今黄河下游防洪，在上述历史经验的启示下，每到汛期涨水时，除防守险工堤段外，更要加强平工堤段的防守。根据历史经验，分析估算了近期黄河在不同河段决口可能造成的损失，据以确定了确保的堤段。

黄河史的研究工作已有了很大的进展，并取得了很大成就。但距离现实要求，研究工作的深度和广度还显不够，各个研究领域还有待深入，研究的手段也需要改进和提高。为了进一步搞好黄河史研究工作，除进一步加强组织领导以外，我提出以下几点建议：

第一，研究黄河史牵连到各个方面，除水利部门外，还有地理、历史、考古、农业、交通等部门和学科。上述各学科不少已结合自己的专业参与了黄河史的研究，国外不少学者也非常关心并从事黄河史的研究工作。希望今后加强横向联系，充分利用各方面的有利条件，吸收各学科（包括自然科学和社会科学）的科学工作者，共同从事黄河水利史的研究，壮大研究队伍，扩大研究领域。要及时翻译、刊登国外研究成果，交流研究经验，使黄河水利史的研究工作向纵深方向发展。

第二，研究黄河史的手段，需要改进和提高。遥感成果在黄河古河道变迁研究中已初步得到应用，并取得了一定的成效。希望组织有关部门通过遥感手段，从事古河道淤积变化的深入研究，借以判断现行河道的发展前景，为下游河道治理规划提供依据。

第三，就已发表的研究治黄史的文章看，研究黄河下游防洪的比较多，研究黄河上、中游的比较少。黄河上、中游宁夏、内蒙古、陕西、山西广大地区，历史上在水土保持和水利开发等方面有许多成就。希望多多组织、发表这方面的研究文章，使黄河史研究的面拓得更广一些，为治黄工作提供更多的借鉴。

第四，根据存史资治的精神，建议将已发表的黄河史研究方面的文章，及时分类整理编辑刊印。

第十五章　80年代的修防实践与研究

一、黑岗口抢险

20世纪80年代初，虽然我的主要工作是从事黄河志编撰，但由于几十年来一直从事黄河下游修防工作，每到汛期仍然十分关注黄河汛情、险情，仍然牵挂着黄河下游的防洪和治理，特别是遇到来大水的情况，养成了不能入睡的习惯。1982年大洪水期间我参加的黑岗口抢险，至今仍然记忆犹新。

1982年是枯水枯沙年。花园口水文站汛期水量246亿立方米，沙量5.17亿吨，分别较多年平均值偏少9%和53%，但洪水比较集中。7月29日到8月2日，三门峡到花园口干支流区间普降暴雨和大暴雨，局部地区降特大暴雨，使伊、洛、沁河和黄河三门峡到花园口干流区间相继涨水。8月2日，花园口水文站出现洪峰流量15300立方米每秒的洪水，是新中国成立以来仅次于1958年洪水的大洪水。沁河小董水文站洪峰流量4130立方米每秒，超过沁河防洪设计标准。

这次洪水与1958年花园口水文站洪峰流量22300立方米每秒相比，虽沿程流量少7000~6000立方米每秒，但由于河道淤积抬高，洪水位自花园口至孙口河段普遍较1958年高1米左右，其中开封柳园口高2.09米，长垣马寨至范县邢庙河段高1.5~2.02米，是新中国成立以来的最高洪水位。

这次洪水发生在中国共产党第十二次全国代表大会召开前夕。党中央、国务院对这场洪水十分重视。国务院副总理万里在北京召集水利电力部部长钱正英和河南省省长戴苏理、山东省省长苏毅然，共同研究了战胜这场洪水的对策，确定运用东平湖老湖分洪，控制泺口流量不超过8000立方米每秒，以确保津浦铁路济南老铁桥的安全。

根据国务院和中央防汛抗旱总指挥部的决定，8月6日22时，当孙口流量超过8000立方米每秒时，开启了林辛进湖闸分洪，7日11时又开启了十里堡进湖闸，两闸最大分洪2400立方米每秒。9日孙口水文站水位回落，两闸先后于9日21、22时关闭，分洪历时71小时和60小时，共分洪水4亿立方米，相应湖水位涨到42.1米。分洪后艾山下泄流量最大7430立方米每秒，削减孙口洪峰2670立方米每秒，削减率达26.4%。泺口以下洪水基本没有漫滩，工情平稳，洪水安全入海。

然而，黄河的特点十分特殊，涨水时有决堤危险，落水时也往往发生重大险情。在这次洪水降落过程中，开封黑岗口出现斜河，挑溜东南，直趋黑岗口险工。8月9日，花园口水文站流量3450立方米每秒，大溜顶冲黑岗口24~26垛，溜宽缩窄至200米，形成入袖之势，25护岸出现纵向裂缝长35米；24垛出现裂缝长15米；25护岸坦石水下0.2米处下蛰，宽1.5米，长20米。当天开始抢险，在24垛抛笼24个，体积84立方米；25护岸抛石140立方米。傍晚，第25护岸到第26垛，迎水面坦石滑坡，平墩下蛰入水0.6~0.8米，长50米、宽2.2米、高7米的坦石沉没水中，堤身胎土暴露，直接受水冲刷。继之，第19、21、23护岸出现裂缝，长189米、宽0.02米左右。8月10日凌晨，第21护岸上半段坦石下蛰，长20米，宽2米，深2.5米。险情延展8座工程，险岸长270米。大溜顶冲，加上彻夜降雨，堤顶软陷，天黑路滑，险情异常危急。有关部门当夜架设照明设备，组织200人突击抛石，8小时恢复工程原貌，共用石800立方米。

8月10日上午，开封市委副书记、副市长、市防汛指挥部指挥长方略和副指挥长王景玉、毕清晨紧急赶到现场指挥，组织军民2200人参加抢险。下午17时，23护岸下半段30米长的坦石，又平墩下滑入水。

接到险情报告，8月11日，我随黄委会主任袁隆、工务处处长王新法、河南河务局局长郭林会同开封市委书记邵球、市长吕锡田到达现场，制订第二期工程抢险方案。13日下午至21日上午，组织了5个抢险队与工程队5个班共330人进行抢险加固，工程长达501米，抛笼1084个（体积3244立方米），抛石3308立方米。王新法处长和我日夜坚守在第一线，根据险情变化，研究防守措施，不断调整抢险方案，确保了大堤安全。

这是我最后参加的一次抢大险。为迎战这次洪水，河南、山东两省共组织31万军民。广大军民团结战斗，涌现出不少英雄模范事迹。这种战斗场面、这些英模事迹都给我留下深刻的印象。黄河永远不会忘记这些英雄模范！人民永远不会忘记这些英雄模范！

二、要高度重视横河出险

这次大水，留下很多启示。鉴于1982年洪水在流量降落到3000立方米每秒左右时，主溜在开封黑岗口险工对岸大张庄一带坐弯，直冲黑岗口险工，出现严重险情的实际，我联想到以前参加的一些横河抢险的情况，感到东明高村以上的黄河河道，河身宽浅，泥沙淤积严重，主溜变化无常，很容易出现“横河”，危及大堤安全，于是就与胡一三一起进行研究。我们认为，宽河道内横河出险，是对黄河防洪安全的一大威胁，一定要提高警惕，不可忽视。

产生横河的主要原因有三个：一是滩岸被水流淘刷坐弯时，在弯道下首滩岸遇有黏土层或亚黏土层，其抗冲性较强，水流到此受阻，河湾中部不断塌滩后退，黏土层受溜范围加长，弯道导流能力增大，迫使水流急转，形成横河；二是在洪水急剧消落的过程中，由于河湾内溜势骤然上提，往往在河湾下端很快淤出新滩，水流受到滩嘴的阻水作用，形成横河；三是在歧流丛生的游荡性河段，有时一些斜向支汊发展成为主股，形成横河。凡是受横河顶冲的险工或滩岸，在横向环流的作用下，对岸滩嘴不断向河中延伸，致使河面缩窄，单宽流量增大，险工、滩岸被严重淘刷。如滩嘴一时冲刷不掉，环流不断加强，险工坝岸被淘刷不已，或使滩岸急速坍塌，迫至堤根，大河成了入袖之势，一旦抢护不及，即会发生决口，造成严重灾害。

通过分析1803年、1952年、1964年、1967年和1982年等年份在河南郑州至开封河段发生横河出险的情况，我们得出以下一些规律性认识，并针对性地提出了预防、抢护措施。

一是黄河下游出现横河，多在游荡性河段内，时间上多发生在落水期。这时流量虽不大，但由于水流集中，淘刷甚为严重。这种情况若发生在根石基础较差的险工段，就会出现严重险情，没有很充足的人力和料物是难以抗拒的；若险情发生在平工堤段，就更难以抢护，甚至会遭决口之患。古代对横河出险常常采用裁弯取直的方法。如1730年（清雍正八年），封丘荆隆宫“因南岸淤滩日渐增长，全黄河大溜逼注北岸……顶冲扫湾”。由于当时“上游黑岗口滩岸刷成兜湾，天然自立河头，有吸引之形，至柳园口，自高而卑，河尾喷泻”，于是相机开挖了引河，水由引河而下，畅流东注，荆隆宫一带险情得以解除。因此，在横河持续时间很久、险情又不易抢护的情况下，在条件许可时，相机采用挖泥船开挖引河，也不失为解决横河险情的方法之一。

二是横河出现的时间、地点，事先难以确定。但就一般情况而言，在没有工程控制或控制工程较少又互不衔接的河段，因水流没有制约，容易出现横河。在河水涨落期间，必须根据具体情况，对一些河湾的河势及时进行观测、研究，分析其发展趋势；对险工要加强根石探摸，凡是基础薄弱的坝岸，要根据探摸情况事先予以加固；对可能发生险情的堤段，要储备一定的料物，发生问题，及时抢护，才能争取防守的主动性。

三是彻底解决横河出险的措施，是在宽河道内加速修建河道整治工程，进一步控制河势。根据1982年洪水期间对已有险工、控导工程的实际考验，应对东坝头以上河段的河道整治规划，进行必要的调整和增建，有计划有步骤地分期实施。

三、提出黄河下游滩区治理的意见

1982年洪水过程为双峰型。花园口水文站洪峰流量15300立方米每秒持续3小时，15000立方米每秒以上流量持续12小时，形成峰低量大的肥胖型过程，总历时9天。花园口以下至高村各断面，1982年洪水大于10000立方米每秒流量的持续时间长达44~54小时。由于水位高、河滩滩唇至大堤堤根横比降大，造成生产堤决口275处，口门总宽约46公里，滞洪量约35亿立方米，淹滩区村庄1303个，受灾人口93.27万人，洪水浸滩面积约17.3万公顷，占滩地面积约67%，倒塌房屋40.08万间。

滩区遭受如此严重的灾害，作为治黄工作者，我心里十分难过。为了重点了解孟津到陶城铺421公里河道的滩区治理情况，我和郝步荣、郭自兴同志于1982年6月走访了下游5个修防处和19个县修防段，并对两岸滩区作了一次调查。1982年洪水过后，为了研究河道滩区的主要变化和整治工程的实效，我又参加了对这一河段的复查工作。结合这两次调查情况，我于当年11月发表了题为《略论黄河下游滩区的治理》的文章，对滩区治理提出了自己的一些看法。

文章首先概括介绍了黄河下游滩区的情况。

黄河下游滩地，根据不同流量漫滩情况，可以分为高滩、中滩、低滩三级。花园口流量20000立方米每秒以上漫滩的，称为高滩；当地流量6000~8000立方米每秒以上漫滩的，称为中滩；低滩是随河势的摆动而不断变化，一般也称为嫩滩。

孟津至京广铁路桥河段河道长91公里。该河段两岸没有很高的滩，滩地面积479平方公里。当地流量8000立方米每秒以上约可漫滩。该河段北岸滩一般称为“温孟滩”，宽3~7公里，滩地面积426平方公里。这里自20世纪70年代以后修了控导工程，滩地比较稳定。滩上的耕种面积约占温、孟两县总耕地面积的三分之一左右，是温、孟两县的粮仓。当地群众很希望洪水自然漫滩落淤或有计划的引洪淤滩改土。从黄河来说，这片大滩在特大洪水时，也是一个自然的滞洪区。

铁桥至东坝头河段，两岸都有1855年铜瓦厢决口后形成的高滩。北岸铁桥至贯台高滩面积390平方公里，这里老滩唇基本塌尽，坍塌部分大部分又淤成中滩。所谓“高滩不高”即指这里的滩。南岸有两段高滩，一是由中牟东漳到开封黑岗口，一是由柳园口到兰考张庄，共计高滩面积154平方公里。因有九堡、黑岗口、柳园口险工和府君寺等护滩工程的控制，高滩没有坍塌，滩前淤有中滩，面积98平方公里，一般比高滩低2~3米。

东坝头至陶城铺河段两岸均是中滩和嫩滩区，滩地面积981平方公里。其中北岸长垣、南岸东明滩面较广，约占该河段滩面总面积的40%。

以上三个河段高滩和中滩的总面积是2361平方公里，占黄河下游全部滩地面积的76%，其中中滩滩地面积为1798.5平方公里，约占高滩和中滩总面积的78%。

孟津至陶城铺河段在60年代以前，护滩控导工程很少，河道游荡多变，两岸塌滩塌村现象十分严重。1950年到1970年初，位山以上河段共塌村256个；1961~1964年，花园口至范县彭楼约235公里的河段内，总计塌滩41.6万亩。自60年代后期，逐步有计划地开展河道整治，整治的目标是稳定中水河槽，整治的方法是因势利导，以湾导溜。已修筑了护滩控导工程82处，坝垛护岸1645道，加上险工55处，坝垛护岸1925道，共计坝垛3570道，从而初步控制了河势变化。现在，东坝头以上河道两岸均修有控制节点，已把过去10公里宽的游荡范围缩到3~5公里；东坝头到高村的控导工程还不够配套，但河道初步有了控制，高村至陶城铺河段已基本得到控制。70年代以来，下游基本没有塌滩和塌村现象发生。

据统计，孟津到陶城铺沿河两岸，共有生产堤长476公里，占下游生产堤长度的90%，一般高2米左右，顶宽4~5米，最宽18米。多年来群众为了与河争田，生产堤逐步前进，大的滩区生产堤前进1~4道，以致河身渐逼，从滩唇向大堤成了倾斜的梯式滩面，悬差可达2~3米。同时县与县、社与社还有分界堤，形成格堤，洪水期严重威胁着堤防和滩区群众的安全。

一般滩面向大堤方向有一横比降，在不同情况下，各滩面横比降的大小有所不同。一是一次大水落淤形成的滩地，以后又不经常漫滩，滩面基本没有横比降，比较平坦，如温孟滩；二是凡在老口门堵口时，都是在口门前1~2公里以外的老滩上修筑前进的堤段，因此滩唇到前进堤之间的老滩面横比降比较小；三是无论高滩还是中滩，凡是过去漫滩的机会多的，滩面横比降都在1/3000~1/5000之间，尤其修有生产堤的滩面横比降一般为1/2000~1/3000。这种情况，主要在黄河郑州铁桥以下到陶城铺河段，堤根非常低洼，加上连年在堤根附近取土，形成堤河。堤河一般宽100米左右，深1~2米。每当洪水漫滩，因横比降大，即分泄正河之水，顺堤行洪，甚至有滚河决口的危险。

滩地串沟是由多方面原因形成的。一是过去洪水漫滩，因冲决大堤而形成。二是大河在滩岸坐弯顶冲，滩唇塌尽，当大水时河势趋直，在滩面冲成串沟，直接或间接通向堤河。三是因河势摆动分出的汊流而形成的串沟。在新中国成立初期，对堵截滩面串沟，曾采取过不少措施，如在串沟口和沟身打透水柳坝、修土坝、植芦苇等进行堵截，收到一定的效果。近十几年来，在顶冲坐弯的河段修了不少护滩控导工程，已起到堵截串沟的作用。再加上1958年、1975年及1976年的漫滩落淤，在20世纪50年代比较显著的大串沟，有的已淤平。但还有不少串沟，如原阳双井，台前韩胡同、甘草堌堆，范县白村，濮阳胡寨，长垣马寨等较大的串沟，尚需继续淤填。

70年代以来，在滩区控导工程的连坝上或生产堤上修的涵闸，均可利用淤堤河和串沟。

黄河下游在一般洪水情况下，都出现淤滩刷槽。1933年及1958年两次大洪水，两岸滩区淤得很厚，河槽刷得很深，郑州铁桥以上的温孟滩就是1933年及1958年大水后形成的。分析三门峡建库前后的漫滩资料，可以看出黄河河道的冲淤变化与每次洪水来沙系数有关。从1953~1981年大小洪水下游漫滩共19次，有10次都是淤滩刷槽，占总次数的60%。其中

10000立方米每秒以上的5次大漫滩中，有4次是淤滩刷槽，只有当来沙系数大于0.015时，滩槽皆淤。流量在6000立方米每秒左右的12次小漫滩中，有5次是淤滩刷槽，当来沙系数大于0.03时，滩槽皆淤。由此表明，一般来说，只要洪水漫滩，滩岸总是有不同程度的淤积。但是在来沙系数不利情况下，主槽的淤积还是不可避免的。

自1974年贯彻“废堤筑台”以来，陶城铺以上滩区修筑避水台3967个，面积248.55万平方米，完成土方2953.5万立方米，修筑高度一般高于当地1958年洪水位1~2米。1982年洪水期上台人数达42万多人，保障了群众的生命安全，群众称为“救命台”。但是，滩区群众认为，避水台只是临时救了命，而房屋、财产损失严重，漫滩后吃住困难，迫切要求将避水台发展为村台。

在此基础上，我在文章中对1982年洪水期间下游河道和滩区的主要变化特点做了分析、归纳。

一是浅淤滩，深刷槽。

1982年8月2日花园口发生15300立方米每秒的洪峰流量，除个别站外，洪水位普遍高于1958年最高洪水位。在京广铁路桥以下至陶城铺河段的中滩，除兰考、东明、菏泽、梁山、长垣等县有5万余亩滩地未漫外，其余的滩区均全部上水，水深1~6米不等，共淹地约180万亩（包括部分高滩）。东坝头以上高滩部分，北岸原阳娄王庄至黄练集、李悦庄至毛庵、陡门至大张庄，封丘荆隆宫至大功，均漫上老滩，水深0.5~2.5米。南岸的高滩，除开封市高庄至朱庄的老滩上水外，其余高滩因在背水河段，均未上水，滩面尚高出洪水位1~2米。

1982年滩区生产堤口门多为群众防守不住溃决或被迫扒开的。凡是在靠溜的控导工程连坝溃决或在靠近控导工程下首生产堤决口的，因控导工程紧临大溜，又有工程控制，连坝漫决进水量大，输送泥沙较远，对淤滩是有利的；至于直河段两岸生产堤决口，因处于背溜河段，进水不多，输沙不远，但由于口门多，分布的广，落淤比较均匀，而且淤土多沙少。

由于1982年洪水含沙量小，中水流量持续不长，落淤比较薄，但质量还好。据调查，除靠近滩唇附近落沙厚0.5~1.5米外，大部滩区淤的是黏土和两合土，一般淤厚0.1~0.4米。从面积分布上看，黏土和两合土占2/3，沙土占1/3；从淤积量上说，两合土、淤土和沙土各占一半。估计滩区淤积平均厚度0.1米左右，总淤积量约为2.4亿吨。

据花园口到孙口各水文站记载，这次洪水前后同流量4000立方米每秒的相应水位对比，洪水后水位下降0.3~1米，平槽流量洪水前后分别为6000立方米每秒和7000立方米每秒，说明三花间低含沙量洪水通过下游，同样能起到淤滩刷槽的作用。同时进一步证明，黄河下游一次洪水的洪量能达到40亿~50亿立方米时，将使河槽有长距离的冲刷，冲刷可直至河口。

二是积水多，退水快。

1982年洪水漫滩，滩区积水量比较多。自夹河滩到孙口河段的滩地蓄水量达17.4亿立方米，比1958年大1.9亿立方米。但因主槽冲刷，黄河没有连续发生洪峰，加上两岸生产堤决口较多，因而退水较快。据调查，凡是经历年洪水自然漫滩和有计划淤滩的，因滩面淤平抬高，积水向大河退回顺利；

凡是滩区近年来没有淤滩的，滩面低洼部分成“锅底”形，积水很难排出。如范县、梁山、台前等。因此，对低洼滩区必须有计划地进行淤滩，只有把“锅底”形的滩面淤高，才能为今后淤滩退水创造条件。

三是河势稳，险情少。

1982年洪水虽大，但与过去相比，河势比较稳，险情比较少。如1976年花园口水文站9210立方米每秒洪水时，大堤渗水长103公里，管涌740处，陷坑41个，裂缝5563米，险工控导护滩工程出险1879坝次，用石15.09万立方米。而1982年大堤渗水长仅3.9公里，管涌40处，陷坑16个，裂缝328米，险工、控导护滩工程比1976年增加不少，但出险仅1079坝次，用石8.24万立方米。其原因有以下几种：第一，凡是河势坐弯顶冲之处，近年来大都修有控导护滩工程，起到了控制主流的作用，这是最主要的原因；第二，当年洪水陡涨陡落，没有连续的洪峰；第三，沿河堤防险工经连年整修加固，抗洪能力增加；第四，滩区生产堤上下决口，倒漾水与进滩水互相顶托，使水面比降变缓；第五，滩区1982年秋庄稼长势很好，嫩滩上杂草丛生，糙率增大，使漫滩水流速减小；第六，不少堤段在临河堤脚密植柳树和活柳坝，还有很多大堤埠道和连村坝横截堤河，可以缓溜落淤。另外有些堤段的堤根河基本淤平，行不成溜。因此，1982年漫滩水虽然很深，却未能形成顺堤行洪或较大的险情。

我在文章中提出的进一步治理滩区的意见和建议是：

第一，废生产堤，不与水争。

黄河下游两岸的中滩，被生产堤层层包围，与河争地，不但影响河道排洪，而且严重影响村庄的安全。从1982年洪水考验看，凡是在洪峰期间生产堤自然溃决或临时扒口的，因堤前已形成一定的水头，可达2~4米，决口后有个别村庄被水冲击遭到很大的损失。同时凡生产堤决口之处，堤后均冲成大坑，口门处大片土地淤成飞沙地，不能耕种。过去滩区无生产堤时，在滩沿附近均淤成一道沙带，一般称为滩唇，宽100米上下。由于水流泥沙的自然筛分，其淤滩的规律是：滩沿落成沙土，滩中间为两合土，到堤根为淤土，落淤比较均匀，有利于滩区生产。因此，在历史上治河都反对在滩地修筑民埝（即现在的生产堤）。西汉时代贾让治河三策中，就强调指出，在滩地围堤重重，与河争地，为患最烈。20世纪30年代水利专家李仪祉先生任国民政府黄委会委员长时，也反对在滩地修筑民埝，指出这是“亦唯区区一部分利益是保，而置大局于不顾”。新中国成立初期，人民治河在宽河固堤的方针下，坚决废除了滩区民埝，所以50年代每到汛期洪水自然漫滩，均起到滞蓄洪水、淤滩刷槽和改良滩区土壤的作用。近年来，不少人提出生产堤“防小水，不防大水”的口号。所谓大水，是指8000立方米每秒以上的流量，假若三年五年不来这样的洪水，生产堤即不开放，则泥沙都集中淤在两岸生产堤之间，这样形成“悬河中之悬河”，对防洪和生产都更加不利。

1982年生产堤在大水时自然溃决和人为扒口的，今后不应再堵复，要坚决废除生产堤，在滩区实行“一水一麦”的政策和一村一台的措施，这是今后滩区发展的方向。

第二，小水淤串，大水淤滩。

小水淤串是为大水淤滩创造条件。近年来在中常水位下淤临淤串，下游各县段从实践中，都有不同的措施和经验。一是在险工下首挖输沙引渠放淤。1975年7月下旬花园口流量7700立方米每秒时，在兰考县杨庄险工下首开挖输沙引渠，引水两个月，淤平了杨庄到东明阎潭20多公里的堤根河和兰考军李寨临河1855年以前冲决老堤形成的大潭坑——耿潭，这次淤地计5万多亩。二是利用现有涵闸的引水渠道放淤。不少县段曾采用这种办法，效果良好。如濮阳县在1977年7月花园口流量10800立方米每秒时，在渠村闸引水渠扒口，放水流量90~250立方米每秒，引水两个月，淤滩总量为1675万立方米，使长约16公里的堤河基本淤平。三是在护滩控导工程的坝裆中扒口放淤。如菏泽的张阎楼，东明的新店集，都采用这种办法，不但淤了滩地，还淤平了部分串沟堤河。四是在险工下首的坝上修闸放淤，一般排水都有出路，而且投资少，效益大。现在从东坝头以下到梁山两岸，堤河淤平的约109公里。今后还可考虑继续在控导工程或险工下首坝岸修简易涵闸放淤，以利控制运用。

第三，淤临淤背，同时并举。

随着滩面和堤河的不断淤高，大堤临背悬殊日益加大，必须同时淤背。近年来沿河各县用引黄涵闸进行淤灌，每年可分出泥沙约2亿吨，沿大堤背河附近低洼地带进行放淤，已使背河地面有不同程度的抬高。如濮阳县已在背河长31公里（该县堤段长45公里）、宽300~800米的范围内将地面淤高1~2米。原阳县和东明县结合种稻和淤改，把背河地面淤高1~2米。利用现有涵闸发展自流淤背，质量好，单价低，是结合改良土壤的一种有效措施。

第四，淤滩固堤，护滩刷槽。

滩面的串沟、堤河，过去都称为暗险。淤填滩面串沟、堤河，不但能使滩面横比降有所减缓，而且大水漫滩后，可以避免夺溜改河的危险，有固堤和塞支强干的作用。

经过1982年的洪水考验，护滩控导工程不但起到稳定主槽的作用，而且也是淤滩刷槽的有效措施之一。今后应很好总结经验，进一步肯定滩区整治的方向，根据河势演变情形，因势利导，对护滩控导工程，或增修，或调整，或加固，使它在固定河槽，淤滩刷槽方面起到更大的作用。初步设想，今后控导工程的连坝，应以防御当地平槽流量为标准，超此标准，可使其自然漫溢进行淤滩。或者在连坝上修一定数量的简易涵闸，旱时能灌溉，洪水时能引洪淤滩刷槽，既有利于生产，又有利于治河。

古代和近代治河者，也主张黄河下游固定中水河槽，从而淤滩刷槽。明代潘季驯说:“治河之法，别无奇谋秘计，全在束水归槽。”他在晚期治河时，总结过去治河经验，提出“淤留岸高”的主张，也就是淤滩刷槽的设想。20世纪30年代德国的水利专家恩格斯说:“黄河堤距取其大者，余以为不利反而有害，其所以有害者，非堤距过宽之罪，而两堤之间无固定之岸，使河迁徙无定之罪也。”李仪祉先生也认为：“河床不可不固定，河床固定了以后，才可使它刷深。”他很同意恩格斯的主张:“因为有了固定中水位河床以后，才能设法控制洪水流向，不然便如野马无缰，莫如之何，只有斤斤防守而已。”欲达“河滩涨高，河槽刷深之目的”，要修筑“固滩坝”，“以坝制溜，以溜治槽之意行之”，这就是护滩工程。1933年大水后，有许多地方河水归于一槽，河槽冲深了，河滩淤高了，鉴于此种情况他感叹地说："不乘此机会加以保护，这种万金难买的机会，转瞬又将失去，实为可惜。"过去中外学者虽有治理河道的理论和设想，但把理想变为现实，只有今天才能实现。

根据两次调查，我认为在下游利用黄河的自然规律，因势利导，淤滩刷槽，逐步改变当前河道的不利形势，是可能的，也是可行的。

但要淤滩，必须在一定流量下使河水能够漫滩；要刷槽，必须使河道有个固定的行洪河槽。因此只有坚决废除生产堤，才能使一定的流量下普遍漫滩；只有因势利导，加强控导工程，固定河槽，才能使河走中泓，溜势集中，从而达到淤滩刷槽之目的。这是淤滩刷槽的两个先决条件。

要使淤滩刷槽有好的效果，要求水文部门做好水情预报工作，同时要求各县段根据当地的不同情况，结合滩区生产，制定滩区治理的具体计划，分期实施，并做好实施过程中的运用方案，提高淤滩技术，争取淤得好、投资少，加快淤滩刷槽的步伐，努力改变下游槽高滩低堤根洼的不利形势。

四、关于黄河下游游荡性河道整治的思考

从20世纪50年代起，我曾从清末治黄专家刘成忠、吴大澂等人保滩固堤的思想中得到启示，提出"通过护滩、治滩，固定中水河槽、稳定河势，为河道整治创造有利条件"的意见，实践证明这些意见是行之有效的。黄河下游河道整治，

从开始整治弯曲性河段，到以后逐渐向上游治理，我都是亲历者。80年代已逐渐对过渡性河段进行整治，并向游荡性河段进展。在游荡河段东坝头至高村，左右岸都安设了部分工程，在东坝头以上河段也布设了一些节点，但是，我感到这只能说是有了一些阵地，距离有计划地进行治理，还有很长的路要走。

为了加快游荡性河段整治的步伐，我通过重点分析、研究黄河孟津白鹤至兰考东坝头河段的历史河势，归纳出两条麻花状分布的基本流路，进而提出了一种治黄主张，即：分步控制、缩小游荡范围，然后以其中一条流路为主，顺序进行，逐步整治。

孟津白鹤至兰考东坝头是黄河下游典型的游荡性河段，虽有宽、浅、乱的特点，但从历史河势分析，在流路方面，具有一定的规律性。

从白鹤至郑州黄河铁路桥，这段河道长90余公里，南岸为邙山绵延，皆为土山，历史上黄河向北流时，主要受邙山的制约。据文献记载，铁路桥附近广武山之东，还有敖山，山势使大河向东北流。自宋元丰以后，由于大河不断南移，淘刷山根，敖山已塌入河中；到元代至正期间，广武山以北河滩上的河阴县也遭沉沦。说明黄河由北流改向东流，与邙山不断坍塌后退有很大关系。今天这一河段的河势变化，仍受着邙山的制约，影响河势较大的有5个山湾：一为赵沟湾，二为裴峪湾，三为孤柏嘴湾，四为枣树沟湾，五为桃花峪湾。从这段河道近50年的河势变化来分析，可以概括为两条流路。

当南岸白鹤一带靠河时，顶冲对岸冶戍镇上下滩岸（白坡支河已被堵截)，转向花园镇，在北岸凯仪坐弯，挑入裴峪沟。再折转温县关白庄一带，入枣树湾后，在北岸沁河口上下着河。这是第一条流路。1933年至1958年期间多走这一条流路。另一条流路是铁谢险工着河，在对岸逯村坐弯后，进入赵沟湾，挑向温县单庄、大玉兰一带。再由孤柏嘴山湾送到驾部控导工程后，在南岸桃花峪一带走河。1958年以后多走这一条流路。随着河势不断变化，还可能周而复始，又回到第一条流路。这就是常说的“十年河东，十年河西”。

郑州黄河铁路桥至中牟九堡，这一河段北岸为高滩，南岸大堤险工相连，长达50公里，其河势也有两条流路。如大河在沁河口一带坐弯，则郑州岗李以上险工和花园口东大坝以下马渡及中牟赵口均着河；如大河走桃花峪山湾，则在铁桥北岸武陟大茶铺（北围堤）坐弯，花园口东大坝以上险工及郑州申庄与中牟杨桥险工皆着河。现由于花园口枢纽破坝后留下的南北裹头的控制和马庄控导工程的挑溜关系，无论走哪一条流路，花园口东大坝都靠河，起到了节点的作用。

中牟九堡至东坝头，这一河段南岸有三个突出点：一是中牟九堡险工，大堤向河内伸入约7公里；二是开封黑岗口至柳园口，大堤向河内伸入约3公里；三是开封府君寺高滩伸入河内亦有3公里。由于三个突出点的挑溜作用很强，因而使北岸原阳大张庄及封丘大功、辛店、常堤一带的高滩均不断着河。府君寺以下，自北岸贯台大坝及南岸欧坦控导工程修筑后，东坝头险工段河势比较固定。府君寺至东坝头河段，北岸有常堤工程及贯台大坝，南岸有欧坦及夹河滩控导工程，实际上是经过两种基本流路的整治而形成的。无论走哪一条流路，最后导使大河归宿到东坝头险工，府君寺起到了节点作用。

从东坝头到高村河段，长约70公里。由于东坝头险工与北岸禅房控导工程相对峙，形成了节点，为东坝头以下两岸设置工程创造了条件。

河南境的游荡河段，两岸堤距宽5~20公里，一般7公里左右。该河段老滩之下，还有二滩，但很不稳定，河道的游荡范围为5~7公里。现有的控导工程多在老滩岸上修筑。由于河槽宽广，这些工程对控制河势的作用，还不够强，故主溜摆动较大，经常有横河、斜河发生。要进一步控制游荡河道，还必须以人工来塑造河湾，这与山东弯曲性河道直接就河湾修筑工程迥然不同。从过去实践证明，在游荡河段控制一处河湾，需时很长。如河南封丘禅房控导工程，是在滩上用连坝的方法向河中进占，连续七八年，尚未按计划完成任务，说明修一处完整的控导工程是相当艰巨的。同时在小浪底枢纽工程没有建成以前，还有特大洪水的防洪任务。历史上河南境内曾发生过两次30000立方米每秒以上的洪峰流量。从黄河铁路桥到东坝头河段，无论多大的洪水，都要在该河段通过。这两岸的堤防，既是确保堤段，也是风险堤段，万万不可忽视。

通过以上分析研究，我认为，整治河南境的游荡河道，应采取两步走，不可能毕其功于一役。

第一步，考虑特大洪水的防御设施，以进一步缩小游荡范围为主要目标。上面提到花园口、府君寺及东坝头三个节点，是缩小游荡范围、建立节点的典型示范段。有了固定的节点，就可在节点以下河道一定范围内缩小游荡的幅度，取得进一步治理的主动权。虽然有的节点之间有两条流路，但因已修了工程才使游荡范围缩小到2~4公里。从实践来看，没有这些节点，其后果是不堪设想的。故近期的整治，在郑州铁路桥以上河段，应主要控制赵沟、孤柏嘴等山湾作为节点，铁桥以下河段主要控制花园口险工和九堡、柳园口、府君寺三个突出点作节点，同时调整和增添各节点之间的护滩控导工程，进一步缩小各河段的游荡范围，以利防洪。

第二步，以已建立的各节点为阵地，根据小浪底枢纽工程的进展情况和水沙条件的变化，选定某一河势流路作为主攻方向，制定规划治导线，因势利导，使各节点上下结合，相互调控，顺序前进，以达整治之目的。

五、黄河下游防洪是长期而艰巨的任务

随着年龄的不断增加，我逐渐意识到自己亲临防汛抢险一线的机会将会越来越少，随之产生了一种想法，就在紧张的修志工作之余，把自己长期参加防汛抢险、堵口复堤的经验和教训予以总结，以便后来的同志参考和借鉴。我回想起自己当初即将走上治黄工作岗位、陶述曾老师指导我完成《关于黄河的防洪与堵口》的毕业论文时说过的话：防洪是防止决口的关键，堤防是防洪战斗所凭借的阵地，决口好比丢失了阵地，堵口又好比是夺回阵地，是万不得已的办法。防应重于抢，抢应重于堵。几十年来，我通过实践，越来越感到陶老师的话确实是金玉良言。虽然我离开防汛工作岗位了，但是，我想我应该把陶老师教导我的这句话以及我经历

几十年防汛风雨历程的体会留给后来者。

黄河下游的治理任务主要是防洪，自有堤防两千多年来，防洪斗争从没有停止过。洪水是一种自然现象。目前人类社会只能说是尽最大努力，采取各种防洪措施，来减少洪水灾害。因此我们今天所说的防洪，并不意味着彻底解决任何洪水的危害。当前黄河下游防洪，是以防御花园口水文站22000立方米每秒的洪水为目标，只相当于60年一遇的洪水。但经过计算，黄河还可能发生46000立方米每秒的大洪水，相当于千年一遇的洪水。如以这样的洪水作为下游防御标准，不但力所不及，也是不经济、不合理的。对于这样的洪水，只有大力防守，采取工程措施与非工程措施，以尽量缩减洪水的灾害。

那么黄河的防洪问题，什么时候才能完全解决呢？这个问题很难回答。即使小浪底枢纽工程建成投入运用以后，在干支流水库联合运用调洪的情况下，也只是将花园口百年一遇洪水削减为16000立方米每秒，千年一遇洪水不超过22500立方米每秒。如此也不能说是下游防洪问题已解决了，汛期还要加强防守。因此，下游防洪是个长期而艰巨的任务，必须树立长期同洪水斗争的观点。

黄河防汛，伏秋期间是一年中与洪水搏斗最关键的季节。下游两岸大堤，是防洪的主要屏障，且有险工堤段及平工堤段之分。险工段是经常靠河的堤段，修有坝、垛、护岸工程进行维护，与大堤有唇齿相依的关系。平工段是堤前有较宽的滩岸，平时水不靠堤，也无工程维护。现在黄河两岸大堤共长1400余公里，险工段占28%，平工段占70%，此外沿河还有不少护滩控导工程。洪水到来，河水漫了滩，险工及平工堤段均可能发生险情。

黄河堤防出险，有明险和暗险之别。明险是平时可以看到的经常靠溜的险工坝岸，出了险情，可以察觉，并备有料物，随时可以抢护。暗险是平时看不到，或估计不到的险象，如堤身洞穴、裂缝、虚土层等。还有平工段平时不靠河，一旦洪水漫滩，顺堤行洪或河势坐弯滩岸塌尽，冲到堤根就会出险。像这样的平工堤段，实际上是“似平而实险”。有些险工，在中小水时，大河顶冲，经常抢修，根基比较牢固，当大水时，河势外移，河走中泓，这些险工在大水时“似险而非险”。有的险工是老险工，有的是新险工，亦要分别对待。尤其是两岸大堤有许多涵闸、虹吸，多是1958年大水之后兴修的，除了梁山县徐庄、耿山口二闸是修在基岩上外，其余大都是修在软基上，没有经过大洪水的考验。这些涵闸、虹吸，都是堤防的重要险点，大水时出了险，在抢护上是比较困难的。因此，需要很好学习抢险技术，无论堤防出现什么险情，要及时抢护，如防护不力，即易造成决口之患。人们常说:“千里之堤，溃于蚁穴”，“一丈有失，万丈无功”，万万不能麻痹大意。

为了防御各种不同类型的洪水，在防汛时，要树立“防重于抢”的指导思想。无论那一河段防汛，首先要把这一河段的堤防工程、河势工情进行全面了解。要根据调查了解的情况，认真分析研究，遇到那一级的洪水，何处河势要有突变，何处要漫滩，何处可能出新险，何处作为防守重点，都要做到心中有数，预筹对策。要因地制宜地做好人力、物料的准备，进行部署。当洪水到来时，即组织群众，严密巡堤查险，洪水漫滩时，更要平工、险工并重，风、雨、昼、夜不停。发现万一，消灭万一，把险情消灭在萌芽阶段。

防汛抢险，贵在果断迅速。要胆大心细，不怕困难，奋力进行抢护，不能畏缩退却，造成大患。历史上有由于抢险不力造成决口、因怕追查责任而投河自杀者，但也有不怕困难、不怕牺牲勇于战斗的。这方面古今都有不少例子。如清乾隆年间东河总督稽璜，在一次巡河时，夜间闻虞城县堤段发生险情，连夜奔往抢护。天甫晓，雨雹交加，下埽岌岌欲崩。当时在场员工无不失色，劝稽璜暂时后退，他却岿然立于堤上大呼："埽去我与俱去。"于是员工振奋，拼力抢修，使大堤险情转危为安。又如，江南河道总督康基田，在睢南防汛，正值周家楼河溢，上游魏家庄埽工出险。他到工地指挥抢险时，由于埽工翻陷，被压在水下，经抢救出水换了湿衣后，仍上工督修，终于化险为夷。中华人民共和国建立以来，在黄河历年防汛抢险斗争中，出现了许多的英雄模范。1949年大水时，工人戴令德用自己的身体挡住漏洞的进水口，防止洞口扩大，从而争取时间，堵住了漏洞。1958年大水时，东平湖抢修湖堤，在工的员工曾筑成一道人墙，抵挡了风浪的冲击；齐河焦兰英、焦秋香两个女少先队员，发现大堤漏洞，及时报警后，当地领导立即组织千余人进行抢堵，确保了堤防的安全。这些英雄人物的事迹，一方面体现了他们对黄河防汛具有高度的责任感，为防汛抢险树立了楷模，我们应该很好地向他们学习；另一方面，也说明了果断迅速，及时控制险情扩大的极端重要性。

第十六章　盛世修志

一、从事修志工作

1981年，我的工作发生了重大变化，由主要从事防汛工作转向了修志。

古人云："治天下者以史为鉴，治郡国者以志为鉴。"编史修志是中华民族的优良传统，我国历来就有"易代修史，当代修志"的传统。清代著名史学家章学诚将志书称为"一方之全史"，2000多年来历朝历代修纂了浩如烟海的志书，为我们全面深入地了解中华民族的历史提供了大量珍贵的史料。新中国成立后，党中央、国务院高度重视地方志工作。早在1957年，国务院就已将地方志工作纳入国家哲学社会科学规划纲要。但是，由于各种原因，新方志的编修工作进展缓慢。中共十一届三中全会后，修志工作进入了鼎盛时期。1980年4月，胡乔木在中国史学会代表会上发表重要讲话，指出："地方志的编纂，也是迫切需要的工作。现在，这方面的工作处于停顿状态，我们要大声疾呼，予以提倡。要用新的观点、新的方法、新的材料，继续编写地方志。"随着国家政治稳定和国民经济的迅速发展，全国各地的修志工作蓬勃开展。

1981年河南省成立了地方志编纂委员会，黄委会主任王化云被选为副主任委员。召开第一次编委会会议时，王主任叫我随他一同参加。会议休息期间，他问我：松辰，历史上河南修志很盛行，不少志书曾享誉一时，我们黄河上修志的情况你熟悉吗？我听王主任这样一问，就猜想他可能让我做这件工作了。我把自己所知道的民国时期编纂《豫河志》、《豫河续志》、《豫河三志》，以及民国时期考试院院长戴传贤发起，侯德封、张含英等专家参加编纂《黄河志》等历史修志情况向王主任作了汇报。其实，王主任勤奋好学，记忆力非常好，对这一情况有些是熟悉的。听我说完，他说：可惜民国时期《黄河志》原定的7篇，仅完成胡焕庸承编的第一篇"气象"、侯德封承编的第二篇"地质"和张含英承编的第三篇"水文与工程"3篇，那是历史造成的。现在我们修志，不能半途而废，不仅要编纂《河南黄河志》，还要编纂新中国的《黄河志》，这是一个大工程啊！

这次会议上，明确了编纂《河南黄河志》的任务，明确以黄委会为主、河南河务局派人参加组织编写班子。会后王主任明确黄委会副主任杨庆安主抓此项工作，指定由我组织编纂小组。不久，我们便初步拟订了《河南黄河志》编纂大纲，但由于人员多属兼职，难以集中，故工作未能全面展开。王化云不再担任黄委会主任后，由袁隆接任这一职务。在袁隆主任主持下，1983年3月建立了专职修志机构——黄河志总编辑室，任命我为该室主任。从此我离开工作多年的工务处，开始了专门从事修志的工作。当时，黄河志总编辑室与黄委会办公室在一栋楼办公。多年来，办公室王继尧主任等对黄河志工作给予了大力支持和帮助。

二、《河南黄河志》出版

黄河志总编辑室成立之初共有8人，均为从各单位抽调的熟悉治黄工作的业务骨干。大家各有所长，例如，袁仲翔思维敏捷，办事认真，能力很强，总编辑室许多协调、联络等工作都由他完成；王质彬学识渊博，勤学善思；杨国顺博闻强记，治学严谨，对于历史有深厚的研究；徐思敬勤奋博学，一丝不苟，尤其编校经验十分丰富，是黄委会的第一代编辑，被大家誉为“校对能手”。但是，毕竟修志是一项新的工作、新的事业，万事开头难。我与王质彬、杨国顺等一起编写过《黄河水利史述要》，从事过黄河水利史方面的研究，但对修志还是很陌生，需要以创新和奋斗的精神去面对这项工作。

针对缺乏经验、如何迅速开展工作、一时难以下手等问题，我实事求是地对大家说：我搞了一辈子下游防洪，也是刚接触修志，我们只有克服困难，在学习中提高，在工作中前进。当时，我经常组织全室人员学习讨论，大家畅所欲言，充分表达自己对修志理论和方法的理解与看法，有时同志之间争论得面红耳赤。这种学习讨论提高了大家的认识，增进了学术研究的氛围。我还组织购买学习资料，走访老同志了解情况，同时派人出去学习修志方法，在摸索中将黄河修志工作向前推进。

经过一段时间的学习和讨论，大家统一了认识，决定黄委会的修志工作从编写《河南黄河志》入手，不断积累经验，然后再编写《黄河志》。这时，河南河务局派赵聚星等也参加了编写《河南黄河志》的工作。我要求总编辑室领导班子成员亲自挂帅，不当甩手掌柜。由于领导带了头，总编辑室形成了良好的学习和工作氛围。我与同志们一道整天钻在“故纸堆”里，查资料、翻档案、整理资料，遇到需要核实的疑难问题，就调查走访健在的当事人，经过一番努力，终于编写出了初稿。

1985年底，我们完成了《河南黄河志》一书的编纂出版任务。该志出版后，深受好评，还荣获了河南省地方史志成果一等奖。许多单位纷纷购买《河南黄河志》，作为编志蓝本，这使我很受鼓舞。事实说明，只要大家齐心协力是可以编成好的志书的。

三、恢复九三学社黄委会组织

1983年4月，王化云在河南省政协会议上，被选举为政协主席，他虽然离开治黄领导岗位，但仍心系黄河的事情，也十分关心黄委会的修志工作。每当见面，总是关切地问修志工作进展到哪里了，有什么困难没有。在修志过程当中，有些拿不准的问题，我也向他请教。

有一次，政治部主任史维桢找我谈话，他和我说起恢复九三学社黄委会组织的事情，并提出，让我牵头。当时我思想上还是有些顾虑，说还是让其他人牵头吧。后来，王化云找我谈话，他好像已经深思熟虑，口气坚定地说：我现在是省政协主席，有什么事情我担着。就这样，由我牵头，恢复了九三学社黄委会组织。为此，黄委会专门召开了会议，当时在组织部门工作的冯国斌参加了会议，并发表了热情洋溢的讲话。王质彬、杨国顺等知道恢复了九三学社黄委会组织，就向我提出加入的申请，成为恢复活动后的第一批新社员。以后，又有不少同志提出申请，如沈启麒、高传德、叶乃亮等。九三学社黄委会组织不断壮大，从恢复组织时仅有4位20世纪50年代入社的老社员，到1990年已发展到39位社员，建立了基层委员会。经社省委批准，王质彬担任九三学社黄委会第一届基层委员会主委，王留荣、叶乃亮担任副主委，我担任了名誉主委。

1989年的政治风波也波及到郑州。当时，许多人涌上街头举行游行活动，我意识到政治形势的严峻，多次召开全体社员大会，学习文件，领会精神，认清形势，号召大家坚守工作岗位。政治风波期间，黄委会九三社员无一人参加游行，经受住了考验，受到黄委会机关党委的表扬。

我负责九三学社黄委会组织期间，坚持每星期召开组织生活会。当时，由于条件限制，没有专门的开会场所，都在我家或办公室召开。后来，黄委会主任钮茂生知道这一情况很生气，亲自批示，在黄委会办公用房十分紧张的情况下，为九三学社黄委会组织解决了办公用房问题，极大地方便了活动的开展。我十分注意与黄委会机关党委统战部的沟通，统战部也十分重视九三学社黄委会组织的意见和建议。多年来，机关党委的马翠珍、李崇廉、李天锡等对九三学社黄委会组织的工作帮助很大。

黄委会九三学社社员不仅在自己的工作岗位刻苦钻研，

为治黄事业作出了重要贡献，而且有着较强的参政议政能力，例如，潘贤娣当选为第七届全国人民代表大会代表，王留荣当选为第八届、第九届全国人民代表大会代表；同时，王留荣还是九三学社第八、九、十届中央委员，全国妇联第八届执委，九三学社河南省第二、三、四届副主委；现任主委张俊华担任黄河水利科学研究院副总工，还是第九、十届河南省政协常委，第九届全国妇联执委，九三学社河南省常委。这些同志在参政议政和民主监督方面发挥了积极作用。

四、考察西汉河道

这期间，为促进黄委会修志工作顺利展开，黄河志总编辑室还做了两件有意义的事情。

一是创刊了《黄河史志资料》杂志，当时指定具有丰富编辑经验的徐思敬负责办刊工作。为将杂志办出特色，我还派徐思敬和李亚力去外地学习办刊经验，我个人则带头投稿，以实际行动来号召大家支持《黄河史志资料》。黄河史志资料》至今已出刊多年，深受广大读者的欢迎。

二是考察西汉河道。1984年4~5月，鉴于黄河下游历史上河道多变的情况，我提议由黄河志总编辑室组织进行河南武陟县至河北馆陶县境黄河故道的考察，通过实地考察，挖掘资料，求得实证，以弥补史料之不足。此提议得到黄委会的大力支持，水利史专家、郑州水利学校教师徐海亮也参加了这项工作。我们每到一地，向当地专家请教，然后到重点河段查看，晚上回到驻地整理笔记，同时还要安排次日的工作。

工作十分紧张，但收获也很大。这次考察，往返行程1700多公里，考察西汉河道270公里。考察结束后，我和杨国顺、张汝翼等合作撰写了《考察武陟至馆陶黄河故道的简况》一文。

考察中，我们发现，河南武陟至河北馆陶境内的黄河故道，原阳磁固堤以下，河道形迹，仍可辨认，各河段的纵比降，大致情况为万分之一点六二至万分之一点八四。故道两岸的残堤包括左堤和右堤。考察发现，故河道左右两堤，间距变化很大。从原阳磁固堤至延津胙城一段，长约58公里，堤距较宽，多在10公里以上，最窄处也有7公里。延津的蒋班枣至浚县白茅，长59公里，堤距较窄，最宽8公里，最窄只有3公里。浚县白茅断面，堤有两重，内堤堤距5.5公里，外堤距阔达14公里。自此以下至山东冠县城西，长约113公里，堤距骤然放宽，最宽为23公里。大名城附近最窄，约10公里。总的情况是：下段最宽，上段次之，中间最窄；上段平均宽约为中间段平均宽的3.5倍。

考察右岸故堤时，从原阳福宁集以北2公里许和延津张堤以北200米两处堤身开挖面上看到，故堤的修筑质量良好，堤身多为重壤土或黏土筑成，铺土厚度控制极严，每层夯实厚度约10厘米上下，异常坚密，土层间呈犬牙状结合。现场清理发现，每层顶面有许多夯窝，夯窝上口直径5至6厘米，深3厘米，分布甚密，每平方分米四枚。这类夯窝，在我国古城堡和古夯土台的发掘中是常见的。此次这一发现，为研究古代黄河筑堤的铺土、硪实方法，提供了新的资料。其他如延津夹堤、浚县杨堤、滑县白道口等处，故堤修筑的情形则全然不同。堤身土质层沙层淤，铺土厚度很大，有的50厘米左右，有的竟厚达80厘米，夯实的质量很好，却看不出夯打的痕迹。.

在原阳秦堤村和延津石堤村一带，还发现了河工用石。在秦堤西南挖出的是一种长方形条石，一端凿有孔，石质为青色砂岩，一般长60厘米至80厘米，宽40厘米至50厘米，厚度10厘米至15厘米。在石堤村挖出的块石，亦属青色砂岩，没有凿孔。这类块石，沿故堤成堆分布，堆与堆的间距40米至50米。石堆之大小亦各不同。可能是古代河防上的石护岸工程，故称为“石堤”。考察证明，石料用之于河工，是有悠久历史的。

通过现场考察和资料分析，我们对西汉以后故道的泥沙堆积情况作了判断。从考察访问得知，内黄东北3公里的烟庄及东南2.5公里的西长固，均在西汉黄河故道之内，群众挖渠时，在地面7米以下挖出了古枣树林，据当地文物部门鉴定是汉代的遗物。这说明，内黄河段汉以后的覆盖厚度达7米以上。从濮阳及浚、滑间有关的地质资料中亦可看出不同时期河床重叠覆盖的情形。如滑县丁堤口至军旅庄地质剖面所示，两故堤之间的河床堆积层可分早晚两期，早期的处在54米黄海高程上，晚期的黄海高程为64米。显然，这是在堤防建立起之后不同时期的两个河床床面。槽中10米的堆积层，可以说是秦、汉、魏、晋、隋、唐、宋1500年左右形成的。其中东汉以后约1100年，为整个淤积时段的三分之二强，以此估计，这一带东汉以后河床的淤积厚度也在7米左右。由于后期的泥沙堆积，河床抬高，堤内地面高于两堤以外。这种临背地面高程的悬差，濮阳以上左右沿堤，至今仍明显存在。

从武陟至馆陶这段黄河故道，论其经流期，可分为三节：濮阳以北至馆陶一节，多认为是周定王五年（公元前602年）河徙宿胥口以后形成，王莽始建国三年（公元11年）绝流，包括北宋北流流入的数十年在内，行河近700年。浚、滑上下至濮阳一节，形成时间与上述河段相同，绝流时间却晚得多，东汉王景治河后，历唐、宋直至金大定时，行河又达千年之久。滑县以上至武陟一节，有史以来即为黄河所流经，其经流期一直延至明代中叶。在同一条河道上，相邻两河段的经流期竟如此不同，原因固然是很多的，但主要是河决之后未能及时堵塞。河决不塞，即使原河道还能行流，也终被弃之不用。

通过考察，我们认识到，历史上虽有“河之故道不可复”之说，但实际上许多事例证明，故道是可以复的。从现存故河的纵比降看，继续行河的条件仍然是有的，堤防修筑也相当坚固，发生决口如能尽力堵塞，大河仍能沿此故道行流。

考察结束后，我们把考察报告和下一年的考察计划送给有关部门及领导，受到重视。王化云对这项工作十分关注，专门写信给我，对考察工作取得的成绩予以充分肯定，并提出5点改进意见。信中说：

“你们考察古河道的报告看过，很好。同意明年四五月间继续进行。请考虑：

一、考察时能否带个洛阳铲，探测（分段）一下古河道内淤积情况。

二、南河（包括花园决［口］流路）是否需要补充考察，包括明清分洪设施。

三、完成包括禹河在内的河道变迁，写个小册子。

四、与（中国）地理研究所联（系），要他们给我们一些华北平原形成与河流输沙影响（的研究成果）。

五、保护文物需提出一份保护哪些的具体建议，包括明代古云梯关遗址，报请中央文化部批示。”

不料以后由于多种原因，原定的考察工作没有继续进行。

五、黄河下游河道不致“隆之于天”

1985年春天，根据当时的有关规定，我办理了离休手续。但是，我一直没有停止对黄河下游河道问题的研究。在多次实地调查和资料分析的基础上，我对黄河下游河道问题的研究作了一个概括性的总结。

我主要分析了黄河故道和现行河道的大堤以及河道冲淤变化情况，并预估将来黄河下游堤防随着河床的淤积抬高究竟能修到一个什么高度，这也意味着现行河道究竟还能维持多久。

第一，苏北黄河故道（即明清故道）。该故道过去行河700多年，两岸的堤防有400多年的历史，根据南京师范大学编写的《江苏省黄河故道综合考察报告》（1985年7月）中提供的资料，在江苏省境内黄河“斜贯苏北大地，全长496.8公里，平均宽约3公里，高出附近地面3~5米，有些地段达8米。现在存留的老堤一般高出内滩地1~2米，高出堤外平地平均3~5米，乃至5~8米”。从丰县到滨海县河道沉积物平均堆积厚度约7.3米。

第二，豫北黄河故道（即汉至宋代的故道）。这段故道由武陟至濮阳河段，过去行河1700多年。据黄河志总编辑室对河南武陟至河北馆陶黄河故道的考察，河南汲县夹堤、柳卫之间，左岸的黄河老堤高出临河滩面2.5米，高出背河地面7~8.5米；在濮阳故道右岸白道口村，老堤高出临河滩面2米左右，高出背河地面5~6米，滑县阎楼至陈庄一带故道沉积物堆积厚度7~8米。

黄河下游故道现存大堤，现在还保留有大堤遗迹，有的还很完整，而且大堤的临河老滩面和背河地面的悬差仍清晰可见。以上两条故道的老堤，按自堤顶到背河地面为堤身高度，则原来的堤高一般为5~8.5米。当然老堤年代久远，因受风雨剥蚀，比过去有所降低。

第三，武陟沁河口至兰考东坝头。这一河段是现行河道，两岸的堤防有500多年的历史，既是明、清时代的老堤，也是现行河道的堤防。现两岸堤防的高度，根据1983年实测资料（第三次大复堤竣工后实测），右岸大堤平均高度为7.84米，最高为13.64米；左岸大堤平均高度为10.6米，最高为14.75米，比苏北及豫北故道的老堤高得多，主要由于这一河段现在的堤防超高数（超出设计洪水位3米）大于古代的堤防超高数（超高1米左右）。

第四，将黄河下游东坝头以上的老堤与长江的堤防高度相比。沙市大堤平均高度为12.31米，在江陵为8.88米，在监利为10.55米。但当时计划在1974年的大堤的基础上加高1米，如已按1974年计划加培完成，则平均堤高还需加高1米。而黄河东坝头以上大堤，平均高度为7.84~10.60米。黄河大堤尚达不到荆江大堤的高度。

从1855年后现行河道堤防加高情况看。自清咸丰五年（公元1855年）铜瓦厢决口改道后，到光绪初年才开始在铜瓦厢以下新河道修筑两岸堤防。将光绪十六年（公元1890年）实测《御览三省黄河全图》的大堤高度与1983年实测大堤高度进行比较，大致可看出：自1890~1983年的84年间（已除去花园口扒口改道9年），东坝头以上河段，左岸平均加高2.02米，右岸平均加高1.34米；东坝头以下河段为1855年改道后形成的新河道，自1890~1983年的84年间，右岸堤身平均加高7.03米，左岸堤身平均加高6.45米。黄河大堤主要是新中国成立以后加高得多。中华人民共和国成立40年来，为了防御更大洪水，堤防超高的标准比过去加大。进行了三次大复堤后，东坝头以下大堤一般加高为4~5米，这说明新中国成立前40年加高较少。

在此基础上，我对100年后的堤防情况作了预估。

首先，对黄河河床每年要淤高0.1米的说法我提出了不同看法。因为，若照此计算，东坝头以上明清故道两岸有堤防已有400余年，河床要升40多米。按一半年份发生决口，从河道排走一部分泥沙来估算，也要抬高20余米，而实际苏北故道的堆积物平均厚度不过8米；豫北故道行河1000多年，其河床堆积物平均厚度7米上下。这说明黄河下游河床演变是冲淤交替的，并不是单向发展。每当“水多沙少”的年份，河道不淤或有冲刷；遇到“水少沙多”的年份，河道就发生淤积，因此是有时淤，有时冲。一般说，在流量与含沙量相适应的情况下，黄河还有“大水带大沙”的输沙效果，利用水库调水调沙，可以使下游河道向有利方面发展。根据黄委会水利科学研究所1986年5月编写的《黄河下游河道的冲淤情况及基本规律》一文推算，1855~1985年这100多年来，兰考东坝头以下河段平均每年淤高0.03~0.04米。在1855年铜瓦厢决口初期，据推算在口门的跌差为6米。现在背河老滩仍比1983年的临河滩面平均高出2.19米，这说明1855~1983年除去花园口扒口改道的9年外，在行河119年间河床已上升3.81米，平均每年淤高0.03米，与推算的淤积情况基本相符。东坝头以上至武陟沁河口河段长约160公里，1855年改道后，由于溯源冲刷，这一河段形成的高滩到1985年计有130年，除去花园口决口改道的9年外，已有121年，中间经过两次20000立方米每秒流量以上的洪水。除个别堤段外，老滩均未上水。1982年花园口15300立方米每秒的洪水，大部分老滩仍高出水面1米上下。如开封至兰考交界约40公里的老滩，为明清时代决口最多的河段，近100多年来，洪水未上过滩，说明该河段尚未回淤到铜瓦厢改道前一般洪水即漫滩出险的局面。

其次，我对过去黄河决口多、泥沙向堤外泄出、能减少河道的淤积的说法也表示了不同的看法。过去常说：黄河善淤、善决、善徙。善决由于善淤，善徙由于善决，这是淤、决、徙三者的因果关系。但是，我认为每次决口后，往往决口处以下河道因淤积而造成严重恶果。决口以后，原河道淤塞不畅，易于造成堤防连续决口，这种情况在历史上屡见不鲜。因此每发生一次决口，原河道就有一次严重淤积，在水流重新塑造河槽的过程中，如河势突变，又为下次决口创造了条件，形成河道“愈决愈淤，愈淤愈决”的恶性循环，最后导致河道排洪能力减小，遇有大洪水时，河道因不能满足排洪需要，就决口夺溜改走新道。

再次，分析了河道冲淤变化情况。为了基本反映出河槽的冲淤情况，以《黄河下游河道冲淤情况及基本规律》一文中提供的各时期汛末流量3000立方米每秒的水位升降值进行比较，1950~1985年，每年平均水位升高0.04~0.06米，而1950~1960年的平均水位上升0.056~0.12米。这说明自1960年以来，由于上中游三门峡及其他干支流水库的拦沙作用和水土保持工作的开展，水沙条件发生了变化。根据1986年6月《黄河中游近期水沙变化情况研讨会纪要》的资料，1970~1984年，黄河中上游地区水文站实测的平均输沙量和径流量已比1950~1969年实测平均值分别减少14.8%及33.7%，除因雨量减少外，其中由于上中游水利和水土保持措施蓄水拦沙的作用，减少了入黄泥沙2.97亿吨（熊贵枢《黄河中上游水利水土保持措施对减少黄河泥沙的作用》），这是一个不可忽视的新情况。同时下游堤防巩固，修守得力，40年来，洪水时期河不旁决，溜走中泓，有利排沙；由于兴修了河道整治工程，控制了主流，改善了河势，起到了固滩刷槽的作用，因而使下游河槽的淤积速率比过去有所减缓。近年来沿河各县还利用引黄涵闸进行淤灌，1981~1984年每年平均向河道以外引出泥沙1.33亿吨，已使背河地面都有不同程度的抬高。河南濮阳县有45公里长的堤段，已在背河宽300~800米的范围内地面淤高1~2米。原阳县1966~1982年在背河通过引黄稻改，也把背河地面淤高2米左右。现在用吸泥船进行淤背固堤，沿河老口门的潭坑大部淤为平地，封丘著名的曹岗老险工，经过淤背措施，堤背高差已由过去的16米降为13米。这些措施，对巩固堤防起到了很大作用。

最后，我提出黄河下游堤防不致“隆之于天”的结论。我认为：黄河经过40年的全面治理，为今后治黄打下了良好的基础。黄河下游今后100年（1985~2085年）的堤防加高，仍以防御花园口22300立方米每秒洪水为目标，如按1950~1985年3000立方米每秒流量的水位计算，每年平均升高0.04~0.06米（因这35年包括丰水多沙、枯水少沙系列及三门峡水库的影响），估计到2085年，两岸大堤平均加高不过4~6米，这样全河平均堤高一般可达12~17米，略高于现在荆江大堤的高度（荆江大堤最高16米多）。若采用1950~1975年这25年的水、沙条件，按年平均水量342亿立方米，平均来沙量13.7亿吨，年平均河道淤积3.78亿吨计（1986年2月黄委会勘测规划设计院《黄河下游加高堤防防洪方案研究简介》），100年河道抬高平均为8米左右，到2085年全河平均堤高可达15~19米，尚达不到20米。但今后的100年，随着治黄事业和科学技术的发展，相信黄河的治理将比前40年更有成效。将来黄河上中游的干支流水库继续兴建，尤其中游小浪底水库建成，50年内的减淤作用为96亿吨左右，相当下游河道25年左右不淤，可使下游大堤少加高2~3次。上中游水土保持工作，将有计划地加速梯田、林草建设及继续修建沟壑骨干工程，以增加减沙效益。同时加强下游河道整治和滩区治理，进一步稳定中水河槽，并大力开展淤背固堤工程，沿河两岸继续放淤抬高地面，可使河道相对变为地下河。通过上、中、下游的综合治理，今后100年的下游河床的淤积必将继续减少。这样，则堤防更不致“隆之于天”，而下游河道的生命力也将继续延长，为两岸人民兴利。

六、加入中国共产党

“卅年期望如愿偿，青春焕发精神爽。七五计划鸿图展，开拓前进永向党。”这是我为纪念自己加入党组织而写的一首诗。

1985年，在离休之前，由袁仲翔、朱占喜介绍，我被批准加入中国共产党，实现了多年的夙愿。与我一起入党的还有青年同志郭丽萍、中年同志富连军等。当时我已72岁，能够参加老中青三代人的入党仪式，使我感慨颇多。在革命战争年代，中国共产党领导人民救亡图存；在经济建设年代，中国共产党领导人民发展生产力，从一穷二白的基点起步，建立起门类齐全的工业经济体系，治黄事业发展也令人瞩目，取得了伏秋大汛年年不决口这一在旧中国我想都不敢想的伟大奇迹。党的十一届三中全会后，我们国家的面貌和人民的生活变化更大，可谓翻天覆地！实践证明：中国共产党是中国工人阶级的先锋队，也是中国人民和中华民族的先锋队，不愧是中国特色社会主义事业的坚强领导核心。

我一方面深感党组织生生不息，不断壮大；另一方面深感人生有限，事业无穷，觉得在有生之年，还要发挥余热，为党和治黄事业作出新的贡献，只有这样，才不辜负党对自己的培养和教育。我是这样想的，也是这样做的。我做到了言行一致。

七、《黄河志》出版

我离休后，袁仲翔接任黄河志总编辑室主任。从1985年至1992年这7年间，我仍然坚持上班，半天在办公室，半天在家，实际上还是不分家里家外，上班下班，每天写稿、审稿，脑子里装满了志书，可以说自己整个陷在志书中，将晚年生涯献给了修志事业。记得有次审稿时，我已很累，为不影响工作进程，坚持审完志稿又送给黄河志总编辑室副主任叶其扬后，就因高烧病倒，不得不住进了医院。虽然如此，我仍无怨无悔，病稍好些，便又投入了审稿工作。《黄河防洪志》审稿，因我比较熟悉情况，从头审到尾由我负责；对《黄河河政志》等，我也看得很仔细。总而言之，《黄河志》11卷，我基本上全审读过，有的看得详细，有的只审读重点篇章，也有的从初稿到定稿要审读几遍。我把这作为一项事业来做，虽然很累，但乐在其中。

1986年5月，黄委会黄河志编纂委员会第二次扩大会议在济南召开。会前，我参考了一些书籍，写出《黄河志》编纂大纲，袁仲翔让我在会上宣读，我说我离休了。最后由袁仲翔在会上宣读，会议通过了这个大纲。

继袁仲翔、叶其扬之后，林观海、卢旭、栗志、王梅枝等先后担任黄河志总编辑室负责人，年轻人逐渐都成了顶梁柱，在大家的接力传承、共同努力下，多年来黄河志硕果累累，大奖频至，特别是《黄河防洪志》获得了中共中央宣传部首届“五个一工程”优秀图书奖。20多年来，黄河志事业开展得有声有色，实现了出成果、出人才的预期目标。对于这些，我倍感欣慰。

在修志过程中，我的体会是：

第一，要做到客观公正。清代著名的方志学家钱大昕曾经提出，修志“据事直书是非自见”，“方志立传有褒无贬但不能以黑为白”。我们修志，更要坚持秉笔直书的原则，存真求实，使志书经得起时间的检验，经得起后世的检验。要做到秉笔直书、客观公正，就要用资料说话，用史实说话，做到“述而不作”，保持志书的资料性、可靠性。

第二，要加强资料收集。黄河志就像一部大百科全书，涉及到治黄事业的方方面面。要修成一部好的黄河志，必须充分占有资料，做到“无不备载”。所以，在修志过程中，要像著名历史学家傅斯年说的那样：“上穷碧落下黄泉，动手动脚找资料。”既要广泛地收集各种历史文献，又要广泛收集各种当代档案文献资料，甚至是没有文献记载、通过实地调查或走访当事人能够获得的资料，并对这些资料进行科学整理。当然，志书并不是史实和文献资料的简单堆积。钱大昕曾经强调：“博观约取为修志首事。”就是说修志首先要广征资料，而对于入志的资料，要“辞严事核，质而有文”。同时要统合古今，详今略古。

第三，要注重人才培养。志书靠人来修，人的素质决定着志书的质量。修志工作必须建立一支高素质的人才队伍，特别是要注意挑选一批经过专业训练又有志于从事修志事业的年轻人，使我们既能出好的成果，又能培养和锻炼人才。同时，要积极吸引各方面的专家参与修志，使志书具有更强的治黄专业性和科学性。

第四，从事修志工作向来都是一项辛苦而清贫的工作。要把志书修好，修志工作者要守得住清贫，耐得住寂寞，正如当代著名历史学家范文澜所说的：“要吃得冷猪肉，坐得冷板凳。”

第五，修志工作要与治黄工作紧密结合在一起。一方面要通过修志，开展有助于现实治黄工作的研究，在大量资料当中寻找规律性认识；另一方面，在做好修志的同时，要注意用志工作，通过对黄河志的利用，进一步深化对河情的认识，使治黄工作少走弯路。

第十七章　夕阳无限好

一、奋蹄耕耘永不息

1992年夏天，我大病出院后，在医生、亲友和单位领导的一再劝说下，不再去办公室上班。但我仍然一如既往地关心修志工作，继续在家里审稿、写稿。一些单位也请我帮助完成书稿的撰写和审查工作，我都能够认真完成任务。1983年黄河志总编辑室为我祝贺70岁生日时，我曾写过一首诗，这时，我把它抄录下来，压在玻璃板下，以此励志："人活七十古来稀，我活百岁不知足。一生愿做孺子牛，奋蹄耕耘永不息。"

1993年5月17日，黄委会为我举行"徐福龄同志治黄五十八周年及八十华诞"座谈会，黄委会主任亢崇仁及新老领导和各有关单位，南京、武汉、北京、山东等地的老相识共计60余人来参加，场面甚为隆重，使我很受感动。会上，答谢各位人士后，我即席赋诗一首，表达我激动的心情："人活八十不稀奇，今向百岁去努力。期待港澳回祖国，共庆中华大统一。"

这一时期，承蒙黄委会各级领导和同志们的信任，我还先后担任黄委会技术委员会委员、黄河防汛总指挥部办公室顾问、黄河防汛抢险技术顾问组成员、黄委会科学技术委员会顾问，参与研讨一些黄河上的重大问题。每次我都尽可能就自己所知提出个人的看法或建议，以期能对治黄工作有所参考和帮助。

我之所以在老年还能为治黄做些工作，是与我拥有一个十分幸福的家庭分不开的。我和老伴对孩子们没有太多的说教，尤其我一直忙于工作，很少管过孩子，但是，孩子们都有良好的习惯，知道踏实做人、认真负责、孝敬长辈。这或许是长期潜移默化影响的结果。

我和老伴牛云英结婚几十年来，相敬如宾，恩爱相助，一起度过了人生的风风雨雨。我们结婚时，我的母亲已年迈，她有南方人坐马桶的习惯，屙尿都在房间里，牛云英不嫌不弃，无微不至地照顾我的老母达20年之久。每天老母屙尿完，牛云英就把马桶拎到厕所倒掉，洗干净，略微晾晒后再拿进屋里。我无论工作多么紧张，任务多么繁重，命运多么坎坷，回到家里，总是有如春天般的温暖。家庭无论生活多么艰难，牛云英从来毫无怨言。她遇到困难，咬紧牙关，白天做饭，深夜纳鞋底、做针线，为此手指都累得弯曲变了形。她不仅与我母亲一直相处甚好，而且与周围邻居也是十分和睦。几十年来，正是她含辛茹苦地支撑着我的家庭，也有力地支持了我的工作。

我的5个女儿有工人也有干部，有2个在外地工作；儿子先是下乡锻炼，后在黄委会工作。其中，儿子徐乘、二女儿徐寿朋、四女儿徐寿和是中共党员。前些年我的女儿都没有退休，逢年过节来看我，告诉我最多的好消息，就是又评上“先进工作者”了！随着年龄的增长，我对孩子的愧疚之情愈来愈深，然而孩子对我的爱与日俱增，从不抱怨我没有给予他们太多的关心。几个女儿退休后，每天轮流来我这儿值班，遇事都争着抢着干。老伴牛云英常年劳累，积劳成疾，两腿近乎瘫痪，屙尿难以自理，她们不嫌不弃，无微不至地照顾老伴，每天搀扶着她在屋里走；如果风和日丽，就用小车推着她到外边转圈。老伴夜里不能入睡，她们就一夜又一夜地守护在她的身边。正是孩子们的孝心，才使我们老两口生活得安然舒适，也使我在享受幸福晚年生活的同时，还能为治黄事业做些力所能及的工作。

二、花园口至孙口河段查勘

1994年10月，我和黄委会原副主任刘连铭及睢仁寿、郭国才、李跃伦组成调研组，对黄河下游花园口至孙口河段进行了查勘。我们历经7个地（市）河务局、管理局，17个县河务局，3个水文站，2个滞洪区，查勘结束后，向黄委会提出《1994年汛末对黄河下游花园口至孙口河段的调查报告》。

这一年的水情特点是：小流量，高含沙，河床淤积，河槽萎缩，漫滩机会多。7月9日，花园口水文站一号洪峰流量为4650立方米每秒，水位93.71米，含沙量168公斤每立方米；8月6日，二号洪峰流量为6260立方米每秒，含沙量达225公斤每立方米，最高水位为94.19米，比1992年8月16日同流量最高水位94.33米，低0.14米。但是，洪峰传播时间拉长，如由花园口到高村洪峰传播时间过去一般为20小时，1994年一号洪峰传播时间为54小时，二号洪峰传播时间为40小时左右；而流量比过去削减400~600立方米每秒。我们分析原因，主要是花园口到兰考河段，流量在3000立方米每秒左右，不少滩区过水漫滩，从而起到滞洪减缓流速的作用。

根据对各河段河势工情的查勘，我们在报告中提出：因连年河道淤积严重，1994年汛期控导工程坝顶出水一般0.5~1米，有的已漫顶，因此沿河的控导工程，应根据不同情况，适当予以加高，以保持原来的工程标准；按照河势小水上提，大水下挫的基本规律，由于连年小水，河势有上提趋势，一旦有了洪水，在小流量塑造成的河势流路基础上，将会发生剧烈的变化，因此今后控制中水河槽仍是我们整治河道的奋斗目标；黄河在游荡性河道内，河宽滩多，在大河流量由大变小的过程中，水流遇到河滩顶溜坍塌坐弯，最易造成横河或斜河现象，有的直冲险工或控导工程，有的直冲堤岸，出现新险，1994年未发生这一险情，但今后这种情况还可能出现，必须加以防范，有条件的，可采取裁弯取直的措施，争取防守的主动性等。我们共提出了8条体会和意见。

在金堤河滞洪区，我们了解到，由于金堤河河道淤积严重，行洪障碍很多，如堤防残缺、桥梁失修等，致使排水不畅，排涝能力较低，流域涝灾严重，因此建议，金堤河的清淤、清障和加固堤防已是当务之急。

在东平湖滞洪区，我们了解到，1994年大汶河洪水期间，由于黄河的严重顶托，影响陈山口及清河门两出湖闸，造成退水不畅。东平湖防汛主要任务，概括为："分得进，守得住，排得出，群众保安全"。但是，由于黄河河床淤积抬高，"分得进"问题不大；而黄河的水位抬高，出湖闸不能及时"排得出"，这将加重湖堤"守得住"的任务，严重威胁群众的安全。东平湖是下游主要分滞洪区之一，也是处理洪水的最后一张王牌。小浪底枢纽工程建成后，东平湖仍有分滞洪任务。因此，我们根据1994年大汶河来水及黄河河床不断抬高的情况，建议对因东平湖退水不畅所带来的一系列问题，进行专题研究，拟定长远规划，以确保东平湖长期使用价值。

在调查报告中，我们还对沿河各级河务部门普遍感到棘手的经费不足，濮阳市河务局反映的金堤河滞洪方案难以落实、从投资上和组织上都不适应防汛要求，通信不灵等问题，作了如实反映。

三、“96·8”洪水调查

1996年8月5日，花园口水文站出现了1996年黄河下游第一号洪峰，洪峰流量7600立方米每秒，相应水位94.73米；洪水在向下游演进过程中大量漫滩、削减，洪峰传播缓慢。花园口水文站13日又出现第二号洪峰，洪峰流量5520立方米每秒。一、二号洪峰至孙口汇合，于8月22日下午入海。这就是常说的“96·8”洪水。

为及时发现这次洪水中出现的问题，以便对今后防洪工作提出积极的防御对策，8月23~29日，我和黄委会原副主任刘连铭及翟家瑞等8人对河南焦作、新乡、开封、郑州4市河段及濮阳市、山东菏泽地区部分河段进行了查看，对河道、大堤和控导工程、滩区漫滩受灾和防汛组织及防守等情况进行了调查。调查结束后，我们向黄委会提出了《“96·8”洪水部分河段调查报告》。

报告把这次洪水过程中出现的主要现象归纳为五个方面

的启示。

第一，花园口水文站第一次洪峰流量为7600立方米每秒，但沿程花园口水文站和夹河滩水文站出现的相应洪水位，均超过1958年洪峰流量为22300立方米每秒和1982年洪峰流量为15300立方米每秒的相应洪水位。这次洪水是自1855年铜瓦厢改道后132年中出现的最高洪水位。我们分析水位抬高的原因：主要是河槽淤积严重，同时由于汛前黄河下游连续断流和三门峡水库泄洪排沙，加快了河槽淤积速度，以致河道不显主槽。因河道萎缩，在3000立方米每秒左右流量即开始漫滩，因滩面分流，主槽溜势不集中，以致水位抬高，造成漫滩水量多，流速慢，洪峰传播时间拉长，使滩区的灾情扩大。

第二，黄河下游自原阳到兰考东坝头河段的高滩，是1855年铜瓦厢改道后，河道溯源冲刷形成的。由于河道不断淤积，这一河段逐步由溯源冲刷变为溯源淤积。从这一河段洪水漫滩的情况看，由于河道的溯源淤积已基本恢复到铜瓦厢改道前道光年间的河道状况，一般中常洪水位即可漫滩。因此，两岸的高滩虽有高滩之名而无高滩之实，若遇更大洪水，两岸久不靠河的大堤，将受冲击，这对确保堤段来说，是一个很不利的趋势。

第三，洪水期间，沿河控导工程虽然多被漫溢和有一定的损毁，但起到了控导主溜、固滩护堤的重要作用，使河势没有发生大的变化。这场洪水南北两岸控导工程充分发挥了应有的功能，说明这一河段控导工程与险工配套合理，工程有一定基础，漫水以后还能起到潜坝导溜作用，也证实我们所修的控导工程，对整治游荡性河段是有效的。

第四，这次洪水水位高，淹没损失较大，所调查的高滩共计淹没耕地78.75万亩，受灾村庄289个，受灾人口30.4万。

第五，黄河大堤历史上决口频繁，老口门潭坑众多，因堵口时多为埽体进占，柳秸料年久腐烂成为大堤隐患。另外，黄河大堤多次加高培厚，土质不一，个别堤段施工质量较差，又常年不靠河，连年出现獾狐洞穴，这次洪水期间，因恢复、抢险及时，故未出大险。因此，对两岸大堤的偎水堤段应作全面检查，对出现的堤身隐患，必须大力消除，不容忽视。

针对这次洪水出现的10个方面的主要问题，报告提出了相应建议：黄河大堤高度与强度不足，应加快堤防加高加固建设步伐；控导工程漫顶严重，设防标准需进一步研究；工程水毁、雨毁严重，应抓紧恢复；滩区退水困难，应积极排放滩区积水；滩区安全设施问题多，应大力加强安全建设；通信和交通问题多，急需改善；经费不足，严重影响了防汛抢险队伍的稳定；1996年洪水洪峰流量不大，水位很高，应加强研究，以谋对策；积极宣传防汛抗洪中的模范事迹，大力弘扬黄河精神；汛期还未结束，应继续做好防汛抗洪准备。

参加调查“96·8”洪水时，我已84岁。这次调查给我的印象十分深刻。我感到治黄的新情况、新问题层出不穷，要把黄河的事情进一步办好，确实需要我们继续不断地探索和努力。

四、黄河断流问题

20世纪90年代，黄河断流日益严重，成为全国乃至全世界关注的重要问题。自1972年至1994年的23年（3月至7月）中，由于沿黄涵闸引水，总计下游断流350天，其中断流天数最长的是1992年计83天。一般断流多在泺口以下河段，1981年断流河段发展到河南夹河滩，1995年5月中旬断流河段达到艾山。

我从《黄河报》上看到两篇文章：一是1994年9月27日山东河务局齐兆庆发表的《黄河防汛中应认真解决的几个问题》，指出："从1984年到1993年近10年间，山东河道淤积泥沙3.07亿立方米，主要淤在主槽，河槽平均抬高0.77米，其中艾山至利津淤积1.69亿立方米，河槽抬高1.01米，同是3000立方米每秒流量的水位，比那时（10年前）抬高1米以上。"二是1995年4月30日山东河务局包锡成发表的《黄河河口治理措施评价》一文，指出：近年来治理河口的5项措施，"截支强干、疏浚破门、工程导流、定向入海、巧用潮汐，均未达到'河口畅，下游顺，全局稳'的效果。"

看到黄河出现的这一新问题，我心里十分着急，寝食难安。通过反复研读齐兆庆和包锡成的文章，我感到像黄河这样的多沙河流，如果每年都断流，日久天长，必将加速河道萎缩，后果严重。因为下游河道发生断流，这等于雪上加霜，会给河道带来很不利的影响。虽然引水与决口的条件不同，但是河道断流一次与发生一次决口的道理相同，上段断流，下段必淤。治理河口的5项措施是比较全面的，但要实现这每一项措施，都需要河道有一定流量，才能因势利导。如果每年3月至6月连基流都不能保证，就给河口治理带来很大困难。山东河道淤积严重和河口治理达不到预期效果，我认为与下游河道每年断流淤积有关，所以有进一步研究的必要。

为了增强黄河断流问题的感性认识，1997年11月上旬，我和黄委会原主任龚时旸、山东河务局原局长齐兆庆等一起考察了山东东平湖以下至河口的河道情况。

艾山以下为弯曲型河道。经过40余年大力整治，河道两岸弯弯相扣，滩槽分明，溜势甚为规顺。自1990年以来，由于年年断流，且断流时间越来越长，断流河段逐渐上延，河道淤积非常严重。据山东河务局估算，自1986年到1997年汛前，高村至孙口河段淤积0.77米，孙口至艾山淤积0.88米；艾山到泺口淤积1.21米；泺口至利津淤积1.25米；河口河段淤积0.88米。济南泺口水文站1996年2月14日第一次断流时，实测河底高程为25.47米；到5月17日第二次断流时，河底高程为26.86米，抬高了1.39米。利津水文站1997年第一次洪峰（花园口流量为4300立方米每秒）流量为1400立方米每秒，历时仅56小时即断流。大水过后，河道淤高0.5米。这说明河道不断断流的过程，也即河道连续萎缩的过程。1997年1~10月份高村输水量为90.16亿立方米，输沙量为2.02亿吨；利津1~10月份输水量为16.8亿立方米，输沙量仅0.11亿吨。这说明1.92亿吨的泥沙，除沿河分水带出部分泥沙外，均淤在河道内。因此艾山以下河道，已看不出河槽，成为平陆，河道内既可行人，也可行汽车，严重破坏了河道原来的面貌，为将来防洪留下了隐患。同时由于断流，对沿河地区工农业生产及油田造成很大损失。从一般经验说，泺口1000~2000立方米每秒的流量，河水漫流，很难冲出河槽，若汛期骤然发生3000~4000立方米每秒以上的流量，在重新塑造河槽的过程中，河势将有激烈的变化，不但水位壅高，而且水流横冲直撞，可能平工变险工，险工变平工，发生不可预测的险情，使防洪处于被动局面，必须有充分的预防措施。因此，我认为在河道挖沙开槽是一个重大举措，根据断流前的河势流路，有计划地开挖一道引河，俟来水时，可通过引河，导溜入海，或不致发生大的变化。但引河挖成后，需保持有一定的流量，两岸不可过量引水，否则河水时通时断，引河仍不免有淤塞的可能，达不到预期效果。

黄河尾闾清水沟流路口门附近浅海地区，地下石油储量丰富，但开采难度很大。胜利油田要求黄河部门利用黄河水沙资源，填海造陆，变海上开采为陆地开采。经黄委会同意，于1996年5月开工，在清水沟清8断面以上950米处，进行人工改汊工程。挖引河长5000米，并在断流期间，对老河道修筑截流、导流堤共9公里。完工后，同年8月，当地洪水流量3000立方米每秒时，因引河初期运用，过流不畅，致将截流坝冲开，新老河道同时过流；当流量降至2000立方米每秒以下时，老河道开始断流，引河通畅。黄河走新河道后，比老河道缩短16公里。因受溯源冲刷，西河口至清7断面主槽发生冲刷，河道过洪能力加大，利津以下河道原来3000立方米每秒的流量即漫滩，变为4000立方米每秒流量才漫滩，减缓了防洪压力。9月断流后，又将截流坝恢复原状。1997年新河道基本未过水，海水倒漾到清6断面。从总的形势看，新河道比较规顺，造陆良好，因此这项分汊工程是成功的，而且不会影响今后河口的流路安排。但我认为，原河道尚有很大潜力，将来仍需行河。为保持这一形势，应不使老河道淤塞。唯改道分汊口处，已形成S形大湾，对新河道行洪不利，必须加以整治。

通过这次实地考察，黄河连续断流、淤塞不通的状况增加了我的忧虑。山东艾山以下河道因多次断流，河槽已淤成平陆。这样的河道现状持续下去，遇到较大洪水，我认为必将有不可预测的危机，必须及早采取措施，以策安全。

对于解决黄河断流问题，我认为，引江补源虽是长久万全之计，但不能解决当前燃眉之急；上中游水库蓄水拦沙工程并非短期所能建成。只有从实际情况出发，加强水资源统一管理，计划用水、节约用水予以解决。从长远考虑，随着国民经济的发展，黄河水资源供需矛盾会更加突出。故建议国家根据现在和将来黄河水资源情况和供水需要，对沿河各省（区）的用水量，作统一规划，重新分配。同时要强调节约用水，尤其沿河农业用水，更要精打细算，在枯水季节引用黄河水方面利益均沾，提高水资源有效利用率，促进工农业发展。要树立全河一盘棋思想，用水时应尽量给下游河道分配适当水量，保持河道通畅，以免年年发生断流，防止下游河道继续恶化。同时加快干流梯级工程建设步伐，引江补源，为经济、社会的可持续发展提供可靠的水源，使万里黄河万古长流。

令人欣慰的是小浪底水库投入运用后，对黄河水资源的调蓄能力大为增强。通过对水资源的统一管理、统一调度，不仅成功地制止了黄河下游连年断流的现象，而且能够利用水库蓄水进行调水调沙，冲刷河道。但是，也应该清醒地认识到，随着沿黄地区社会经济的发展和人民生活水平的提高，对黄河水资源的需求量越来越大，水资源供需矛盾日趋突出，防断流任务依然十分艰巨。因此，节约用水，提高水资源有效利用率仍然是今后一件不可忽视的重要工作。

五、关于黄河水污染问题

与出现断流问题同时，黄河水污染问题也日益严重，报纸等新闻媒体不断报道黄河水污染的情况。我对水质问题研究不多，可以说是外行。但是，我看到触目惊心的黄河水污染状况，心里很不平静。

黄河是西北、华北地区人民群众赖以生存发展的重要水源，虽然黄河流域各地都采取了一些治污措施，但黄河仍面临着工业污染治理举步艰难、生活污水和农业退水污染加重的状况，污染形势十分严峻。黄河是母亲河，黄河水是哺育中华民族的乳汁，污染了乳汁，中断了乳汁，这是不可思议的。因此，我把水质污染和黄河断流比做威胁黄河母亲河的两把利剑。

据报道，对1999年黄河干支流选取69个河段进行评价，其中黄河干流评价河段26个，支流评价河段43个。评价总河长7247公里，其中，干流评价河长3613公里，支流评价河长3634公里。评价结果为：干流评价的河段中优于Ⅲ类水质的河长1975公里，占评价河长的54.7%；劣于Ⅲ类水质河长1638公里，占评价河长的45.3%，主要污染物为氨氮、总铅、总汞等。支流评价河段中优于Ⅲ类水质的河长889公里，占评价河长的24.5%；劣于Ⅲ类水质河长2745公里，占评价河长的

75.5%。汾河、清水河、渭河、蟒河、沁河、大汶河等河流参评河段的水质全年几乎都为劣Ⅴ类。

又据报道，黄河流域水资源保护局组织专家组，对黄河水污染的状况及危害进行了量化分析，发现黄河干流近40%河段的水质为劣Ⅴ类，基本丧失水体功能。随着经济的发展，黄河流域废污水排放量比20世纪80年代多了1倍，达44亿立方米，污染事件不断发生。黄河上游的绝大部分支流都受到不同程度的污染，而中下游几乎所有支流水质长年处于劣Ⅴ类状态，支流变成了“排污河”。

按《黄河治理开发规划纲要》的预估，到2010年，全流域废污水排放量将达66.5亿吨，是1993年的1.38倍。除一些重要支流污染外，黄河干流兰州至包头河段，水质将劣于Ⅳ类；潼关到花园口河段，水质劣于Ⅴ类。

黄河水污染问题已到了引起我们高度重视的地步。我感到如果我们现在不高度重视、下决心努力解决的话，水污染问题有可能成为治黄面临的首要问题。因为，黄河的水资源量相对较少，水污染的发展，将严重威胁供水水质，威胁人民群众的身体健康，加重了黄河水资源的紧缺程度。因此，我在“对《黄河治理开发纲要》的意见”中向有关部门提出4条建议：第一，防治水污染应作为治黄的重要议程之一，与解决断流同等重要，要有紧迫感、责任感。第二，不能够再走先发展经济、再治理污染的老路。第三，要吸取淮河治理污染的经验教训，根据环境保护法，责令沿河（包括支流）污染严重的各种小企业、厂矿全部停产，对城市供水危害严重的污染源，全部关、停、并、转、移。第四，联合环保单位，加大对水污染的防治力度，加强对流域水资源保护统一监测和管理，争取使干流的供水水质逐步达到标准。

六、“堤防不决口”

进入21世纪，黄河应该如何治理是我们治黄工作者面临的一个重大问题。时任水利部部长的汪恕诚把治黄面临的重大问题归结为4个方面，提出：“堤防不决口，河道不断流，水质不超标，河床不抬高”，并把这作为21世纪黄河治理的奋斗目标。将来若能完全达到这四项目标，黄河治理将进入一个“黄河大治，永庆安澜”的崭新局面。这是几千年来人民梦寐以求的理想。以后黄委会党组又提出了“维持黄河健康生命”的治河理念，作为黄河治理的终极目标。我们治黄工作者，必须力排万难，向这个目标开拓前进。

汪恕诚部长提出“四个不”目标时，我已近90岁，离休也10多年了，但是，我通过读书看报、写文章，深感实现“四个不”目标对未来治黄的重要性和艰巨性。为此，结合自己多年从事黄河下游防洪工作的实践，我于2001年9月在黄河网发表了《对黄河“堤防不决口”的一些思考》一文，后该文被收录进2004年黄河水利出版社出版的《科技治黄大家谈》一书中。

“堤防不决口”是治黄工作的头等大事。人民治黄以来，党中央及沿河党、政、军各级领导非常重视，每年投入大量人力物力，经历了千辛万苦，才取得黄河伏秋大汛没有决口的伟大成就。小浪底枢纽工程投入运用后，洪水得到进一步控制，不少人认为黄河下游堤防不会再有决口之患。我认为，这种想法是十分危险的。

黄河在历史上决口频繁，一般在洪水时期，易于造成漫决和溃决；中水时期溜势集中，易于造成冲决；小水时期易于出现横河，河势入袖，也能造成严重决口。追溯1949年以前的2000多年间，黄河决口达1500多次（包括凌汛），并非每次决口都在大汛洪水时期，有时在未入汛前，阴历四五月间（阳历五六月间）和大汛已过的阴历九月间（即阳历10月间）的霜降以后中小水时期，皆有决口的记载。1993年9月，花园口水文站只有1000立方米每秒的流量，持续一月之久，开封黑岗口河势南圈，在长850米滩岸上坐弯顶冲，刷滩甚速，当刷至距大堤60米时，经动员军民，大力抢护，才保住大堤安全。另外花园口水文站流量在3000~5000立方米每秒时，由于河势顶冲险工坝岸，发生重大险情的，更是不胜枚举，说明在中小水时期，仍有决口或抢大险的危险。因此下游防洪不能麻痹大意，要按照“堤防不决口”的要求，必须继续加强完善下游防洪体系。

对于加强和完善下游防洪体系，我归纳了5个方面：

一是堤防问题。

现在黄河下游堤防的防御标准，仍以防御花园口22000立方米每秒的洪水为目标。小浪底工程投入运用后，由于三门峡、小浪底、故县及陆浑四库的联合运用，花园口千年一遇洪峰流量43100立方米每秒，削减为22600立方米每秒；百年一遇洪峰流量29200立方米每秒，削减为15700立方米每秒。说明黄河下游防洪标准有了显著提高。自1998年长江大水之后，国家大量投资，加强各大江河的堤防建设，黄河堤防全面进行培修加固，过去长期存在的部分堤防不够标准和堤防的薄弱环节，将逐步加以解决，这将进一步奠定防洪物质基础。因此，我认为特大洪水时，堤防漫决的机会少了。

但小浪底至花园口河段2.7万平方公里无控制区，在小浪底、故县、陆浑三库关死的情况下，花园口水文站仍能形成10000立方米每秒以上的洪峰流量，而且预报期很短；同时该地区的洪水含沙量小，冲刷力强，加上小浪底水库运用后，中水持续时间长，清水冲刷严重，河势变化无常，因此下游堤防仍有发生溃决和冲决的危险，这是不能忽视的。

堤防溃决主要是由堤身有漏洞、堤身及堤基发生严重渗水造成的。防止漏洞和堤身渗漏，除平时加强隐患探测并随时消除外，当前比较有效的方法是大力进行淤背工程，通过淤背措施，有计划地淤高背河地面，以达到相对地下河的作用。严重的堤基渗水，需采取截渗墙来解决。

防止堤防冲决，主要注意平工堤段，因为平工堤段占总堤线长的60%以上，平时既无工程维护，也无料物储备，一遇大水，全线着河。过去黄河决口，平工多于险工，不可不慎。为了平工防险，可在平工堤段距临河堤脚50~100米广植丛柳，形成一道缓水屏障，长高之后，既防风浪之险，又可起到缓溜落淤、淤平堤河之效。但这一措施，下游执行得不够普遍，还要大力进行。险工堤段，经常靠溜，坝岸冲刷严重，只要根石巩固，就能防冲抗洪。黄河下游两岸修有引黄涵闸90余座，这些涵闸绝大部分修建在软基上，涵闸与大堤结合部，遇到大水，最易发生问题。因此，黄河下游每一处涵闸就是一处险工，平时在管理上，必须加强观测研究，发现问题及时处理，大汛时更要加以防守，以防不测。沿黄大堤的土质优劣不同，遇到暴雨时，堤身常常发生严重的水沟浪窝，影响堤身安全。如1983年9月2日，中牟县堤段内，发生一次暴雨，在5~7小时内，万滩降雨量达387毫米，堤身冲刷大小水沟浪窝1808个，严重的870个，一次大雨冲失堤土22900立方米；又如1997年8月19~20日，山东滨州地区发生暴风雨，惠民清河镇最大降雨量220毫米，大风持续20小时，该地区4个县（市）大堤、淤背区及坝垛共冲走堤土14.7万立方米，如当时与黄河洪水相遇，后果不堪设想。经验证明，淤背区要进行黏土包边盖顶，堤身及淤背区部分，应广植葛巴草，等于给大堤穿上蓑衣，基本上能防大雨发生水沟浪窝。今后结合堤顶硬化设施，堤面两侧可有计划修筑排水沟（古代称为龙沟），以利排泄雨水，保持堤身完整。

总之，堤防修守主要是“防重于抢”，只有平时在思想上、组织上、工程上、料物上有充分的准备，加强堤防管理，做到心中有数，才能防微杜渐，百战不殆。

二是河道整治问题。

经过50多年的积极整治，山东高村以下河道的河势基本得到控制；而高村以上宽河道内，经过整治，虽然河道游荡幅度有所收敛，但游荡特性基本未变。主要由于河床宽浅，没有固定河槽，每当河水涨落过程中，河势突变，经常发生滚河、横河和斜河，严重威胁堤防，甚至造成决口之患，因此可以说，“河道不治，堤防不安”。

追溯1947年黄河下游在花园口堵复后，河势没有控制，两岸塌滩塌村十分严重，20世纪50~70年代，因塌滩就有234

个村庄被黄河吞噬。因河势多变，堤防抢险，甚为频繁。当时为了护滩保村，缓冲溜势，采取了游击战术，不得不“背着石头撵河”，哪里塌滩，就在哪里抢护。以后在此基础上，争取主动，采取阵地战术，有计划地因势利导，重点在两岸配合险工，修筑护滩控导工程，以控制有利河势。但这一战役尚未结束，尤其河南境内，有些河段尚未安设工程，有工程控制的河段尚不配套。当前应加大河道整治力度，进一步控制河势，以防小浪底工程运用后，清水冲刷，威胁堤坝安全。将来在完成阵地战的基础上，拟定整治规划，进行攻坚战，用对头丁坝或丁坝、顺坝相结合的措施，丁坝和顺坝可先做成潜坝形式，以后酌情加高，用以缩窄河道，固定中水河槽，增强输沙能力。使大水、中水、小水时期，均能溜走主槽，稳定河势，这样堤防修守就更有保证了。

三是下游滩区问题。

黄河下游河道滩区面积3956平方公里，是河道的主要组成部分，约为河槽面积的2倍。滩地广阔，有纵横比降，河水漫滩后，滩面冲有纵横串沟，互相联通，最后汇集在堤河，顺堤行洪，发生险情，严重时串沟夺溜，产生滚河现象，造成决口之患。如清道光二十一年（公元1841年）河南开封一带大堤距河约3公里，有宽广的河滩，该年洪水漫滩，串沟夺溜，将大堤冲开，水淹开封城。在20世纪50年代，长垣及东明两处大滩串沟最多，经过滩区治理，情况有所改善。在滩区较大的纵向串溜，一般进水口的部位，多在大河坐弯顶冲之处，如原阳的双井、封丘的禅房、长垣的大留寺、东明的王高寨、濮阳的郭寨、范县的甘草堌堆。现均已修了护滩控导工程，大水时起到潜坝作用，使纵向大串沟不致有夺溜的危险，水落时串沟内还有落淤之效。但滩面大的串沟，仍有一定的沟形，因滩面横比降关系，大水时仍不免有新的串沟发生，需要进一步治理。另外滩区生产堤，过去称为民埝，历代治河都反对与水争地，因滩区修筑民埝危害很大。如兰考县过去为围护滩区农田，修了一道民埝，称为考城民埝。1933年大洪水时，该民埝漫决，溃水直冲大堤，在四明堂决口，水淹考城县城（即今兰考堌阳集）。现在沿河所修生产堤，屡禁不止，泥沙多淤在生产堤以外滩地上，生产堤以内的滩地不能落淤抬高，形成“二级悬河”，必须将生产堤坚决破除。当前下游河道中常洪水时即可漫滩，应抓住这一时机，结合滩区水利建设，拟定淤滩计划，大力进行淤滩、淤串、淤堤河的措施，改变滩区的不利形势，从而达到淤滩刷槽，防止沿堤行洪和冲决的危险，同时要加强滩区安全措施，维护人民生命财产安全。

四是沁河问题。

沁河为黄河下游的主要支流。历史上每当洪水时，常常决口为患，素有“小黄河”之称，故黄、沁两河的下游均有防洪任务，历代治河均很重视。

当前沁河下游的防洪标准是防御武陟小董水文站4000立方米每秒的洪峰流量不决口，超过这一标准，可在沁河北岸自然滞洪区和南岸黄沁滞洪区分水滞洪。但历史上沁河曾发生过特大洪水，据调查，明成化十八年（公元1482年）山西阳城九女台洪峰流量达14000立方米每秒。如遇到这样的洪水，沁河下游河道是难以承受的，而黄河也受很大威胁。

沁河与黄河的关系密切，有时黄沁并涨，造成大的险情，如清嘉庆二十四年（公元1819年）七八月间黄河涨水，北岸武陟马营一带水与堤平，继而沁河涨水，在武陟方陵决口，黄沁两河交注，将马营大堤冲决，这是“黄沁并溢”的实例。1933年黄河大水，河水倒灌至沁河木栾店，使水位骤然抬高，比背河地面高出9~10米，险情严重。因此，为了严防“黄沁并溢”，沁河北岸木栾店至南贾的堤防标准与黄河北岸大堤相同。

小浪底至花园口河段，黄河三大支流伊、洛、沁河，只有沁河没有水库控制。河口村水库可控制沁河流域面积70%以上，应早日兴建。这一工程不仅能削减小浪底至花园口洪峰流量，减少黄、沁洪水压力，也可兴沁河之利，为人民造福。

五是滞洪区问题。

小浪底工程运用后花园口百年一遇洪水流量仍有15700立方米每秒，为保山东艾山以下堤防安全，在东平湖还要相机考虑分洪问题。东平湖区总面积为632平方公里，设计蓄水位最高46米，蓄水量40亿立方米，这是黄河下游防洪的最后一张王牌。但是，对于北金堤滞洪区，我则认为由于投资有限，管理方面也存在诸多问题，不是轻而易举能够运用的，应该落实小浪底工程初步设计提出的“解放北金堤滞洪区”的目标，使北金堤地区的经济社会得到快速发展。

自人民治黄以来，1949年、1954年、1958年，花园口洪峰流量分别为12300、15000、22300立方米每秒。这几次洪水均在东平湖自然分洪，对艾山以下河道均起到显著削峰作用。由于东平湖自然分洪，河湖不分，不能更有效地控制洪水，故1958年以后，在东平湖修建分洪进湖闸，控制洪水，使分洪有了主动性。但无论自然分洪或闸门分洪，东平湖每分洪一次，湖区就有一次严重淤积，如1982年花园口水文站发生15300立方米每秒的大洪水，在进湖闸分洪后，闸后淤沙11平方公里，最厚淤3米，淤沙量500万立方米，造成闸下射流部分及附近群众生产生活的困难。

东平湖的分洪要求是“分得进，守得住，排得出，群众保安全”。从现在情况看，分洪时有进湖闸的控制，“分得进”的问题不大，但由于黄河河道逐年淤积，将来湖水能否完全“排得出”，是个大问题。将来湖水如排不出，湖堤防守负担则很重。湖堤主要险情是渗漏和风浪；如分洪后湖水排不出，高水位持续不下，守不住即会造成溃决之患，难保群众安全。

我对东平湖清河门及陈山口两个出湖闸在湖区同水位下出流情况作了比较，1970年湖水位为42.00米，艾山流量为3940立方米每秒时，两闸出湖流量为500立方米每秒。到2001年9月6日湖水位同是42.00米，艾山流量仅120立方米每秒，两闸出湖泄流80立方米每秒，东平湖蓄水仍有3.89亿立方米，说明河道淤积严重。回顾历史上黄河南流入淮时，明代潘季驯利用洪泽湖蓄淮河之水来“以清刷浊”，由于淮不敌黄，河道逐渐淤高，虽然采取多种减淤措施，但到了清道光年间，洪泽湖蓄淮之水已不能入黄，使淮河水入了长江。联想到东平湖退水处，河道不断淤积，时间久了，也有走洪泽湖老路的可能。因此，将来东平湖的退水问题，必须从长计议，应在东线南水北调方案中，作进一步考虑，以保持东平湖在防洪和水利建设中的合理运用。

2001年8月5日汶河发生2620立方米每秒的洪水，洪水并不算大（1957年7月及1964年9月曾发生过5030立方米每秒和6900立方米每秒洪水），却把戴村坝冲垮，水入东平湖老湖区，8月7日湖区达到历史上最高水位44.38米，超过警戒水位1.88米。据调查，主要是由于围湖造田，壅高了水位。因此，必须贯彻执行国务院“平垸行洪，退田还湖”的政策，经常保持湖区的有效库容，以利防洪。关于两闸出湖前的退水引河，因黄河涨水倒灌，把引河淤平，2001年退水时，引河临时用爆破及挖掘机突击开挖，甚为被动。今后可在引河出口修筑冲沙闸或在引河口作围堤挡护，以防河水倒灌，退水时开闸或将围堤破除，以利排泄湖水。

为防洪长远考虑，要保留山东齐河展宽工程，将来如东平湖分洪及凌汛有特殊情况时，作为救急措施，以保艾山以下的堤防安全。

关于“河床不抬高”的目标，主要涉及治沙、用沙等问题，也就是大家常说的治本问题。我相信随着水土保持工作的科学发展，用水用沙的技术进步，实现这个目标并不是没有可能，也不是遥不可及的。通过几十年的探索和实践，治本问题应该从上、中、下游同时考虑，按照“上拦下排，两岸分滞”的方针，水沙兼治，标本兼治，上中游要拦水拦沙、调水调沙，下游也要排水排沙，更要按照周恩来总理在20世纪60年代要让黄河水沙资源在上、中、下游都有利于生产的重要指示，做好用水用沙。只要大家同心协力，实现“河床不抬高”目标就有希望。到那时，黄河水少沙多、水沙不平衡，造成下游河道“善淤，善决，善徙”的特点将被改变；

几千年来中国人民梦寐以求的“黄河大治，永庆安澜”的理想也终将变成现实。

我在研究黄河改道问题时，曾提出：史称王景治河“八百年无患”是无稽之谈，但800年没有发生大改道是历史事实。今天我们治河的有利条件，远非古代可比。古代治河能做到这一点，在今后科学治河的条件下，现行河道维持相当长时间不改道是可能的。这个主张与“河床不抬高”的目标不谋而合。既然实现了“河床不抬高”的目标，黄河还会像历史上曾经发生的那样，因改道而使人民群众遭受无穷苦难吗？

七、挖河要慎重

1997年黄委会在编制《黄河治理开发规划纲要》时，提出黄河治理开发应采取“拦、排、调、放、挖，综合治理”的方略，全面规划，标本兼治，远近结合，可以妥善解决泥沙问题。在征求意见时，大家对“挖”分歧很大，我对此也有不同看法。我认为，黄河泥沙量巨大，处理泥沙应该多从中上游地区考虑；挖河疏浚应与泥沙利用相结合。

历史上，黄河下游挖河疏浚的记载不少。例如，北宋时期，王安石对解决黄河泥沙问题相当重视。候选官员李公义献铁龙爪扬泥车法以疏浚黄河河道。其法是“用铁数斤为爪形，以绳系舟尾而沈之水，篙工急櫂，乘流相继而下；一再过，水已深数尺”。宦官黄怀信赞成此法，而嫌其太轻，经王安石同意，由黄、李一起研究，另制成浚川杷：“以巨木长八尺，齿长二尺，列于木下如杷状，以石压之；两旁系大绳，两端矴大船，相距八十步，各用滑车绞之，去来挠荡泥沙，已又移船而浚。”王安石大喜，向神宗皇帝奏称：“苟置数千杷，则诸河浅淀，皆非所患，岁可省开浚之费几百千万。”经神宗同意，设置疏浚黄河司，“将自卫州（治今河南汲县）浚至海口”，后以效果不佳作罢（《宋史·河渠志》）。这种做法断续使用至清代。道光年间成书的《河工器具图说》上就有“铁笆”、“铁箅子”和“混江龙”等，都是同一原理不同形制的疏浚器具。黄河下游泥沙淤积主要是因为水流携沙力不足所致，即使人力搅动，泥沙暂时浮起，过不多久必复沉积。因此，明代治河名臣万恭评价这种疏浚办法说：“治黄河之浅者，旧制：列方舟数百如墙，而以五齿爬、杏叶杓疏底淤，乘急流冲去之，效莫睹也。上疏则下积，此深则彼淤，奈何以人力胜黄河哉！”（《治水筌蹄》）。国外密西西比河口治理多是采取河道整治与疏浚相结合的方法，吸扬式、耙吸式和绞吸式等类型的挖泥船得到广泛使用。密西西比河含沙量比黄河少，用这种方法是可以的。

在经过一段时间的调查研究后，我1997年9月8日在“对《黄河治理开发纲要》的意见”中提出了自己的意见和建议。

我认为，黄河上新建一些工程或做些试验研究工作，为了取得经验，缴一些学费，是无可厚非的，但如事先从各个方面考虑周到，慎重进行，可能缴的学费少一些，效果可能更好些。黄河挖河疏浚工作，是当前一桩大事，古代曾试行过机械或人工挖河疏浚工作，因限于当时社会制度和技术条件，成功的少，失败的多。现在引进先进的挖输沙设备，从事挖河，这是一个创新的设想。为了慎重起见，应认真结合黄河多变的特点，进行设计，使之既能在深水或浅水中运用，又能在断流时使用，达到水旱两用。

我们除了去国外进行学习和了解外，还应请承包商亲自到黄河上作详细调查研究，提供适应黄河特点的挖输沙设备，试验成功后，再逐步推广，切勿仓促上马，以免先进设备运到黄河上却不能运用。根据当前黄河下游时常断流的情况，可考虑从河口以上组织挖河大军，采用推土机、铲运机等挖沙办法，作一示范，如有效果，再与机船挖河双管齐下，相机进行，则挖河效率可能更高些。

我赞成结合淤背逐步使黄河下游河道成为相对地下河。早在20世纪60年代就已有人提出，大家都认为是一支好箭，就是不肯射出，至今只是口头呐喊，没有实际行动。我认为解决相对地下河，首先在临背悬殊严重的堤段进行。《黄河治理开发规划纲要》中提出，挖河疏浚河南选在中牟九堡到开封府君寺，这正是两岸临背悬殊较大的河段。可以结合大功放淤和挖河输沙，先选择北岸封丘大功至清河集作为试验段。这一河段北岸有天然文岩渠，可以排水，既能放又能出。要先做模型试验，取得科学依据后，与地方协商拟定具体规划设计进行示范。有了经验，再大规模开展，以达到相对地下河的设想。但挖河疏浚的泥沙多为细沙，为了避免沙化，应很好考虑盖淤设施。

八、缅怀王化云

2001年底，黄委会为纪念王化云老主任诞辰95周年，制作了王化云的铜像，矗立在黄委会大院内，寓意着让他继续陪伴着我们为进一步把黄河的事情办好而努力奋斗。同时，这一年为继承和发扬王化云的治黄思想，进一步总结治黄的经验和教训，制定新时期黄河长治久安的战略和措施，实现“堤防不决口，河道不断流，污染不超标，河床不抬高”的目标，黄委会和黄河研究会在王化云诞辰95周年之际，准备组织召开王化云治黄思想研讨会。

听到这个消息，我心里非常激动，跟随王化云治河的往事又涌上心头，他的音容笑貌仿佛就在眼前。王化云是20世纪卓越的治黄专家。他从事治黄40余年，是中国历史上治河时间最长的一代河官。他善于学习，勇于实践，勤于总结，不断探索，在长期治黄实践中，逐渐形成一套自己的治黄思想，指引着治黄事业不断前进。我1948年参加革命工作后，在他的领导下，一直从事下游防洪工作。十分重视黄河下游防洪的他常说：“治黄工作，千头万绪，但首要任务还是防洪。”在党和政府领导下，通过各方面的共同努力，确保了黄河大堤不决口，并全面开展了黄河综合治理，取得了辉煌成就。

我认为他的治河思想是根据不同时代、不同河情变化而提出的，是与时俱进的。因此，我把参加研讨会的文章的题目定为《治河思想与时俱进》。我日夜查资料，边回忆，边思考，边撰写，力争按照要求赶写完成，交付组委会审查。

我在文章中回顾了在解放战争恶劣环境下，为保护解放区人民生命财产，王化云提出的第一个防洪方针：“确保临黄（两岸临黄大堤），固守金堤（把金堤作为二道防线），不准决口”；在全国解放、黄河下游三省统一管理的新形势下，他提出的下游“宽河固堤”的防洪方针；1976年，因受淮河发生特大洪水的启示，提出“上拦下排，两岸分滞”的防洪方针等历史过程。认为“上拦下排，两岸分滞”这一方针，至今仍指导着下游防洪工作不断前进，并进一步提出在上中游上拦工程积极开展的同时，黄河下游相应开展的主要工作。

12月3日，当我写完这篇文章时已经夜深。我抬头望着夜幕中的星空，仍然思绪万千，沉浸在对王化云老主任的深深思念之中，即兴作诗一首，题为《缅怀王化云》：“化老是我老领导，又是革命带路人。精心治黄五十载，禹甸神功史册存。解放战争抗蒋黄，力挽狂澜伏波臣。五十年代管全河，修筑水库在三门。上拦下排两岸分，宽河固堤定方针。下游年年安澜庆，八省灌溉利人民。生态建设搞水保，实施种草和造林。南水北调提设想，调查研究曾亲临。一生关注小浪底，瞑目之前仍挂心。治黄伟绩超前贤，可谓千古第一人。”

九、与病魔斗争

王化云治黄思想研讨会几天后，我突发脑梗塞，清晨醒来，竟口不能言。家人急忙送我到医院抢救。在罗建平医生等的全力抢救下，虽然脱离了危险，但还是心里明白、说不出来。一开口，咕咕哝哝，有人来看我，只有靠孩子们翻译才能进行交流。这是我一生中得的最严重的疾病，我心里很苦闷。

这时，黄河水利出版社的同志给我送来刚出版的《世纪黄河》画册。我看着画册，回想着自己的过去，回想着党对自己的培养和教育。多年来我获得过一些荣誉，如1978年获得黄委会劳动模范称号，1988年分别荣获河南省老干部局及黄委会“老有所为”精英奖，1999年我86岁时又获得中共中央组织部授予的“全国离休干部先进个人”称号，在全国水利系统获此殊荣的仅我一人，黄委会党组赠给我一头老黄牛的工艺品：一头前腿弯曲收缩，后腿蹬直，两耳向外伸展，两角朝内弯曲，拼命向前奔跑的老黄牛。这是党对我多年来埋头工作、勤奋自强的充分肯定，但同时也让我深感惶愧。我自认业绩不多，还当奋蹄再追，不负党的厚望。

想到这里，我下定决心，要与病魔斗争。我出院后坚持每天写毛笔字，以此作为我的锻炼项目。起初，写的字很难看，但是每天都有进步。后来卢旭给我拿来一些书法用的纸张，我就用这些纸张进行练习，日积月累，共写8720张，每张16个字。随着书法能力的逐渐恢复，奇迹出现了，我说话的能力也每天都有进步。我写了一张不太醒目的小条幅：“人生有限，事业无穷。”我把它作为座右铭，鼓励自己战胜病魔。适逢世交王根喜看到我的书法，甚感兴趣，于是自愿刊印成册，取名《徐福龄书法作品集》，分送亲友。在此期间，我的老同事、武陟修防段工程队原队长李建荣的孙子李富中同志有时间就来家看我，与我共同讨论一些古今治黄问题，使我感到很充实，得病以后那种无奈、苦闷和寂寞的心情为此而改变。

后来，在中国书法家协会会员、黄委会青年书法家耿自礼同志的帮助下，我继续坚持进行书法练习，又有新的进步。不久通过耿自礼介绍我加入了河南省书法家协会，语言能力也恢复到与人正常交流的水平。

为帮助我战胜病魔，我的孩子们倾注了全力。儿子徐乘工作繁忙，但家里遇到要事都由他尽心照顾；儿媳从印度、英国留学回国后搞科研工作，事情很多，但经常抽出时间来看望我，并给我买了许多营养品；孙子还在东南大学上学，学习非常紧张，也尽可能抽空来看我。特别是孙子每次来，都给我带来不少的快乐。为了我的健康，他在墙上贴了一张“不准吸烟”的告示，从此，几乎没有人在我面前抽烟了。

我的大女儿生有1子1女，二女儿生有3子，三女儿及四女儿各生1女，五女儿生1子。女儿、女婿以及外孙、外孙女承担了照顾我和老伴的责任。他们轮流值班，既要照顾好不能行走的老伴，也要照顾好病危住院的我，一日三顿饭，餐餐不重样，一天三遍药，按时不间断，真是竭尽孝心。

身体恢复后，一个阳光明媚的早晨，我来到王化云的铜像身边，站立良久。眼前，黄委会新大楼前边的绿色草坪中有一条用黄色草木精心编织的黄河，那九曲十八弯的造型栩栩如生。我默默地看着王化云老主任的塑像，望着眼前的黄河造型，仿佛回到了昔日的治河岁月。

十、黄河的明天将会更加美好

我一生都在追随黄河，在黄河上风雨兼程，黄河走到哪里我就伴随到哪里。1938年黄河被扒决南泛，我随它走新道；1947年黄河归故，我又随它回到了故道。我一生都在研究黄河，认识黄河，撰写文章，总结治黄的实践经验，初步积累了一些治河经验。1983年我80岁时，在杨国顺、栗志、叶其扬等同志帮助下出版了拙著《河防笔谈》；2003年我年届90岁时，在陈维达、王梅枝、于自力等同志的帮助下出版了《续河防笔谈》。这两本书汇集了我数十年河工生涯中的学习心得，没有什么宏论，只有点滴的经验和体会，日后若能对治河有所裨益，我心足矣。

2002年5月16日，黄委会直属党委统战部、九三学社黄委会基层委员会为我主办了庆祝90华诞座谈会。会上，我表示，作为治黄战线的一名老兵，深知自己的工作离党和人民的要求还有一定的距离。我要百尺竿头，更进一步；要活到老，学习到老，工作到老；并作诗一首："人活九十不希奇，我的目标一百一。社会主义人长寿，夕阳生辉好时机。老有所学勤攻读，老有所为献余力。一分余热一分光，与时俱进莫自弃。"

我现年已97岁，回想1935年到黄河上工作时，还是个小青年，转眼间，已过去70多年，真有光阴似箭、岁月如流之感。回顾自己的人生历程，我有几点切身体会：

第一，人生最重要的是做人。一个人无论多么聪明，多么能干，如果不懂得做人的道理，那么他最终的结局可能是失败。做好人，才能行得正、走得远。一定要把自己的志愿和抱负与时代的要求、人民的利益紧密结合在一起，在工作上要勤勤恳恳，为人民服务，助人为乐，不搞阴谋诡计，不做损人利己的事。这样干下去，不但自己"如意"，别人也"如意"。若只顾个人利益，不顾别人的得失，甚至把别人当梯子爬上去，虽然自己暂时感到"如意"，却使大多数人不"如意"，最终也达不到自己"如意"的目的，换来的可能是

“身败名裂”、“一败涂地”。

第二，治黄要遵循客观规律。鲧治水时，因违反客观规律，而遭到失败。大禹治水开始提倡顺势利导，勿违其性，也就是要遵循客观规律，而获得成功。所以明代治河专家潘季驯说：“治河者，必先求河水自然之性，而后可施其疏筑也。”治黄规律是治黄发展过程中，在现象背后的本质联系，是黄河千变万化的各种问题、现象的本质内容。要认识规律，不仅要研究现在的黄河，也要研究历史上的黄河；不仅要研究黄河，也要研究其他河流；不仅要研究中国的河流，也要研究国外的河流。只有认识了规律，并用这种认识指导治黄实践，才能使治黄各项工作科学发展。

第三，一定要注重调查研究。王化云老主任十分重视对治黄实际的调查与研究。如1953年汛前我参加查勘后，王化云亲自听取汇报，指出，今后每年汛前，都要组织这样的检查组，使领导了解全面情况，做到心中有数。这正如毛主席所说的，“没有调查就没有发言权”。要做好治黄工作，不经过周密的调查与到位的研究，是难以办到的。调查研究也是一个工作作风问题。不调查研究必然脱离群众、脱离实际。治黄事业取得科学发展的过程实际上就是广大治黄工作者艰苦奋斗、实事求是、尊重实践、崇尚真理、加强调研、深入思考的过程。只有坚持实践第一的观点，运用唯物辩证法去调查问题、研究问题、思考问题、处理问题，才能进一步把黄河的事情办好。

第四，黄河下游防洪是长期的任务。人民治黄以来，黄河下游已初步建成“上拦下排，两岸分滞”的防洪工程体系，取得了伏秋大汛安澜无患的历史奇迹。但是，从过去、现在和未来的角度分析，黄河下游防洪仍然是长期的和艰巨的任务。一定要坚持因势利导、勿违其性，巩固堤防、消灭隐患，固定主槽、防止游荡，加强人防、严密修守的治河之策，切不可麻痹大意、掉以轻心。

第五，要勇于面对挫折。人的一生就像曲折的黄河，治黄的道路不平坦，人生的道路也不平坦，充满着成功与失败、顺境与逆境、幸福与不幸等矛盾。人生不如意者居多，古代治河名人大都有过被劾遭贬，甚至流放的人生经历，但是他们往往直面挫折，唯怀大志而不言败，愈挫愈奋，最终成就了一番事业，把治黄事业推向前进。人生挫折并不可怕，可怕的是我们遇到挫折，不能正视挫折，逡巡而返。治黄是一项长期而伟大的事业，未来的治黄道路漫长而艰难，不会一帆风顺、一蹴而就，因此治黄工作者一定要永远不怕挫折，要勇于面对挫折、蔑视挫折，以百折不回的坚强意志战胜挫折，把伟大的治黄事业不断推向前进。

今年10月1日，我们伟大祖国将迎来她的60岁生日。作为新旧两个社会治河事业的见证人，作为新中国黄河60年沧桑巨变的亲历者，我不禁思绪万千，在伟大的中国共产党领导下，黄河人不屈不挠、艰苦奋斗、不断求索、创造辉煌的历史画面又重新展现在我的眼前。追忆往事，我对治黄事业更加充满信心。只要我们一代又一代人脚踏实地、持之以恒、艰苦努力，“维持黄河健康生命”和“堤防不决口，河道不断流，污染不超标，河床不抬高”的远大目标，就一定能够实现！

人生如长河　长河伴人生

——读徐福龄先生《长河人生》

侯全亮

看过徐福龄先生《长河人生》这部书稿，我的心被一位耄耋老人曲折丰富的治河经历、坚韧不拔的人格追求深深地打动了。隔着历史的长河，沿着长河的脉络，我异常强烈地感受到了一位老专家如长河般的心路历程。

在我心目中，徐福龄先生是一位具有多元意义的偶像式人物。

他是一位经历丰富的资深治河专家。

从青少时期立志投身水利、刻苦攻读治河学业，到实地参加测量、修防、堵口等治河实践；从见证1935年董庄决口、1938年花园口掘堤、抗战时期防泛堤防修整、1947年黄河归故等重大历史事件，到深明大义、率领治河队伍投身人民治理黄河阵营的光明选择，以至新中国成立后亲历每年的防汛抢险斗争、治河研究、开创黄河史志编纂工作……徐福龄先生与黄河为伴已整整75年。直到现在，每到汛期，97岁高龄的他还应聘担负着黄河防汛总指挥部的特别顾问，在历年的黄河防汛抢险和治河研究中，发挥着参谋和咨询作用。

老人家长期从事防洪工作，具有丰富的实践经验，悉心研究过万恭的《治水筌蹄》、潘季驯的《河防一览》、靳辅的

《治河方略》、胡渭的《禹贡锥指》、康基田的《河渠纪闻》、徐端的《安澜纪要》和《回澜纪要》、赡思的《河防通议》等大量古代治河典籍。许多人在和徐老的交往中，都有一种共同的感觉，觉得他知识渊博，像一部“黄河活字典”，对黄河下游的每段堤防、河势，每道坝垛，都了若指掌，如数家珍。他的文章和建议，有理有据，分析透彻，文笔通畅，观点鲜明，很有说服力。

譬如，20世纪80年代初曾经有学者认为，黄河下游现行河道已处于衰微阶段，改道势在必行。针对这一问题，徐福龄先生通过实地调查明清黄河故道，并利用历史对比分析的方法，对现行河道的堤防工程、防洪措施、河口段治理和河道自身调整能力进行深入分析后，发表了《黄河下游明清河道和现行河道演变的对比研究》和《黄河下游堤防不致“隆之于天”》两篇文章。他认为：现行河道还没有达到决口改道的前夕。从河道长度上看，现行河道比明清故道短89公里，以河口的平均延伸率计算，约需60年才能达到明清故道的长度；从堤防的临背悬差看，现行河道与明清故道相差3米至4米，以现行河道滩面每年淤积速率计，达到明清故道的悬差程度也需60年左右。此外，考虑到下游防洪工程体系的完善、堤防加固和河道整治工程的开展、洪水泥沙逐步得到控制等有利因素，现行下游河道维持年限将达百年或者更长一些。这一论点后来得到了许多专家的认同，为治理黄河的决策提供了重要依据。

再如，为解决山东窄河道的排洪问题，20世纪70年代末期曾有专家提出“三堤两河”的治河方案。即在山东陶城铺左岸大堤之外另筑一新堤，使新老堤之间形成一条单独入海的分洪道，与老河道平行，形成三堤两河的形势，以增大洪水的出路。当时，这一方案的思路已经进入提交上层研究决策的程序。但是徐福龄先生对此却表示质疑，提出了相反的观点。他经过研究分析认为，黄河下游河道上宽下窄，并非偶然，对于集中水力、束水攻沙、输沙入海较为有利。至于特大洪水时窄河道排洪能力不足的问题，新中国成立后已先后开辟了北金堤滞洪区和东平湖分洪区，一旦发生大水，完全可以发挥削减艾山以下洪水的作用。而“三堤两河”的治河方案，从效果上看，既不能解决陶城铺以上的防洪问题，又不能解决下游的泥沙淤积，还需要占用百万亩良田，牵涉数个县城和几十万人的迁移；从社会经济上看，也不合理；而且从明清两代实施的三次人工分流的后果看，均为不成功的先例。综上分析，他明确表示：分洪道的治河方案是不可取的。

又如，关于河道整治问题。为了控制游荡河势，新中国成立后黄河下游河道经过50多年的积极整治，山东高村以下窄河道的河势基本得到了控制，但是针对复杂多变的下游河势，他清醒地认识到，高村以上宽河道由于河床宽浅、没有固定河槽，其游荡特性并未发生根本变化，每当河水涨落，河势突变，极易发生滚河、横河、斜河，严重威胁堤防安全。因此他提出，应加大河道整治力度，进一步控制河势，拟具整治规划，进行攻坚战，用对头丁坝或丁坝、顺坝相结合的措施，用以缩窄河道，固定中水河槽，增强输沙能力。使大水、中水、小水时期，均能溜走主槽，稳定河势，这样堤防修守将更有保证。近年黄河下游河道整治的实践证明，徐福龄先生这一分析和建议是符合实际情况的。

他又是一位忠诚事业、深明大义的仁人志士。

一件件往事印证着徐福龄先生的心志取向和人生追求。1939年汛期，日军出于侵略战争的需要，竟然扒开黄河支流沁河南堤，使这一带的群众遭受了很大的淹没损失。为了尽快堵复决口，防止灾情扩大，急需将当地的河势地形与决口口门调查清楚，上级决定派熟悉沁河情势、时任河南修防处副工程师的徐福龄前去完成这一任务。而此时，正是徐福龄定好准备结婚的日子。他深知河防形势紧急，民众灾苦事关重大，接到命令，毅然推迟婚期，冒着生命危险奔赴日军占领区，对沁河南岸进行了现场勘测，为该决口的堵复提供了重要依据。

1948年6月，人民解放战争如火如荼，地处黄河南岸的中原古城开封即将解放。面对颓败局势，国民党黄河水利工程总局几次严令所属治河单位撤离黄河向南迁移。当此抉择的重大关头，时任河南修防处南岸南一总段段长的徐福龄，坚决不同意南迁。他认为，此时正值黄河汛期，大河回归故道不久，流路尚未规顺，新筑堤防没有经过大洪水的考验，很容易发生险情。在这种情况下撤离修防阵地，对黄河防汛来说，是非常危险的，对黄河员工而言，就是失职！各分段职工要坚守岗位，保护好治河文档与器材，一定不能让黄河出事！他的这一看法得到了一些老河工和技术人员的支持。最后，通过层层疏导动员，徐福龄领导的南一总段在时局动荡、大汛在即的日子里，人心不乱，队伍未散，以“保卫黄河安澜”的坚定信念，巡堤查险，尽职尽责，迎来了开封的解放。随后，他与两位同事一起经过长途跋涉和人民解放军取得了联系，不久，即率领南一总段全体职工200余人加入了解放区冀鲁豫黄河水利委员会的治河队伍。以这一义举为标志，从此徐福龄投身中国共产党领导的人民治理黄河事业，开始了新的治河道路。

20世纪末期，素以源远流长、孕育古老华夏文明而著称的黄河，悄然出现了一场断流危机。从1972年下游河道首次出现断流到1998年的28年中，黄河共有22年发生断流。进入20世纪90年代，更是连年断流。其断流时间渐次提前，断流频次与历时逐年增加，断流的河段长度不断向上游延伸。频繁的断流，给黄河下游两岸地区工农业生产造成了极为严重的损失，同时也打乱了人们的正常生活秩序，甚至有人预测认为：黄河将有可能变成一条最大的内陆河，绵延五千年的中华文明也将随之走向衰亡。这一严峻现实，引起了中外各界人士的极大震惊和密切关注，也使徐福龄先生陷入了深深的忧虑。当时他已年届八旬有半，仍满怀激情，伏案劳作，积极撰文为黄河呐喊代言。他写道：“如今的黄河已不堪重负，频繁的断流不仅给下游沿黄河地区生产、人民生活、生态环境造成了重大影响，同时，由于断流，下游河道主河槽和河滩已难分彼此，一旦发生洪水，出现横河、斜河的几率大为增加，将形成更大的险情，给下游防汛带来严重的潜在威胁。究其断流的原因，一个很重要的方面是人们对水资源的不合理利用造成的，因此应当采取强有力的措施，加以节制。”字里行间，浸透着这位老一代治河人对黄河安危牵肠挂肚的赤诚心怀。

他更是一位慈祥谦和、可亲可敬的良师和长辈。

作为治理黄河队伍中的一个晚辈，我最早知道徐老先生的盛名是在1982年仲夏。当时我大学毕业刚到黄河水利委员会从事宣传工作，入门第一课就是通读老一辈黄河人编写的《黄河水利史述要》、《黄河万里行》、《春满黄河》等著作。这时，徐福龄先生从黄河水利委员会宣传处写作组到黄河志编纂小组履任不久，由徐老先生等编写的《黄河水利史述要》这年6月刚由水利电力出版社出版。该书系统反映了历代黄河流域水旱灾害，河道变迁、治河活动、水利技术、航运发展、著名治河方策与观点等内容，脉络清晰，史料丰富，结构严谨，评述客观，是研究黄河水利史的一部经典之作。研读这些著述，为我了解黄河历史，做好基本功，尽快适应工作，起到了导师引路的作用。后来，我主持编著的古籍评注《黄河古诗选》，撰写的专论“郑州地区黄河水运之兴衰”等作品，都从《黄河水利史述要》等著书中汲取了丰富的历史与科技营养。

及至走近徐福龄先生之后，对于他老人家的敬业精神、渊博学识、谦和性情、诚恳为人，我更加感受至深。徐老出生于书香之家，早年受过良好的教育，具有优秀的品德修养，对晚辈尤其充满了殷殷关爱之心。20世纪80年代中期，我和赵民众、徐福龄先生之子同在黄河水利委员会办公室工作，一向相处笃厚交好。我们三人相互约定，每年除夕之夜举行一次专门聚会，以此回味当年工作，畅谈生活感受，展望来年的努力目标，地点就在徐老先生家中。每当这时，徐福龄先生便及早下厨亲自为我们炒菜，从床底下拿出自己平时舍不得喝的酒，为我们斟酒祝贺新春。尔后他就去观看中央电视台的春节晚会，以便让我们开怀畅谈。徐福龄先生的夫人、亲切热情的牛云英大妈也十分关切地询问我们的生活情况，叮嘱我们要孝敬父母，处理好家庭工作的关系。这一除夕聚会惯例，一直坚持了四五年。当时那种其乐融融的情景，给我留下了难忘的记忆。也正是在那段时间里，我了解了徐福龄先生夫妇历经磨难、感情弥坚、同舟共济、相爱一生的感人故事，时常为之倍受感动。

1985年11月，徐福龄先生被批准加入中国共产党，实现了多年的夙愿和政治追求。那一年他已72岁。当时还是年轻人的我，在黄委机关与徐福龄先生同一批被批准入党。记得在黄委大礼堂主席台举行新党员入党宣誓时，徐福龄先生代表我们新党员发言。他表示，人生有限，事业无穷，有生之年要继续发挥余热，为党和治理黄河事业作出新的贡献。他的讲话情感真挚，坚定有力。站在新党员的宣誓队伍里，听着徐福龄先生的发言，我感到了一种特有的激励和鞭策。徐福龄先生是这样说的，也是这样做的。此后不久，根据有关规定他离休了。但他离休不离岗，继续为修编黄河志而努力工作，相继完成了黄河志各卷文稿，并执笔撰写了部分志稿，直到80岁高龄才离开修志岗位。为此，1988年，他分别荣获河南省和黄河水利委员会颁发的“老有所为”精英奖，1999年被中共中央组织部授予“老有所为”先进个人称号。

2007年，为了借鉴历史，总结经验，面对未来，黄委领导决定组织编写一部《民国黄河史》，由我担任主编，负责这项工作。中华民国是中国历史上一个极具特点的时期，此间，中国人民推翻了延续几千年的封建帝制，建立了第一个共和国，近代科技逐步向各个领域渗透，中国大地上，政治、经济、科技、文化等都发生了明显的变化。但由于政局动荡、战争连绵、灾荒频仍，中国人民长期处于苦难之中。与此同时，中国共产党领导的革命力量，在血与火的斗争中不断壮大，直至最后夺取全国政权。这些历史特点，对于当时黄河治理事业的发展进程，都具有深刻的影响。其治河方略探索、近代科学技术应用等，为新中国成立后治理黄河事业的大发展提供了基础。针对这一复杂多元的时代特征，如何以历史唯物主义为指导，编写出一部比较好的《民国黄河史》，以使前人历经艰难乃至流血牺牲换来的历史经验，为新时期黄河治理开发与管理的现实服务，无疑是一项很有难度的任务。为此，编写组专门聘请徐福龄先生、南京大学民国史研究中心张宪文教授、中国第二历史档案馆马振犊研究员三位资深专家担任本书的特别顾问。作为一位新旧两个社会治理黄河活动的见证人，徐福龄先生对于编写《民国黄河史》这项工作一直给予了高度关注和热情支持。研究编写过程中，他就民国期间治理黄河的时代背景、主要史实、发展过程、本书的编写方法等，提出了许多富有价值的指导意见。特别是在最后的审稿阶段，徐老先生不顾年高体弱，每天夜里审稿看至很晚，坚持审完了30多万字的书稿，并工整地书写了长达数页的审稿意见。这种认真负责、一丝不苟的治学态度，为我们后来人树立了学习的典范和楷模。

尤其令我更为惊羡不已的是，近年徐福龄先生在其向百岁进军之即，以极大的毅力倾情致力书法研练。先生原本就有扎实的国学知识和楷书功底，加之近来演练不辍，书艺与日俱增。打开他新近自费印制的个人书法作品集，看到一幅幅笔锋老道、浑然淡雅的书法作品，一种心灵的震撼不禁油然而生。因为熟悉情况的人都知道，徐福龄先生的这些作品实在来之不易。老人家几年前曾身患中风，虽经治疗有了一定的康复，但还是留下了一些后遗症。而这本书法作品集中收纳的作品，都是那次病后之作。从这部书法作品集的自序中我得知，他正是力图通过书法演练和创作这种方式，磨炼毅力，与病痛作斗争，寻求新的生活境界。老人家的一生，经历了无数坎坷和风云变幻，但岁月沧桑和世事风雨始终未曾磨灭他的坚定意志。耄耋之年翰墨深造，抗争病魔书法寄情，这生动地印照着徐老先生生命不息、奋斗不止的人生价值追求。

如今，继80岁时编著出版《河防笔谈》、90岁高龄推出《续河防笔谈》两部治河学术专著之后，97岁的徐老先生又为读者奉献出了《长河人生》这部口述自传体新作。据守护他的女儿们介绍，为了抓紧完成这部书稿，老先生每日清晨便早早起床，端坐书房，心潮起伏，思绪万千，在记忆的海洋里尽力搜索着历历往事。因过度劳累，他再次犯病住进了医院。待病情稍有好转后，徐福龄先生专书信函一封于我，信中写道：

“全亮同志：

《长河人生》已完成，请你费神把关，慢慢看，勿误正业。如认为可以，请写一篇序言，以壮观展为荷！此书我以个人名誉出版，出版费用自负。专此函恳。祗颂平安！

徐福龄

二〇〇九年八月十一日”

接过这封用毛笔书写的工整书信，我的心里感到沉甸甸的。不消说，为自己一向十分崇敬的徐老先生做一些事情，尽一份孝道，是包括我在内的后来者义不容辞的责任和本份。但是为该书题写序言，作为晚辈，我确实不敢当。不过这份嘱托，却也为我撰写这篇读后感提供了动力和契机。总之，综览这部书稿，我们全面系统了解了徐福龄先生的治河生涯，强烈感受到了他对黄河事业的无限热爱之情，与之共享了他对新世纪黄河未来的美好憧憬。正可谓：人生如长河，长河伴人生。

衷心地祝愿尊敬的徐福龄先生健康长寿！